高职高专电类基础课系列教材

基于Proteus的单片机项目实践教程

刘燎原　编著

電子工業出版社
Publishing House of Electronics Industry
北京·BEIJING

内容简介

本书采用任务驱动、项目教学模式的编写思路，基于 Keil Vision 程序设计平台和 Proteus 硬件仿真平台，精心选取了 10 个项目，把单片机的各个知识点贯穿在其中。10 个项目按照从简单到复杂、从单一到综合的顺序排列，10 个项目分别为：点亮 LED、制作流水灯、制作手动计数器、设计倒计时、制作数字电压表、制作数字温度计、制作简易信号发生器、设计玩具小车调速系统、利用 PC 控制流水灯、设计电子钟。每个项目的内容安排都是一个闭环系统，包括：项目引入、任务描述、准备知识、项目实现、项目总结等环节。编程语言选用 C 语言，由简到难，知识点逐个突破。

本书适合作为高职高专院校电子信息、计算机应用技术、机电等相关专业单片机技术课程的教材，也可作为广大电子制作爱好者的自学用书。

图书在版编目（CIP）数据

基于Proteus的单片机项目实践教程 / 刘燎原编著. —北京：电子工业出版社，2012.12
高职高专电类专业基础课规划教材
ISBN 978-7-121-19139-8

Ⅰ. ①基… Ⅱ. ①刘… Ⅲ. ①单片微型计算机－系统仿真－应用软件－高等职业教育－教材 Ⅳ. ①TP368.1

中国版本图书馆CIP数据核字(2012)第286801号

策划编辑：贺志洪
责任编辑：贺志洪　特约编辑：张晓雪
印　　刷：北京虎彩文化传播有限公司
装　　订：北京虎彩文化传播有限公司
出版发行：电子工业出版社
　　　　　北京市海淀区万寿路 173 信箱　邮编　100036
开　　本：787×1 092　1/16　印张：15.5　字数：407 千字
版　　次：2012 年 12 月第 1 版
印　　次：2021 年 6 月第12次印刷
定　　价：31.00 元

凡所购买电子工业出版社图书有缺损问题，请向购买书店调换。若书店售缺，请与本社发行部联系，联系及邮购电话：（010）88254888。

质量投诉请发邮件至 zlts@phei.com.cn，盗版侵权举报请发邮件至 dbqq@phei.com.cn。

服务热线：（010）88258888。

前　言

当前我国高职教育课程正在经历一个革新的过程。传统的学科体系课程，由于其存在重知识、轻能力的问题，不能满足社会对高职人才的需求，正在逐步被项目教学等更适合高职教育特点的教学模式取代。高职院校要培养的人才应是“既懂理论，又懂实践，有一定的研发经验，并开发过一定项目或产品的实用型人才”。

本书就是顺应高职教学改革的需要，采用任务驱动、项目教学模式的编写思路，基于Keil Vision程序设计平台和Proteus硬件仿真平台，精心选取了10个项目，把单片机的各个知识点贯穿在其中。

本书的10个项目按照从简单到复杂、从单一到综合的顺序排列，10个项目分别为：点亮LED、制作流水灯、制作手动计数器、设计倒计时、制作数字电压表、制作数字温度计、制作简易波形发生器、设计玩具小车调速系统、利用PC控制流水灯、设计电子钟。每个项目的内容安排都是一个闭环系统，包括：项目引入、任务描述、准备知识、项目实现、项目总结等环节。每个项目对应若干个知识点，点亮LED主要介绍单片机最小系统，制作流水灯主要介绍单片机和LED的连接及程序控制，制作手动计数器主要介绍单片机和按键、数码管的连接及程序控制，设计倒计时主要介绍单片机的定时/计数器，制作数字电压表主要介绍单片机和A/D转换芯片的连接及程序控制；制作简易波形发生器主要介绍单片机和D/A转换芯片的连接及程序控制，利用PC控制流水灯主要介绍单片机和计算机之间串行通信的连接及程序控制等，通过10个项目的学习，学生可以较为全面地掌握单片机的基础知识和各项应用技能。

本书编程语言选用C语言，由简到难，知识点逐个突破。本书还引进Proteus仿真平台，突出学生软件编程能力、设计能力的培养，它可以充分仿真单片机系统工作情况，用构建的虚拟单片机系统代替实际硬件电路，程序运行于虚拟的MCU上，使软件调试不再依赖实物硬件电路，等仿真结果达到系统预期效果后，再进行硬件实物制作。

本书的项目1至项目7、项目9为基础篇，参考学时为76学时；项目8、项目10为提高篇，参考学时14学时，这两个项目为选学内容。各院校可根据具体情况进行教学，在教学中应给学生多提供硬件实物制作的机会，让学生边做边学，把看到的、听到的、手上做的结合起来。在这个过程中，学生学会思考，学会发现问题、解决问题，进而增强信心，提高学习积极性和锻炼能力。

本书教学资源丰富，为方便教师教学，本书配有已在多届学生中使用的电子教学课件、精品课程网站、大量实例源代码和仿真电路等教学资源，有需要的可以与作者联系（LLY091@163.COM），获得更多的教学服务支持。本书适合作为高职高专院校电子信息、计算机应用技术、机电等相关专业单片机技术课程的教材，也可作为广大电子制作爱好者的自学用书。本书由刘燎原编著。在本书选题、撰稿到出版的全过程中，得到了学院和出版社各位领导和老师的帮助，并提出了许多宝贵的意见和建议，在此一并表示衷心的感谢。

由于时间紧迫和编著水平有限，本书中难免有错误和不妥之处，在此真诚欢迎读者多提宝贵意见。

编　著

2012年10月

目　录

项目 1　点亮 LED

【项目引入】

在现代各种常用的电器中都有 LED 灯的使用，要求 LED 按照一定的频率闪烁，这实际上就是一个最简单的单片机控制电路。发光二极管 LED 是一种最简单和常用的电子器件，如图 1-1 所示。单片机的学习就从点亮 LED 灯开始。本节任务就是利用单片机驱动 LED 电路，设计程序使其点亮或闪烁。

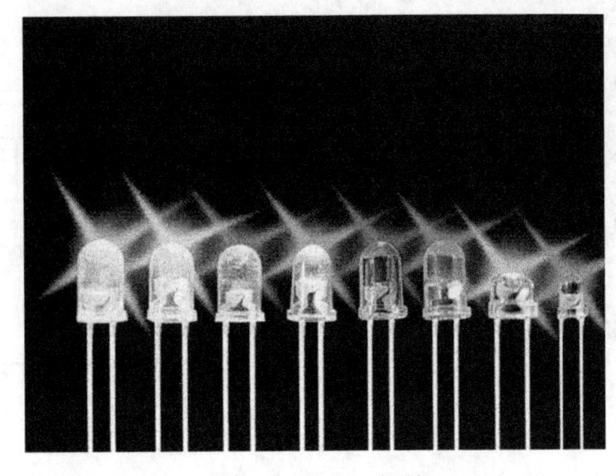

图 1-1　发光二极管 LED

【知识目标】

- 了解单片机的基本结构；
- 掌握单片机的引脚；
- 掌握单片机最小系统的组成；
- 掌握 C51 基本语法。

【技能目标】

- 会安装和使用 Keil、Proteus；
- 能制作单片机的最小系统硬件电路。

1.1　任务描述

设计简单的单片机驱动 LED 闪烁的控制电路，借助 Keil Vision 完成程序的编写，在 Proteus 中完成仿真。

1.2 准备知识

1.2.1 认识单片机

1. 单片机的概念

（1）计算机

要清楚什么是单片机，还要从计算机讲起。图 1-2 所示的计算机是由中央处理器(CPU)、存储器、输入/输出接口电路（I/O）和外设，依靠系统总线（地址、数据、控制）相连而形成的硬件系统。它的硬件结构图如图 1-3 所示。

图 1-2 计算机

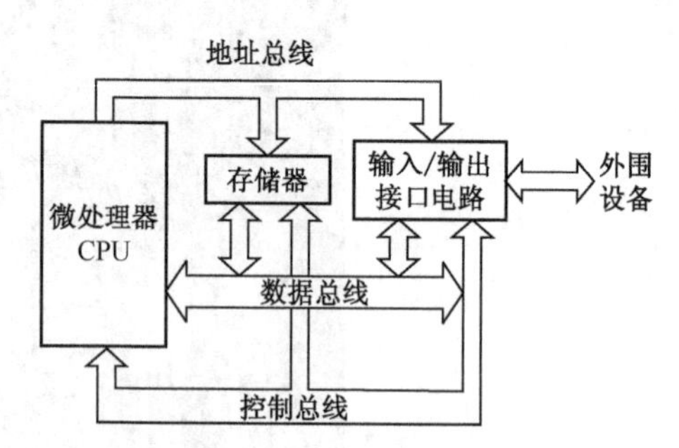

图 1-3 计算机硬件结构图

（2）单片机

随着大规模集成电路技术的发展，构成微型计算机的 CPU、ROM、RAM、I/O 接口等主要功能部件及总线集成在同一块芯片上，成为单芯片的微型计算机（Single Chip MicroComputer），简称单片机（微控制器），如图 1-4 所示。图 1-5 是由 ATMEL 公司生产的一个最常用的单片机芯片 AT89S52。

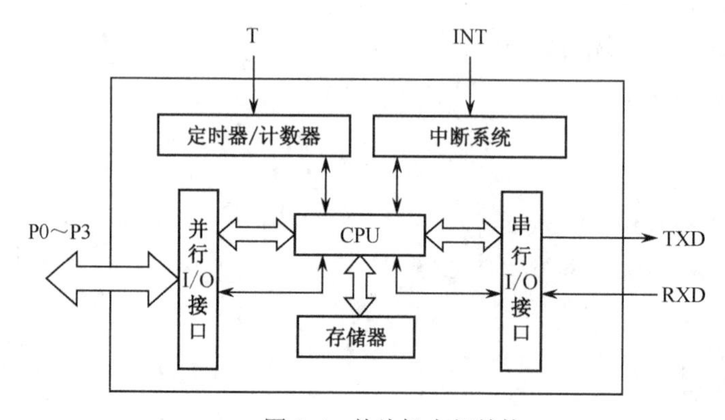

图 1-4 单片机内部结构

图1-5　单片机芯片

（3）嵌入式系统

嵌入式系统一般由嵌入式微处理器、外围硬件设备、嵌入式操作系统以及用户的应用程序等4个部分组成。它与一般单片机的区别，一是带有嵌入式操作系统，二是它是32位或更高位系统，一般的核心为ARM、DSP、FPGA等。单片机系统一般不带操作系统，其实ARM就是单片机的进一步发展。

2．单片机的发展与分类

1975出现了第一块4位单片机。单片机的发展经历了4位、8位、16位、32位机的各个阶段。出现较早也是较成熟的单片机为Intel公司的MCS-51系列，如Intel 8031、Intel 8051、Intel 8751等型号。该单片机的字长为8位，具有完善的结构和优越的性能，以及较高的性价比和要求较低的开发环境。因此，后来很多厂商或公司沿用或参考了Intel公司的MCS-51内核，相继开发出了自己的单片机产品，如PHILIPS、Dallas、ATMEL等公司，并增加和扩展了单片机的很多功能。单片机型号很多，将采用MCS-51内核的单片机常简称为51系列单片机。目前市场流行的8位单片机多为ATMEL公司的AT89系列、国内品牌STC系列等。

STC单片机为增强51系列，支持串口在线下载（ISP）、内部看门狗和内部E^2PROM在应用编程（IAP），个别型号内部设计有A/D转换器。由于STC单片机功能强且价格低，市场容易购置，实验和研发成本较低。

国内应用的单片机型号有：

- INTEL公司——8031，8051。
- ATMEL公司——AT89系列（AT89S51），AVR单片机（ATMEGA48）。
- 宏晶公司——STC12C5410AD。
- MICROCHIP公司——PIC系列（PIC16F877）。
- MOTOROLA公司——M68HC08系列（MC68HC908GP32）。
- TI公司——德州仪器，TMS370和MSP430系列，MSP430系列单片机。

3．单片机应用

单片机的应用非常广泛，涉及到我们生活中的各个领域。它有较强的数据运算和处理的能力，它可以嵌入到很多电子设备的电路系统中，实现智能化检测和控制。单片机应用主要集中在以下几个方面。

（1）自动控制

工业自动化控制是最早采用单片机控制的领域之一。单片机结合不同类型的传感器，可实现电信号、湿度、温度、流量、压力、速度和位移等物理量的测量。例如：智能电度表，可用于家用电器的功率、用电量及电费的测量计算，如图 1-6 所示。它在测控系统、工业生产机器人的过程控制、医疗、机电一体化设备和仪器仪表中有着广泛的应用。典型产品如机器人、数控机床、自动包装机、验钞机（如图 1-7 所示）、医疗设备、打印机、传真机、复印机等。

图 1-6 智能电度表

图 1-7 验钞机

（2）家用电器

单片机系统具有体积小、功耗低、扩展灵活、微型化和使用方便等优点，在家用电器方面也有着广泛应用。单片机系统能够完成电子系统的输入和自动操作，非常适合于对家用电器的智能控制。嵌入单片机的家用电器实现了智能化，使传统型家用电器更新换代，现已广泛应用于全自动洗衣机、空调、电视机、微波炉、电冰箱以及各种视听设备中。

（3）其他领域

智能化的集中显示系统、动力监测控制系统、自动驾驶系统、通信系统和运行监视各种仪表等装置中都离不开单片机。单片机在机器人、汽车、航空航天、军事等领域也有广泛的应用。

4．单片机产品的开发

（1）单片机产品的开发

单片机的运行需要必要的硬件和软件，而程序就是单片机系统的软件。通过程序下载到单片机内部 ROM 中，可以让单片机运行，从而实现微型计算机的基本功能，这就是单片机的开发，如图 1-8 所示。虽然单片机不能加载复杂的操作系统，但它是一种程序简单芯片化的计算机，各功能部件在芯片中的布局和结构达到最优化，抗干扰能力加强，工作亦相对稳定。

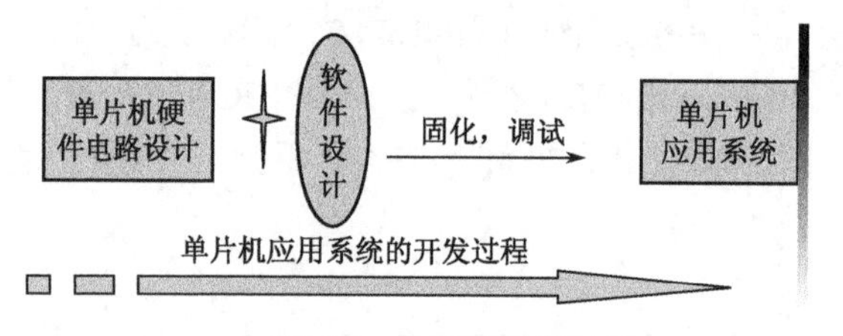

图 1-8 单片机开发过程

（2）单片机产品的开发工具

① 单片机应用开发软件。单片机完成各种操作是通过程序来实现控制的，编程的语言可以是汇编语言或 C 语言，汇编语言直接面向机器，而 C 语言通读性强。编程的调试软件较多，有伟福、MedWin、Keil μVision 等，常用的是 Keil μVision。它是德国 Keil 软件公司开发的基于 8051 内核的微控制器软件开发平台，如图 1-9 所示。

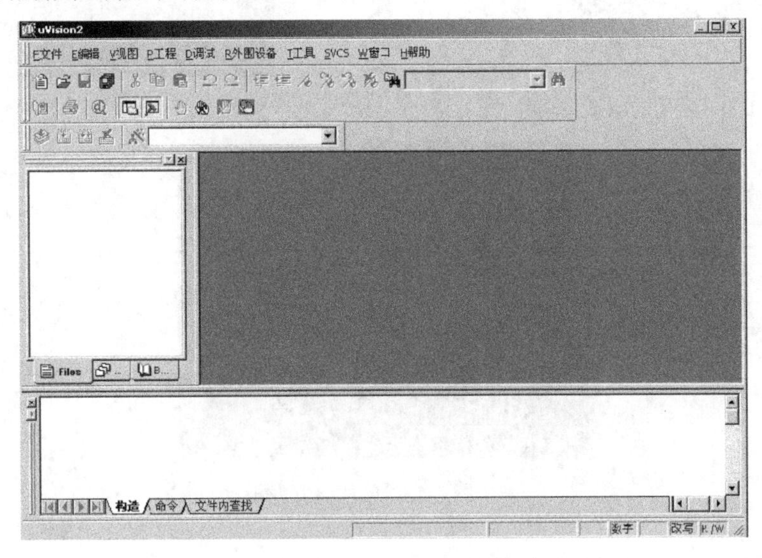

图 1-9　Keil μVision 操作界面

② Proteus 仿真软件。Proteus 仿真软件是以英国 LabCenter Electronics 公司开发的目前较好的单片机及外围器件的仿真工具。它由 ISIS 和 ARES 两个软件构成，其中 ISIS 是原理图编辑与仿真软件，ARES 是布线编辑软件。利用该仿真软件，在没有硬件的情况下，不仅可将许多单片机实例功能形象化，也可将许多单片机实例运行过程形象化，易于理解系统硬件的组成和提高学习兴趣，是单片机教学的先进手段。Proteus 界面如图 1-10 所示。

图 1-10　Proteus 界面

③ 单片机硬件电路设计的器件及调试工具。在单片机的硬件电路设计中，有些常用的电子元器件，例如：单片机、LCD、矩阵键盘、发光二极管、数码管、晶振等，如图 1-11 所示。在完成电路焊接后，需要用到烧录器把编制的程序烧录到电路板的单片机芯片中，烧录器如图 1-12 所示。现在很多简单实用的单片机开发板已慢慢代替了烧录器，如图 1-13 所示。单片机开发板不仅可以烧录程序，还可以作为学习工具用来完成各种单片机实验，有的还可以作为仿真器使用。

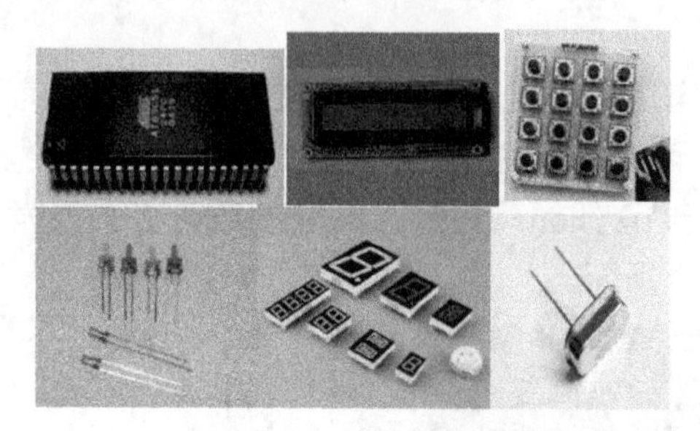

图 1-11　常用的电子元器件

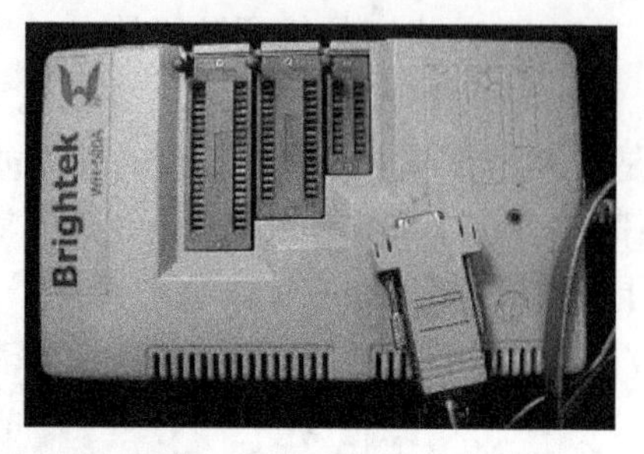

图 1-12　专门烧录器

图 1-13　单片机开发板

1.2.2　单片机最小系统

单片机型号很多，采用 MCS-51 内核的单片机常简称为 51 系列单片机。目前市场流行的 8 位单片机多为 ATMEL 公司的 AT89 系列、国内品牌 STC 系列等。所以本书主要讲述 ATMEL 公司的 AT89S51 芯片。

1．单片机内部结构

AT89S51 芯片的内部结构如图 1-14 所示，它主要由以下几个部件组成。

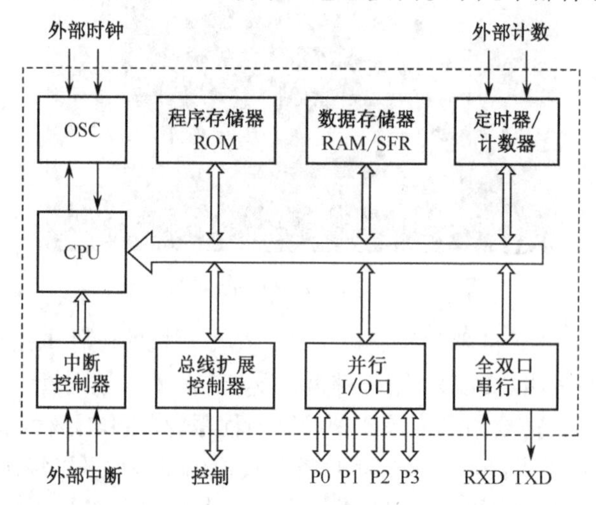

图 1-14　AT89S51 芯片内部结构

（1）中央处理器

中央处理器（CPU）是整个单片机的核心部件，是8位数据宽度的处理器，能处理8位二进制数据或代码。CPU负责控制、指挥和调度整个单元系统协调的工作，完成运算和控制输入输出功能等操作。

（2）数据存储器（RAM）

AT89S51内部有128字节数据存储器（RAM）和21个专用寄存器单元，它们是统一编址的。专用寄存器有专门的用途，通常用于存放控制指令数据，不能用做用户数据的存放。用户能使用的RAM只有128个字节，可存放读/写的数据、运算的中间结果或用户定义的字型表。

（3）程序存储器（ROM）

AT89S51共有4K字节程序存储器（FLASH ROM），用于存放用户程序和数据表格。

（4）定时/计数器

AT89S51有两个16位的可编程定时/计数器，以实现定时或计数。当定时/计数器产生溢出时，可用中断方式控制程序转向。

（5）并行输入输出（I/O）口

AT89S51共有4个8位的并行I/O口（P0、P1、P2、P3），用于对外部数据的传输。

（6）全双工串行口

AT89S51内置一个全双工异步串行通信口，用于与其他设备间的串行数据传送。该串行口既可以用做异步通信收发器，也可以当同步移位器使用。

（7）中断系统

AT89S51具备较完善的中断功能，有5个中断源（两个外中断、两个定时/计数器中断和一个串行中断），可基本满足不同的控制要求，并具有2级的优先级别选择。

（8）时钟电路

AT89S51内置最高频率达12MHz的时钟电路，用于产生整个单片机运行的时序脉冲，但需外接晶体振荡器和振荡电容。

2．单片机的外部引脚

常用的AT89S51/52、STC89C51单片机都采用DIP40封装。图1-15（a）所示为DIP40单片机封装外形引脚的分布，图1-15（b）所示为40个引脚单片机的电路符号。40个引脚按功能分为4个部分，即电源引脚、时钟引脚、控制信号引脚以及I/O端口引脚。

（1）电源引脚

V_{CC}（40脚）：单片机电源正极引脚。

V_{SS}（20脚）：单片机的接地引脚。

在正常工作情况下，V_{CC}接+5V电源。为了保证单片机运行的可靠性和稳定性，提高电路的抗干扰能力，电源正极与地之间可接有0.1μF独立电容。

（2）时钟引脚

单片机有两个时钟引脚，用于提供单片机的工作时钟信号。单片机是一个复杂的数字系统，内部CPU以及时序逻辑电路都需要时钟脉冲，所以单片机需要有精确的时钟信号。

XTAL1（19脚）：内部振荡电路反相放大器的输入端。

XTAL2（18 脚）：内部振荡电路反相放大器的输出端。

单片机的振荡电路有两种组成方式，片内振荡器和片外振荡器，如图 1-16 所示。

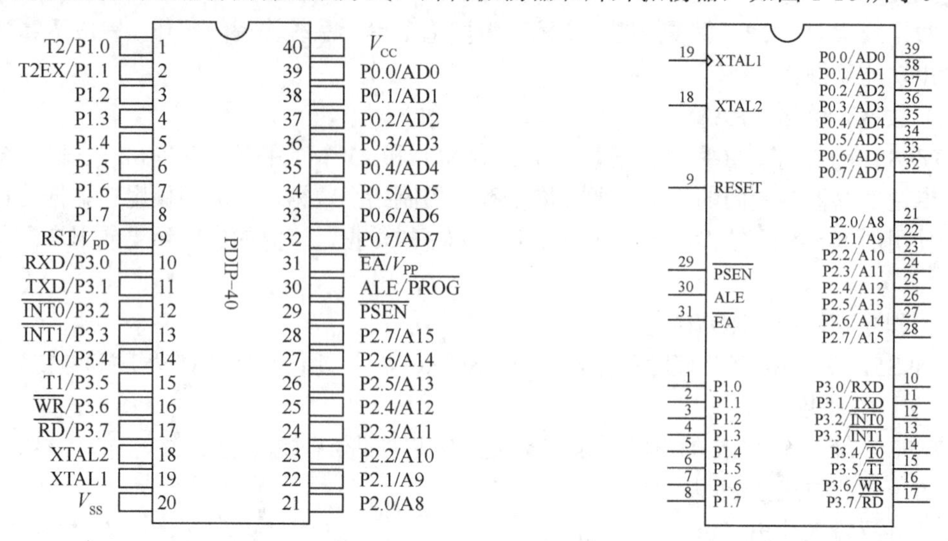

（a）单片机DIP40引脚分布　　（b）DIP40引脚单片机电路符号

（c）实物外形

图 1-15　DIP40 单片机的引脚分布、电路符号与外形图

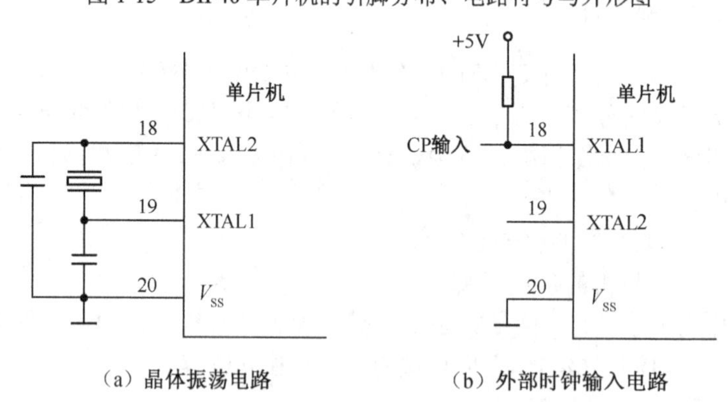

（a）晶体振荡电路　　（b）外部时钟输入电路

图 1-16　单片机时钟电路

① 图 1-16（a）使用内部振荡电路，外接石英晶体。

② 图 1-16（b）是利用外部振荡脉冲输入，XTAL1 接外部时钟振荡脉冲，XTAL2 可以

悬空不用或接地。

（3）控制信号引脚

RST/V_{PD}（9 脚）：复位/备用电源引脚。

- 正常工作时，RST（RESET）端为复位信号输入端。对此引脚施加两个机器周期的高电平可使单片机复位（Reset）。单片机正常工作时，此引脚应为低电平。
- 在 V_{CC} 掉电情况下，该引脚还可接上备用电源（+5V），在系统工作的过程中，如果 V_{CC} 低于规定的电压值，V_{PD} 向片内 RAM 提供电源，以保持 RAM 内的信息不丢失。

ALE/$\overline{PROG}$（30脚）：地址锁存允许信号输出/编程脉冲引脚。

- ALE：在扩展了外部存储器的单片机系统中，单片机访问外部存储器时，ALE 用于锁存低 8 位的地址信号。如果系统没有扩展外部存储器，ALE 端输出周期性的脉冲信号，频率为时钟振荡频率的 1/6，可用于对外输出的时钟。
- $\overline{PROG}$：对于 EPROM 型单片机中，对闪存进行编程期间（也称“烧录程序”）时，此引脚用于输入编程脉冲。

$\overline{PSEN}$（29 脚）：输出访问片外程序存储器的读选通信号。在 CPU 从外部程序存储器取指令期间，该信号每个机器周期两次有效。在访问片外数据存储器期间，这个 $\overline{PSEN}$ 信号将不出现。

$\overline{EA}$/V_{PP}（31 脚）：内外 ROM 选择/编程电源引脚。

- 正常工作时，EA 为内外 ROM 选择端，用于区分片内外低 4KB 范围程序存储器空间。该引脚接高电平时，CPU 访问片内程序存储器 4KB 的地址范围，若 PC 值超过 4KB 的地址范围，CPU 将自动转向访问片外程序存储器；当此引脚接低电平时，则只访问片外程序存储器，忽略片内程序存储器。8031 单片机没有片内程序存储器，此引脚必须接地。
- 对于 EPROM 型单片机，在编程期间，此引脚用于施加较高的编程电压 V_{PP}，一般为 +21V。

（4）单片机的 I/O 端口引脚

单片机的 I/O 端口是用来输入信息和控制输出的端口，51 单片机共有 P0、P1、P2、P3 四组端口，分别与单片机内部 P0、P1、P2、P3 四个寄存器对应，每组端口有 8 位，因此 DIP40 封装的 51 单片机共有 32 个 I/O 端口。

P0 口（32～39 脚）：分别是 P0.0～P0.7，与其他 I/O 口不同，P0 口是漏极开路型双向 I/O 端口。它的功能如下：

- 作为普通的 I/O 端口使用，则要求外接上拉电阻或排阻，每位以吸收电流的方式驱动 8 个 LSTTL 门电路或其他负载。
- 在访问片外存储器时，作为与外部传送数据的 8 位数据总线（D0～D7），此时不需外接上拉电阻。
- 在访问片外存储器时，也作为扩展外部存储器时的低 8 位地址总线（A0～A7），此时不需外接上拉电阻。

P1 口（1～8 脚）：分别是 P1.0～P1.7，P1 口是一个带内部上拉电阻的 8 位双向 I/O 端口，每位能驱动 4 个 LSTTL 门负载。这种接口没有高阻状态，输入不能锁存，因而不是真正的双向 I/O 端口。

P2 口（21～28 脚）：分别是 P2.0～P2.7，P2 口也是一个带内部上拉电阻的 8 位双向 I/O 口，它的功能如下：

- 作为普通 I/O 端口使用，每位也可以驱动 4 个 LSTTL 负载。
- 在访问外部存储器时，P2 口输出高 8 位地址。

P3 口（10～17 脚）：分别是 P3.0～P3.7，P3 是双功能端口，它的功能如下：

- 作为普通 I/O 端口使用时，同 P1、P2 口一样，
- 作为第二功能使用时，引脚定义如表 1-1 所述。P3 口引脚具有的第二功能，能使硬件资源得到充分利用。

表 1-1　P3 口的第二功能表

I/O 口线	第二功能定义	功 能 说 明
P3.0	RXD	串行输入口
P3.1	TXD	串行输出口
P3.2	$\overline{\text{INT0}}$	外部中断 0 输入端
P3.3	$\overline{\text{INT1}}$	外部中断 1 输入端
P3.4	T0	T0 外部计数脉冲输入端
P3.5	T1	T1 外部计数脉冲输入端
P3.6	$\overline{\text{WR}}$	外部 RAM 写选通脉冲输出端
P3.7	$\overline{\text{RD}}$	外部 RAM 读选通脉冲输出端

3．单片机最小系统

所谓单片机的最小系统是指由单片机和一些基本的外围电路所组成的一个可以工作的基本单片机系统，也是一个微型的计算机系统。复杂的单片机系统电路都是以单片机最小系统为基本电路进行扩展设计的。一般来说，它包括晶振电路、复位电路等。

（1）晶振电路

单片机是一个复杂的数字系统，内部 CPU 以及时序逻辑电路都需要时钟脉冲，所以单片机需要有精确的时钟信号。单片机有两个时钟引脚，用于提供单片机的工作时钟信号。

单片机内部有一个由高增益放大器组成的振荡电路，如图 1-17 所示。XTAL1、XTAL2 分别为内部振荡电路反相放大器的输入端和输出端，单片机的振荡电路有两种组成方式，如图 1-16 所示。

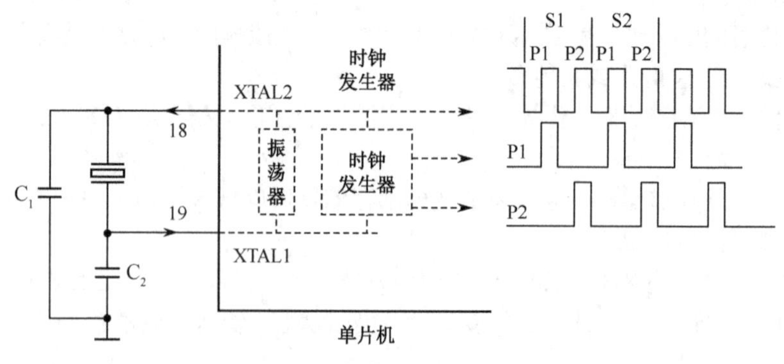

图 1-17　51 系列单片机的时钟电路

片内振荡器方式如图1-16（a）所示，片内的高增益反相放大器通过XTAL1、XTAL2外接作为反馈元件的片外晶体振荡器（呈感性）与电容组成的并联谐振回路构成一个自激振荡器，向内部时钟电路提供振荡时钟。振荡器的频率主要取决于晶体的振荡频率，一般晶体可在1.2～12MHz之间任选，电容C_1、C_2可在5～30pF之间选择，电容的大小对振荡频率有微小的影响，可起频率微调作用。

片外振荡器方式如图1-16（b）所示，XTAL1是外部时钟信号的输入端，XTAL2可悬空。

（2）时序

单片机内的各种操作都是在一系列脉冲控制下进行的，而各脉冲在时间上的先后顺序称为时序。51系列单片机的工作时序共有4个，从小到大依次是节拍、状态、机器周期和指令周期。

① 节拍与状态。晶体振荡信号的一个周期称为节拍，用P表示，振荡脉冲经过二分频后，就是单片机的时钟周期，其定义为状态，用S表示。这样，一个状态包含两个节拍，前半周期对应的节拍叫节拍1，记为P1，后半周期对应的节拍叫节拍2，记为P2，如图1-18所示。CPU以时钟P1、P2为基本节拍，指挥单片机的各个部分协调工作。

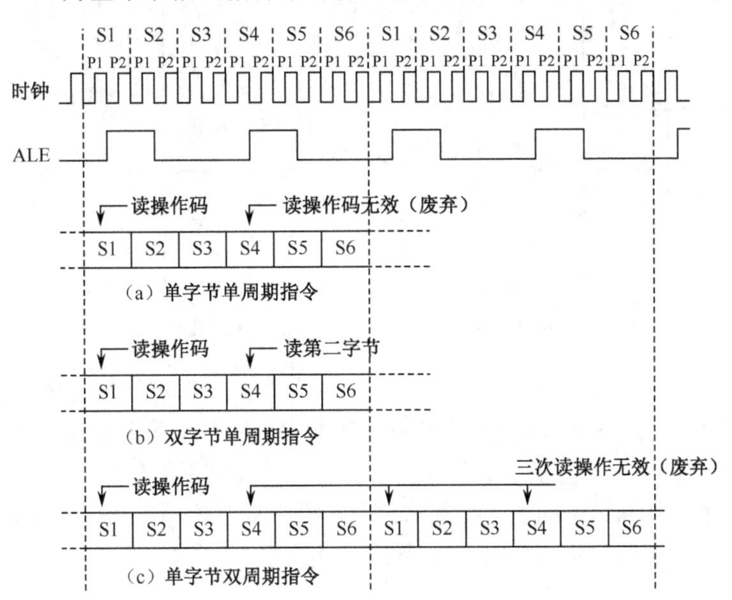

图1-18　单片机的指令时序图

② 机器周期。单片机的基本操作周期为机器周期。一个机器周期的宽度为6个状态，并依次表示为S1～S6。由于一个状态又包括两个节拍，因此，一个机器周期总共有12个节拍，分别记为S1P1、S1P2、…、S6P2。实际上一个机器周期有12个振荡脉冲周期，因此机器周期就是振荡脉冲信号的十二分频。

当外接的晶体振荡脉冲频率为12MHz时，一个机器周期为1μs；当振荡脉冲频率为6 MHz时，一个机器周期为2μs。

③ 指令周期。单片机执行一条指令所需要的时间称为指令周期。指令周期是单片机最大的工作时序单位，不同的指令所需要的机器周期数也不相同。如果单片机执行一条指令占用一个机器周期，则这条指令为单周期指令，如简单的数据传输指令；如果执行一条指令需要

两个机器周期，称为双周期指令，如乘法运算指令。单片机的运算速度与程序执行所需的指令周期有关，占用机器周期数越少的指令则单片机运行速度越快。在 51 系列单片机的 111 条汇编指令中，共有单周期指令、双周期指令和四周期指令三种。

（3）复位电路

复位是指使中央处理器 CPU 及其他功能部件都处于一个确定的初始状态，并从这个状态开始工作。例如单片机上电后，需要对单片机的初始化复位，程序运行出错或操作错误进入死锁状态需要复位重新开始。

在单片机的 RST 端（9 脚）至少维持 2 个机器周期以上的高电平，单片机会进入复位状态。在实际应用中，复位操作通常有上电自动复位、手动复位两种方式。上电复位要求接通电源后，自动实现复位操作。常用的上电自动复位电路如图 1-19（a）所示。图中电容和电阻电路对+5V 电源构成微分电路，单片机系统上电后，单片机的 RST 端会得到一个时间很短暂的高电平。单片机系统开始运行时必须先进行复位操作，如果单片机运行期间出现故障，也需要对单片机复位，使单片机初始化。这时可用到图 1-19（b）所示电路的按键手动复位，图中电容器采用电解电容，一般取 4.7～10μF，电阻取 1～10kΩ。

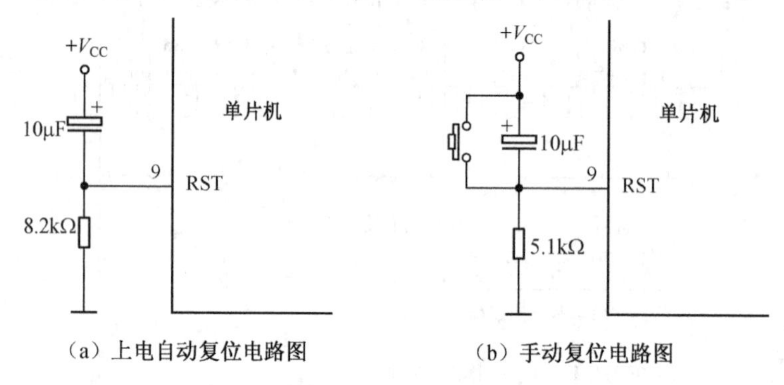

（a）上电自动复位电路图　　（b）手动复位电路图

图 1-19　单片机复位电路

单片机复位以后，P0～P3 口输出高电平，SP 赋初值 07H，程序计数器 PC 被清 0，但不影响片内 RAM 低 128B 存放的内容，单片机内部特殊功能寄存器的状态都会被初始化。单片机的特殊功能寄存器复位状态如表 1-2 所示。单片机完成复位后，RST 引脚从高电平到低电平，单片机进入启动状态，从 0000H 地址开始执行程序。

表 1-2　内部寄存器复位状态表

特殊寄存器	复 位 状 态	特殊寄存器	复 位 状 态
ACC	00H	TMOD	00H
B	00H	TCON	00H
PSW	00H	TH0	00H
SP	07H	TL0	00H
DPL	00H	TH1	00H
DPH	00H	TL1	00H
P0～P3	FFH	SCON	00H
IP	00H	SBUF	不定
IE	00H	PCON	0XXXXXXXB

（4）最小系统电路

单片机的组成的最小系统如图1-20所示，图中单片机型号采用AT89S51，电路包括电源、振荡电路、复位电路，单片机内部有512B的RAM和4KB ROM以及输入/输出接口等。电路中采用的是上电复位和外部振荡器方式。

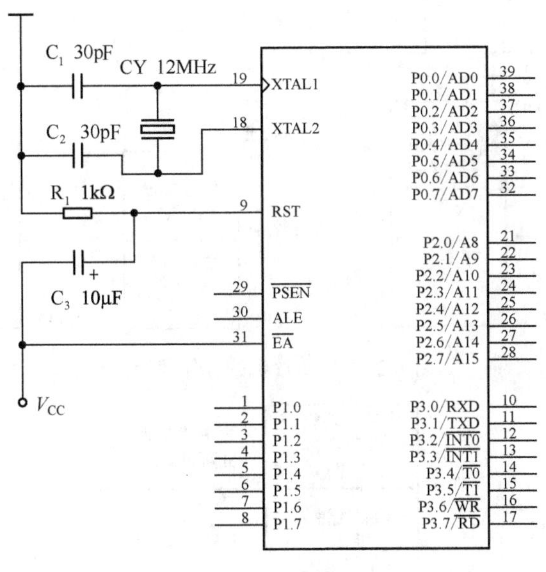

图1-20 单片机最小系统

1.2.3 单片机的存储器

单片机内部包含随机存取存储器RAM和程序存储器ROM，RAM用于保存单片机运行的中间数据。单片机的ROM不只是用来装载程序，增强51系列也可以在单片机运行过程中利用程序把数据存储在ROM的部分空间内。51系列单片机在系统结构上采用哈佛结构（Harvard Architecture），即程序存储器和数据存储器的寻址空间是分开管理的。它共有4个物理上独立的存储器空间，即内部和外部程序存储器及内部和外部数据存储器。从用户的角度看，单片机的存储器逻辑上分为三个存储空间，如图1-21所示，即统一编址的64KB的程序存储器地址空间（包括片内ROM和外部扩展ROM），地址为0000H～FFFFH；256B的片内数据存储地址空间（包括128B的片内RAM和特殊功能寄存器的地址空间）；64KB的外部扩展的数据存储器地址空间。图中$\overline{EA}$是单片机的程序扩展控制引脚。

1．单片机的片内RAM

51单片机芯片中共有256个字节的RAM单元，但其中高128个字节被专用寄存器占用，能作为存储单元供用户使用的只是低128B，用于存放可读/写的数据。因此通常所说的内部数据存储器就是指低128B，简称片内RAM，如图1-22所示。当程序比较复杂，且运算变量较多而导致51内部RAM不够用时，可根据实际需要在片外扩展，最多可扩展64KB，但在实际应用中如需要大容量RAM时，往往会利用增强型的51单片机而不再扩展片外RAM。

增强型的 51 系列单片机如 52 和 58 子系列分别有 256 B 和 512B 的 RAM。

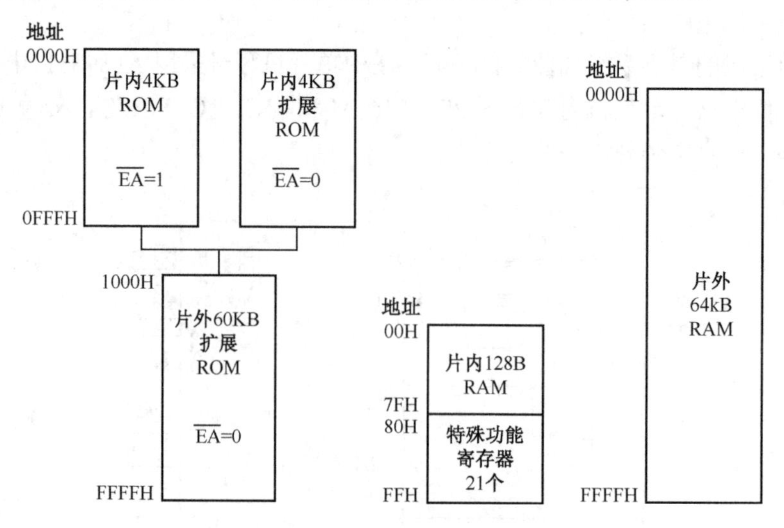

图 1-21　51 单片机的存储器空间分布

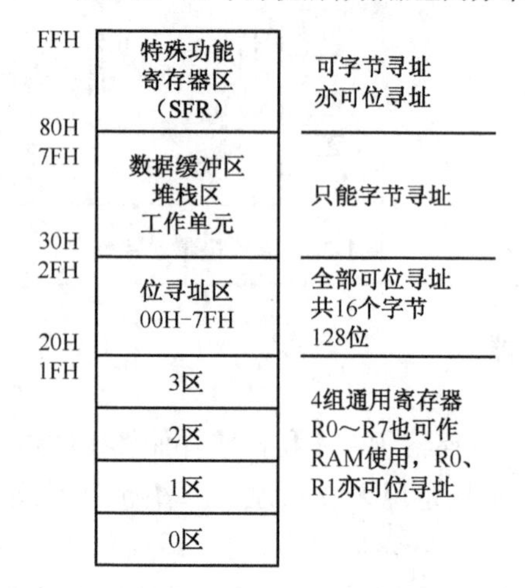

图 1-22　片内 256B 分布

（1）低 128B

51 单片机片内低 128B RAM 根据功能又划分为工作寄存器区（地址 00H～1FH）、位寻址区（地址 20H～2FH），一般 RAM 区（地址 30H～7FH），其中位寻址区共 16 字节 128 个位单元，如图 1-22 所示。

① 工作寄存器区。工作寄存器区是指 00H～1FH 区，共分 4 个组，每组有 8 个字节单元，共 32 个内部 RAM 单元。作为工作寄存器使用的 8 个单元，又称为 R0～R7，每组 8 个寄存器每个寄存器都是 8 位。程序状态字 PSW 中的 PSW.3（RS0）和 PSW.4（RS1）两位用来选择哪一组作为当前工作寄存器使用，如表 1-3 所示。CPU 通过软件修改 PSW 中 RS0 和 RS1 两位的状态，就可任选一个工作寄存器工作。每次只能有 1 组作为工作寄存器使用（R0，R1，R2，R3，R4，R5，R6，R7），其他各组可以作为一般的数据缓冲区使用。

表1-3 通用寄存器选择

PSW.4（RS1）	PSW.3（RS0）	当前使用的工作寄存器组 R0～R7
0	0	0组（00H～07H）
0	1	1组（08H～0FH）
1	0	2组（10H～17H）
1	1	3组（18H～1FH）

② 位寻址区。位寻址区是指20H～2FH单元，共16个单元。位寻址区的16个单元（共计128位）的每1位都有一个8位表示的位地址，位地址范围为00H～1FH，如图1-23所示。位寻址区的每1位都可当作软件触发器，由程序直接进行位处理。同样，位寻址的RAM单元也可以按字节操作作为一般的数据缓冲区使用。

③ 数据缓冲区。数据缓冲区是指30H～37H，这是用户可以随意使用用来存储数据的区域，堆栈区也在此区中。可在初始化程序时设定SP的初值，确定堆栈区的范围，通常情况下将堆栈区设在30H～TFH范围之内。

2FH	7F	7E	7D	7C	7B	7A	79	78
2EH	77	76	75	74	73	72	71	70
2DH	6F	6E	6D	6C	6B	6A	69	68
2CH	67	66	65	64	63	62	61	60
2BH	5F	5E	5D	5C	5B	5A	59	58
2AH	57	56	55	54	53	52	51	50
29H	4F	4E	4D	4C	4B	4A	49	48
28H	47	46	45	44	43	42	41	40
27H	3F	3E	3D	3C	3B	3A	39	38
26H	37	36	35	34	33	32	31	30
25H	2F	2E	2D	2C	2B	2A	29	28
24H	27	26	25	24	23	22	21	20
23H	1F	1E	1D	1C	1B	1A	19	18
22H	17	16	15	14	13	12	11	10
21H	0F	0E	0D	0C	0B	0A	09	08
20H	07	06	05	04	03	02	01	00

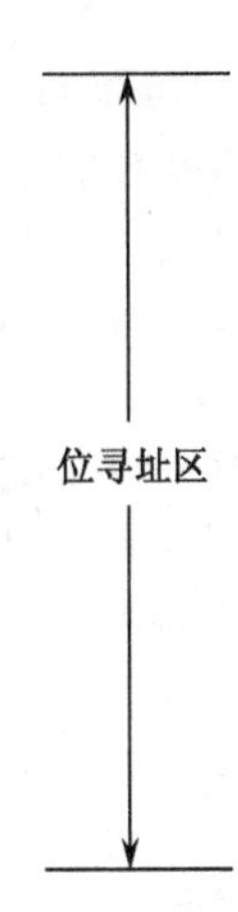

图1-23 位寻址区

（2）高128B

51单片机片内高128B RAM是由21个特殊功能寄存器（Special Function Register，SFR）占用的。它是单片机内部很重要的部件，用于对片内各功能模块进行监控和管理，是一些控制寄存器和状态寄存器，与片内RAM单元统一编址。

51系列单片机内部堆栈指针SP、累加器A、程序状态字PSW以及I/O锁存器、定时器、计数器以及控制寄存器和状态寄存器等都是特殊功能寄存器，和片内RAM统一编址，分散占用80～FFH单元，共有21个，增强型的52系列单片机则有26个。表1-4列出了单片机的特殊功能寄存器名称、标识符和对应的字节地址，其中含有52系列的寄存器T2，T2CON等。在单片机C语言编程应用中，单片机的特殊功能寄存器标识符经常用到。下面只介绍其中部分寄存器，一些控制寄存器会在单片机内部资源编程应用中详细介绍。

① 累加器ACC/A（Accumulator）。累加器A为8位寄存器，是最常用的专用寄存器，功能较多，使用最为频繁。它既可用于存放操作数，也可用来存放运算的中间结果。51系列单片机中大部分单操作数指令的操作数就取自累加器，许多双操作数指令中的一个操作数也

取自累加器。累加器有自己的地址，因而可以进行地址操作。

表 1-4 特殊功能寄存器

特殊功能寄存器	标识符	字节地址
并口 0	P0	80H
堆栈指针	SP	81H
数据指针（低 8 位）	DPL	82H
数据指针（高 8 位）	DPH	83H
电源控制寄存器	PCON	87H
定时/计数器控制	TCON	88H
定时/计数器方式控制	TMOD	89H
定时/计数器 0（低 8 位）	TL0	8AH
定时/计数器 1（高 8 位）	TL1	8BH
定时/计数器 0（低 8 位）	TH0	8CH
定时/计数器 1（高 8 位）	TH1	8DH
并口 1	P1	90H
串行口控制寄存器	SCON	98H
串行数据缓冲器	SBUF	99H
并口 2	P2	A0H
中断允许控制寄存器	IE	A8H
并口 3	P3	B0H
中断优先控制寄存器	IP	B8H
定时/计数器 2 控制	T2CON（52）	C8H
定时/计数器 2 自动重装载（低 8 位）	RCAP2L（52）	CAH
定时/计数器 2 自动重装载（高 8 位）	RCAP2H（52）	CBH
定时/计数器 2（低 8 位）	TL2（52）	CCH
定时/计数器 2（高 8 位）	TH2（52）	CDH
程序状态字	PSW	D0H
累加器	ACC	E0H
寄存器 B	B	F0H

② B 寄存器。它是一个 8 位寄存器，主要用于乘除运算。乘法运算时，B 提供乘数。乘法操作后，乘积的高 8 位存于 B 中。除法运算时，B 提供除数。除法操作后，余数存于 B 中。此外，B 寄存器也可作为一般数据寄存器使用。

③ 程序状态字 PSW（Program Status Word）。它是一个 8 位寄存器，用于存放程序运行中的各种状态信息。其中有些位的状态是由程序执行结果决定的，硬件自动设置的，而有些位的状态则使用软件方法设定。PSW 的位状态可以用专门指令进行测试，也可以用程序读出。一些条件转移程序可以根据 PSW 特定位的状态，进行程序转移。PSW 各位标示符定义格式为：

PSW.7	PSW.6	PSW.5	PSW.4	PSW.3	PSW.2	PSW.1	PSW.0
CY	AC	F0	RS1	RS0	OV	F1	P

PSW.7 为进/借位标志（Carry，CY）：表示运算是否有进位或借位。其功能有二：一是存放算术运算的进/借位标志，在进行加或减运算时，如果操作结果的最高位有进位或借位时，CY由硬件置“1”，否则清“0”；二是在位操作指令中，做位累加器使用。

PSW.6 为辅助进/借位标志位（Auxiliary Carry，AC），也叫半/借进位标志位。在进行加减运算中，当低4位向高4位进位或借位时，AC由硬件置“1”，否则AC位被清“0”。在BCD码的加法调整中也要用到AC位。

PSW.5 为用户标志位F0（Flag 0），是一个供用户定义的标志位，需要利用软件方法置位或复位，用以控制程序的转向。

PSW.4/PSW.3 为寄存器组选择位RS1/RS0（Register Selection），用于选择CPU当前使用的工作寄存器组，其对应关系如表1-5所示。

表1-5 寄存器组的映射表

RS1	RS0	寄存器组	片内单元
0	0	第0组	00H～07H
0	1	第1组	08H～0FH
1	0	第2组	10H～17H
1	1	第3组	18H～1FH

这两个选择位的状态是由程序设置的，被选中的寄存器组即为当前寄存器组。单片机上电或复位后，RS1/RS0=00，即默认的工作寄存器组是第0组。

PSW.2 为溢出标志位OV（Overflow）。在带符号数的加减运算中，OV=1表示加减运算超出了累加器A所能表示的符号数有效范围（–128～+127），即产生了溢出，表示A中的数据只是运算结果的一部分；OV=0表示运算正确，即无溢出产生，表示A中的数据就是全部运算结果。在乘法运算中，OV=1表示乘积超过255，即乘积分别在B与A中；否则，OV=0，表示乘积只在A中。在除法运算中，OV=1表示除数为0，除法不能进行；否则，OV=0，除数不为0，除法可正常进行。

PSW.1 为用户标志位F1（Flag 1），也是一个供用户定义的标志位，与F0类似。

PSW.0 为奇偶标志位P（Parity），表示累加器A中“1”的个数奇偶性。如果A中有奇数个“1”，则P置“1”，否则置“0”，即完全由累加器的运算结果中“1”的个数为奇数还是偶数决定。注意标志位P并非用于表示累加器A中数的奇偶性。凡是改变累加器A中内容的指令均会影响P标志位。P标志对串行通信中的数据传输有重要的意义。在串行通信中常采用奇偶校验的办法来校验数据传输的可靠性。

④ 数据指针DPTR（Data Pointer）。数据指针DPTR为16位寄存器。编程时，DPTR既可以按16位寄存器使用，也可以按两个8位寄存器分开使用，即DPTR的高位字节DPH和DPTR的低位字节DPL。

在系统扩展中，DPTR作为程序存储器和片外数据存储器的地址指针，用来指示要访问的ROM和片外RAM的单元地址。由于DPTR是16位寄存器，因此，通过DPTR可寻址64KB的地址空间。

⑤ 堆栈指针SP（Stack Pointer）。堆栈是一个特殊的存储区，用来暂存系统的数据或地址，它是按“先进后出”或“后进先出”的原则来存取数据的，而系统对堆栈的管理是通过

8 位的堆栈指针寄存器 SP 来实现的，SP 总是指向最新的栈顶位置。堆栈的操作分为进栈和出栈两种。

MCS-51 系列单片机的堆栈设在片内 RAM 中，SP 是一个 8 位寄存器，所以系统复位后，SP 的初值为 07H，但堆栈实际上是从 08H 单元开始的。由于 08H～1FH 单元分别属于工作寄存器 1～3 区，20H～2FH 是位寻址区，如果程序要用到这些单元，最好把 SP 值改为 2FH 或更大的值。一般在片内 RAM 的 30H～7FH 单元中设置堆栈。SP 的内容一经确定，堆栈的位置也就跟着确定下来。由于 SP 可初始化为不同值，因此堆栈的具体位置是浮动的。

⑥ P0～P3。P0～P3 是和输出/输入有关的 4 个特殊寄存器，实际上是 4 个锁存器。每个锁存器加上相应的驱动器和输入缓冲器就构成一个并行口，并且为单片机外部提供 32 根 I/O 引脚，命名为 P0～P3 口。

⑦ PC。程序计数器 PC 是一个 16 位的加 1 计数器，其作用是控制程序的执行顺序，而其内容为将要执行指令的 ROM 地址，寻址范围是 64KB。它并不在片内 RAM 的高 128B 内。

（3）特殊功能寄存器在程序设计中的应用

在程序设计过程中，单片机的功能发挥很多情况下是通过设置和检测单片机内部的特殊功能寄存器来实现的。字节地址能被 8 整除的 SFR 既可以位寻址，也可以字节寻址。如果采用 C 语言设计单片机的程序，只需要记住特殊功能的寄存器和每个特殊功能寄存器的位的标示符和作用就可以了。对特殊功能寄存器的操作很简单，只需对某个寄存器或位标示符赋值即可。

例如在外部中断操作中，假设需要首先设置 IE 寄存器的 EA 位为 1（其他位为 0）。可以字节操作 IE=0X80，也可以位操作 EA=1。单片机 C 语言程序设计中常用的特殊功能寄存器如表 1-6 所示，其中 T2CON 为增强 51 系列。

表 1-6　特殊功能寄存器位标识符和位地址表

特殊功能寄存器	MSB	位　地　址						LSB
	D7	D6	D5	D4	D3	D2	D1	D0
PSW	D7H	D6H	D5H	D4H	D3H	D3H	D2H	D1H
	CY	AC	F0	RS1	RS0	OV	F1	P
TCON	8FH	8EH	8DH	8CH	8BH	8AH	89H	88H
	TF1	TR1	TF0	TR0	IE1	IT1	IE0	IT0
TMOD								
	GATE	C/T	M1	M0	GATE	C/T	M1	M0
PCON								
	SMOD				GF1	GF0	PD	IDL
SCON	9FH	9EH	9DH	9CH	9BH	9AH	99H	98H
	SM0	SM1	SM2	REN	TB8	RB8	TI	RI
IP	/	/	BDH	BCH	BBH	BAH	B9H	B8H
			PT2	PS	PT1	PX1	PT0	PX0
IE	AFH	AEH	ADH	ACH	ABH	AAH	A9H	A8H
	EA	/	ET2	ES	ET1	EX1	ET0	EX0

表 1-6　特殊功能寄存器位标识符和位地址表

续表

特殊功能寄存器	MSB	位 地 址						LSB
	D7	D6	D5	D4	D3	D2	D1	D0
P3	B7H	B6H	B5H	B4H	B3H	B2H	B1H	B0H
	P3.7	P3.6	P3.5	P3.4	P3.3	P3.2	P3.1	P3.0
P2	A7H	A6H	A5H	A4H	A3H	A2H	A1H	A0H
	P2.7	P2.6	P2.5	P2.4	P2.3	P2.2	P2.1	P2.0
P1	97H	96H	95H	94H	93H	92H	91H	90H
	P1.7	P1.6	P1.5	P1.4	P1.3	P1.2	P1.1	P1.0
P0	87H	86H	85H	84H	83H	82H	81H	80H
	P0.7	P0.6	P0.5	P0.4	P0.3	P0.2	P0.1	P0.0
T2CON	CFH	CEH	CDH	CCH	CBH	CAH	C9H	C8H
	TF2	EXF2	RCLK	TCLK	EXEN2	TR2	C/12	CP/RL2

2．内部程序存储器（内部 ROM）

单片机的工作是按照事先编制好的程序命令一条条顺序执行的，程序存储器就是用来存放这些已编好的程序和表格常数的。51 单片机共有 4 KB 的 ROM，单片机的生产商不同，内部程序存储器可以是 E^2PROM 或 Flash ROM。可根据实际需要在片外扩展，最多可扩展 64KB。增强型的 51 单片机内部 ROM 空间可以达到 64KB，在使用时不须再扩展片外 ROM。

数据存储器、程序存储器以及位地址空间的地址有一部分是重叠的，但在具体寻址时，可由不同的指令格式和相应的控制信号来区分不同的地址空间，因此不会造成冲突。

1.2.4　单片机 C 语言基础

51 单片机的编程语言常用的有两种，一种是汇编语言，另一种是 C 语言。C 语言是一种结构化的高级程序设计语言，且能直接对计算机的硬件进行操作，与汇编语言相比，它有如下优点：

- 对单片机的指令系统不要求了解，仅要求对 MCS–51 的存储器结构有初步了解。
- 寄存器分配、不同存储器的寻址及数据类型等细节可由编译器管理。
- 程序有规范的结构，可分为不同的函数，这种方式可使程序结构化。
- 采用自然描述语言、以近似人的思维过程方式使用，改善了程序的可读性。
- 编程及程序调式时间显著缩短，大大提高效率。
- 提供的库包含许多标准子程序，且具有较强的数据处理能力。
- 程序易于移植。

所以本书的案例全部采用 C 语言进行程序设计。国内在 MCS–51 中使用的 C 高级语言基本上都是采用 Keil/Franklin C 语言，简称 C51 语言。

1．C51 程序结构

C51 程序结构和一般的 C 语言程序没有什么差别。C51 的程序总体上是一个函数定义的集合，但还包括其他一些定义。一个完整的 C51 程序通常包括如下部分：

- 头文件包含
- 宏定义
- 单片机端口位功能定义
- 子函数声明
- 主函数（一个）
- 自定义子函数（多个）

C51 的程序也是从 main()函数（主函数）开始执行的，主函数是程序的入口，主函数中的语句执行完毕，则程序执行结束。单片机程序一般需要我们自行编写一定数量的子函数，供主函数调用，来简化书写及逻辑分析工作。

例如：下面为一个完整的 C51 程序。

```
#include<reg52.h>               //头文件
#define uint unsigned int       //宏定义
sbit D1=P1^0;                   //声明单片机 P1 口的第一位
void delay();                   //声明子函数
void main()                     //主函数
{
    while(1)                    //大循环
    {
        D1=0;                   //点亮第一个发光二极管
        delay();                //延时 500ms
        D1=1;                   //关闭第一个发光二极管
        delay();                //延时 500ms
    }
}
void delay()                    //延时子函数
{
    uint x,y;
    for(x=500;x>0;x--)
    for(y=110;y>0;y--);
}
```

2．函数

C51 的函数由类型、函数名、参数表、函数体组合而成。函数名是一个标识符，它是大小写可以区别的，最长可为 255 个字符。参数表是用圆括号（）括起来若干个参数，项与项之间用逗号隔开。函数体是用大括号括起来的若干 C 语句，语句之间用分号隔开。最后一个语句一般是 return（主函数中可以省略），有时也可以省略。函数类型就是返回值的类型，函数类型除了整型外，需要在函数名前加以指定。

C51 的函数定义如下：

```
类型  函数名（参数表）
```

```
参数说明;
{
数据说明部分;
执行语句部分;
}
```

3．C51 的数据类型

单片机在编程使用各种变量之前，首先要对变量定义，数据类型是变量一个很重要的概念，数据类型指该类型的数据能表示的数值范围。单片机在执行程序运算过程中，因为这个变量的大小是有限制的，所以不能随意给一个变量赋任意的值，因为变量在单片机的内存中是要占据空间的，变量大小不同，所占据的空间就不同。所以在设定一个变量之前，必须要给编译器声明这个变量的类型，以便让编译器提前从单片机内存中分配给这个变量合适的空间。

（1）基本数据类型

单片机的 C 语言中常用的数据类型如表 1-7 所示。

表 1-7　单片机的 C 语言中常用的数据类型

数 据 类 型	关　键　字	长　度/bit	长　度/byte	值 域 范 围
位类型	bit	1	—	0，1
无符号字符型	unsigned char	8	1	0～255
有符号字符型	char	8	1	–128～127
无符号整型	unsigned int	16	2	0～65535
有符号整型	int	16	2	–32768～32767
无符号长整型	unsigned long	32	4	$0\sim2^{32}-1$
有符号长整型	long	32	4	$-2^{31}\sim-2^{31}-1$
单精度实型	float	32	4	3.4e–38～3.4e38
双精度实型	double	64	8	1.7e–308～1.7e308

例如：

```
unsigned int a;          //a 为无符号整型，值域范围 0~65535
```

当计算的结果隐含另一种数据类型时，数据类型可以自动进行转换。例如将一个位变量赋值给一个整型变量时，位变量值自动转换为整型，也可以采用人工强制对数据类型进行转换。

数据类型强制转换的书写格式为：

```
（要转换成的数据类型）（变量）
```

例如：

```
（double）a;          //将 a 强制转换为 double 型
```

（2）扩充的数据类型

① SFR/SFR16。这是单片机中特殊功能寄存器（SFR）的定义，有 8 位和 16 位的。SFR，对 8 位特殊功能寄存器的定义，占一个字节单元；SFR16，对 16 位特殊功能寄存器的定义，占一个字单元。定义格式为：

```
SFR  特殊功能寄存器名= 地址;
```

例如：

```
SFR P1 = 0X90;
SFR16 T2 = 0xCC;
```

C51 对特殊功能寄存且做好了定义存在头文件中（REG51.H），用户可直接使用特殊功能寄存器名一般用大写字母表示。

② sbit。用于定义片内可位寻址区（20H～2FH）和 SFR 中的可位寻址的位。定义格式为：

```
sbit  位变量名 = SFR 名^位号；
```

例如：

```
sbit led0 = P1^0；
sbit OV = PSW^2；
```

4．常量与变量

单片机在操作时会涉及各种数据，包括常量与变量。

（1）变量

变量定义的语法格式为：

```
变量数据类型说明  变量存储位置说明  变量名
```

C51 是面向 MCS–51 系列单片机及其硬件控制系统的开发工具，它定义的任何数据类型都必须以一定的存储类型的方式定位于 MCS–51 系列单片机的某一存储区中。在 MCS–51 系列单片机中，程序存储器与数据存储器是严格分开的，且都分为片内和片外两个独立的寻址空间，特殊功能寄存器与片内 RAM 统一编址，数据存储器与 I/O 口统一编址，这是 MCS–51 系列单片机与一般微机存储器结构不同的显著特点。

C51 存储类型与 MCS–51 系列单片机实际存储空间的对应关系如表 1-8 所示。

表 1-8 C51 存储类型与 MCS–51 实际存储空间的对应关系

存 储 类 型	与 MCS–51 系列单片机存储空间的对应关系	备 注
data	直接寻址片内数据存储区，访问速度快	低 128 字节
bdata	可位寻址片内数据存储区，允许位与字节混合访问	片内 20H～2FH RAM 空间
idata	间接寻址片内数据存储区，可访问片内全部 RAM	片内全部 RAM
pdata	分页寻址片外数据存储区，每页 256 字节	由 MOVX @Ri 访问
xdata	片外数据存储区，64KB 空间	由 MOVX @DPTR 访问
code	程序存储区，64KB 空间	由 MOVC @DPTR 访问

访问片内数据存储器（data、idata、bdata）比访问片外数据存储器（xdata、pdata）相对要快很多，其中尤其以访问 data 型数据最快，因此，可将经常使用的变量置于片内数据存储器中，而将较大以及很少使用的数据单元置于外部数据存储器中。

例如：

```
char data var1；                /*字符变量 Var1 定义为 data 存储类型*/
```

其中 data 常可以省略。

（2）常量

常量分数字常量、字符常量、字符串常量三种。在串口数据传输、液晶显示等操作时，

经常会用到字符常量和字符串常量。我们通常将变量定义在程序存储区做常量使用，例如：

```
char   code   CHAR_ARRAY[ ] = { “Start working!” };
```

5. C51 运算符

C51 语言的运算符分以下几种。

（1）算术运算符

算术运算符除了一般人所熟悉的四则运算（加、减、乘、除）外，还有取余数运算，如表 1-9 所示。

表 1-9　算术运算符

符　号	功　能	范　例	说　明
+	加	A=x+y	将 x 与 y 的值相加，其和放入 A 变量
–	减	B=x–y	将 x 变量的值减去 y 变量的值，其差放入 B 变量
*	乘	C=x*y	将 x 与 y 的值相乘，其积放入 C 变量
/	除	D=x/y	将 x 变量的值除以 y 变量的值，其商数放入 D 变量
%	取余数	E=x%y	将 x 变量的值除以 y 变量的值，其余数放入 E 变量

（2）关系运算符

关系运算符用于处理两个变量间的大小关系，如表 1-10 所示。

表 1-10　关系运算符

符　号	功　能	范　例	说　明
==	相等	x==y	比较 x 与 y 变量的值，相等则结果为 1，不相等则为 0
!=	不相等	x!=y	比较 x 与 y 变量的值，不相等则结果为 1，相等则为 0
>	大于	x>y	若 x 变量的值大于 y 变量的值，其结果为 1，否则为 0
<	小于	x<y	若 x 变量的值小于 y 变量的值，其结果为 1，否则为 0
>=	大等于	x>=y	若 x 变量的值大于或等于 y 变量的值，其结果为 1，否则为 0
<=	小等于	x<=y	若 x 变量的值小于或等于 y 变量的值，其结果为 1，否则为 0

（3）逻辑运算符

逻辑运算符就是执行逻辑运算功能的操作符号，如表 1-11 所示。

表 1-11　逻辑运算符

符　号	功　能	范　例	说　明
&&	与运算	(x>y)&&(y>z)	若 x 变量的值大于 y 变量的值，且 y 变量的值也大于 z 变量的值，其结果为 1，否则为 0
||	或运算	(x>y)||(y>z)	若 x 变量的值大于 y 变量的值，或 y 变量的值大于 z 变量的值，其结果为 1，否则为 0
!	反相运算	！(x>y)	若 x 变量的值大于 y 变量的值，其结果为 0，否则为 1

（4）位运算符

位运算符与逻辑运算符非常相似，它们之间的差异在于位运算符针对变量中的每一位，逻辑运算符则是对整个变量进行操作。位运算的运算方式如表 1-12 所示。

表 1-12　位运算符

符　　号	功　　能	范　　例	说　　明
&	与运算	A=x&y	将 x 与 y 变量的每个位，进行与运算，其结果放入 A 变量
|	或运算	B=x|y	将 x 与 y 变量的每个位，进行或运算，其结果放入 B 变量
^	异或	C=x^y	将 x 与 y 变量的每个位，进行异或运算，其结果放入 C 变量
~	取反	D=_x	将 x 变量的每一位进行取反
<<	左移	E=x<<n	将 x 变量的值左移 n 位，其结果放入 E 变量
>>	右移	F=x>>n	将 x 变量的值右移 n 位，其结果放入 F 变量

程序范例：

```
main()
{
 char A,B,C,D,E,F,x,y;
 x=0x25;
 y=0x62;
 A=x&y;
 B=x|y;
 C=x^y;
 D=_x
 E=x<<3;
 F=x>>2
}
```

程序结果：

```
A=0x20    B=0x67    C=0x47    D=0xda    E=0x28    F=0x09。
```

（5）递增/减运算符

递增/减运算符也是一种很有效率的运算符，其中包括递增与递减两种操作符号，如表 1-13 所示。

表 1-13　算术运算符

符　　号	功　　能	范　　例	说　　明
++	加 1	x++	将 x 变量的值加 1
--	减 1	x--	将 x 变量的值减 1

程序范例：

```
main()
{
int A,B,x,y;
x=6;
y=4;
```

```
    A=x++;
    B=y--;
}
```

程序结果：

```
    A=7,B=3
```

6. C51 的流程控制语句

（1）While 循环语句

它的格式如下：

```
while（表达式）
{
语句;
}
```

特点：先判断表达式的值，后执行语句。

原则：若表达式不是 0，即为真，那么执行语句。否则跳出 while 语句往下执行。

程序范例：

```
while(1)                //表达式始终为 1，形成死循环
{
语句;
}
```

（2）for 循环语句

for 语句是一个很实用的计数循环，其格式如下：

```
For（表达式 1；表达式 2；表达式 3）
{
语句;
}
```

执行过程：

① 求解一次表达式 1。

② 求解表达式 2，若其值为真（非 0 即为真），则执行 for 中语句。然后执行第③步。否则结束 for 语句，直接跳出，不再执行第③步。

③ 求解表达式 3。

④ 跳到第②步重复执行。

程序范例 1：

```
a=0;
for(i=0;i<8;i++)        //控制循环执行 8 次
{
    a++;
 }
```

程序执行结果：a=8

（3）if-else 语句

if-else 语句提供条件判断的语句，称为条件选择语句，其格式如下：

```
if（表达式）
{
语句 1;
}
else
{
语句 2;
}
```

在这个语句里，将先判断表达式是否成立，若成立，则执行语句 1；若不成立，则执行语句 2。

其中 else 部分也可以省略，写成如下格式：

```
If（表达式）
{
语句;
}
```

除此以外，还有一种选择语句：

```
If（条件表达式 1）              语句 1
      else if（条件表达式 2）语句 2
       ……
      else if（条件表达式 n）语句 n
       ……
      else                     语句 p
```

含义：从条件表达式 1 开始顺次向下判断，当遇到为真的那个条件表达式，如“条件表达式 n”，执行语句 n，之后不再判断余下的条件表达式，程序直接跳转到“语句 p”之后。如果所有的条件表达式没有一个为真，则执行“语句 p”。

（4）开关语句

```
Switch（表达式）
{
case  常量 1:  语句 1
               break;
 case  常量 2: 语句 2
               break;
 ……
 case  常量 m: 语句 m
                break;
 ……
```

```
        case   常量n:  语句n
                       break;
        default  :     语句p
    }
```

含义：将表达式的值同常量1到常量n逐个比较，如果表达式的值与某个常量相等，假设与常量m相等，则执行语句m，然后通过语句m后的break语句直接退出switch开关。如果没有一个常量与表达式相等，则执行语句p，然后结束switch开关。

（5）文件包含

C51为我们提供了大量标准的库函数，这些库函数按照功能被打包成几个文件，如表1-14所示。如果我们要使用某个现成的库函数，则需要把该库函数所在的文件包含进单片机程序中。文件包含的语法有两种，两者功能相同：

```
#include  <文件名>   或   #include   "文件名"
```

表1-14 函数库

函　数　库	对应头文件	该文件中库函数的功能
字符函数	ctype.h	判断字符、计算字符ASKII码、大小写转换
一般I/O函数	stdio.h	单片机串行口输入输出操作
字符串函数	string.h	字符串替换、比较、查找
标准函数	stdlib.h	字符串与数字之间的转换
数学函数	math.h	求绝对值、平方、开方、三角函数
内部函数	intrins.h	循环移位、空操作指令
SFR声明	reg52.h	声明单片机的特殊功能寄存器

前面提到的声明特殊功能寄存器的文件可以通过如下写法包含进来：

```
#include  < reg52.h >
```

1.3 项目实现

1.3.1 设计思路

本项目要求设计单片机驱动LED闪烁的电路，选用1个LED和单片机I/O口相连，利用C语言编制程序驱动1个LED闪烁。

1.3.2 硬件电路设计

在了解单片机的最小系统后，我们可以设计出最简单的单片机控制LED灯电路。单片机的I/O口可以直接驱动一些器件，通过单片机运行程序，达到单片机对一些器件的控制。LED是一种常用的显示器件，单片机的I/O可以直接驱动。

图1-24所示是单片机驱动LED电路，图中P1.0端口与电源之间接有一个电阻R_2，当P1.0口输出低电平时，从电源正极出发经过电阻的电流通过P1.0口进入单片机，此时LED亮，当此时P0口输出高电平时，此时LED不亮。

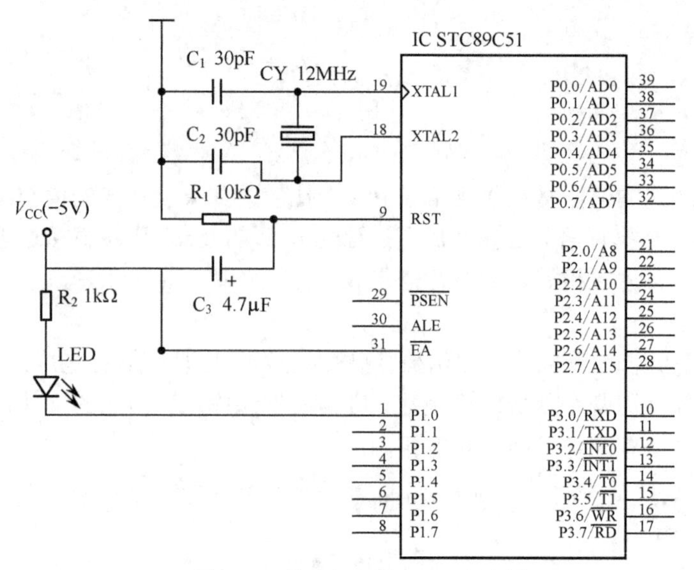

图 1-24 单片机驱动 LED 电路原理

1.3.3 程序设计

单片机的 P0～P3 口都可以进行位操作。本项目要实现 LED 闪烁，只要让 P1.0 电平周期性变化即可。LED 闪烁程序流程如图 1-25 所示。

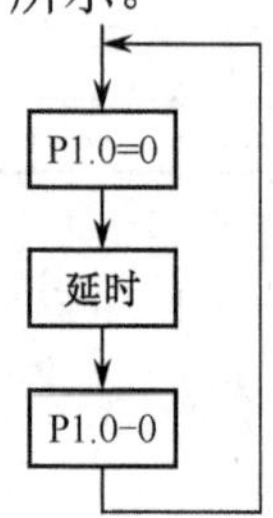

图 1-25 LED 闪烁程序流程

在 Keil 程序设计软件中，P0.0 口定义为 P0^0，因此在利用 C 语言程序设计时，要想让 P0.0 为低电平，只要编写 P0^0 = 0 一条语句即可。为了使程序简单明了，也可以利用 sbit LED1 = P0^0 语句，让 LED1 代替 P0^0。

程序清单如下：

```
/*****************************************************************************/
#include<reg51.h>                    //包含头文件，文件内包含了 51 单片机的功能定义
sbit LED1 = P1^0;                    //LED 接 P1.0。在 kell C51 软件中，定义 P1.0 为 P1^0，
void delay(unsigned char x)          //延时函数
{
    unsigned char i,j;
    for(i = 0;i < x;i++)
    for(j = 0;j < 255;j++);
}
```

```
void main(void)                        //主函数
{
    while(1)                           //程序死循环
    {
        LED1 = 0;                      //P1.0 输出低电平，LED1 亮
        delay(100);                    //调用延时函数，延时一段时间，约 0.3 秒，不精确
        LED1 = 1;                      //P1.0 输出高电平，LED1 灭
        delay(100);
    }
}
/*****************************************************************************/
```

程序说明：

- 因为使用的单片机芯片为 STC89C51，因此程序包含 reg51.h 文件。reg51.h 文件定义了 51 单片机所有特殊功能寄存器的名称定义和相对应的地址值。所谓文件包含，是指一个文件将另外一个文件的内容全部包含进来。reg51.h 是 Keil 软件中定义 51 系列单片机内部资源的头文件，在编写单片机程序时，只要用到 51 单片机内部资源，程序前面必须把此文件包含进来。
- 利用位定义命令让 LED1 等价于 P1.0，程序执行 LED1 = 1 后，单片机内部位寄存器相应位设置为高电平，P1.0 端口输出高电平，单片机的所有 I/O 口都可以位定义，也可以字节定义。
- 由于单片机执行速度快，如果不进行延时，点亮之后马上熄灭，速度很快。由于人眼有视觉暂留效应，根本无法分辨，所以要加入延时程序，让人眼能够看到亮变灭。
- 延时程序 delay 是定义在前，使用在后。这里用了两条 for 语句构成双重循环，循环体是空的，以实现延时的目的。在执行 delay()的过程中，单片机只能忙这一件事情，单片机在执行此函数相关指令时浪费和占用的时间就是执行延时函数获得的时间，但利用 delay()不能得到精确的延时。
- 单片机程序是顺序执行程序，先执行主函数，在主函数内可以调用分函数，分函数可以再调用分函数，但分函数不能调用主函数，程序执行一条命令再执行下一条，执行完毕后返回到主函数入口进行下次循环。

1.3.4 仿真调试

单片机系统的设计与开发包括硬件和软件两方面。硬件是单片机系统的基本组成，要求设计者具备一定的电路基础和元器件应用能力、电路设计能力等；软件的设计必须依照硬件结构和电气特性要求，程序以硬件功能的稳定实现为目的。本章从单片机系统软件设计入手，介绍单片机程序开发使用的程序和设计平台与仿真平台，硬件设计将在以后章节中介绍。

1．单片机程序设计与开发平台——Keil C

Keil 是美国 Keil Software 公司推出的一款 51 系列兼容单片机 C 语言程序设计软件，目

前，Keil 使用较多的版本为μVision3，它集可视化编程、编译、调试、仿真于一体，支持 51 汇编、PLM 和 C 语言的混合编程，界面友好、易学易用、功能强大。它具有功能强大的编辑器、工程管理器以及各种编译工具，包括 C 编译器、宏汇编器、链接/装载器和十六进制文件转换器。

（1）Keil μVision3 的工作界面

Keil μVision3 软件的安装属于标准 Windows 软件安装。安装之后在桌面或者开始菜单中运行 Keil，启动后的工作界面如图 1-26 所示，主要分为菜单工具栏、项目工作区、源码编辑区和输出提示区。

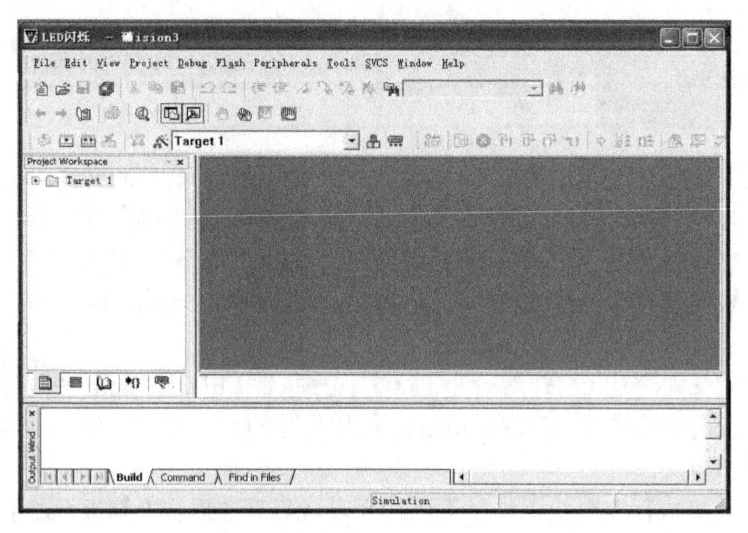

图 1-26 Keil μVision3 IDE 的工作界面

Keil 为用户提供了可以快速选择命令的工具栏和菜单栏以及源代码窗口、对话框。菜单栏提供各种操作命令菜单，用于编辑操作、项目维护、工具选项、程序调试、窗口选择以及帮助。另外，工具条按钮和键盘快捷键允许快速执行命令。下面通过一个实例说明 Keil 常用的菜单、命令的应用。

（2）Keil 应用

Keil 集成的工程管理器使得开发的应用程序更加容易，Keil 平台把单片机系统软件部分作为一个工程对待，完整的程序设计过程包括选择工具集（对基于 ARM 的工程）、创建新的工程和选择 CPU、添加工作手册、创建新的源文件、在工程里加入源文件、创建文件组、设置目标硬件的工具选项、配置 CPU 启动代码、编译工程和创建应用程序代码、为 PROM 编程创建 HEX 文件等。

针对单片机的程序设计，可以把 Keil 应用分工程文件的创建、新建源文件并添加到工程中、程序编写、编译调试 4 个基本步骤。为了便于说明各个过程，现以单片机控制 LED 灯闪烁为例进行讲解，电路原理如图 1-24 所示。

① 创建工程文件，选择单片机芯片。选择 Keil 菜单栏中“Project”→“New μVision Project….”命令，μVision 3 将打开“新建工程”对话框，输入工程名称后即可创建一个新的工程。注意，新建工程要使用独立的文件夹，需要在“新建工程”对话框上单击新建一个文件夹，并取一个熟悉的英文名，比如“LED 闪烁”。在 Project Workspace 区域的 Files 选项卡

里可以查阅项目结构，如图 1-27 所示。

图 1-27　工作空间项目结构

当确定工程文件建立后，此时 μVision 3 会自动弹出对话框要求为目标工程选择 CPU，如图 1-28 所示。对话框包含了 μVision3 的设备数据库，在左侧一栏选定公司和机型以后在右侧一栏显示对此单片机的基本说明，选择将会为目标设备设置必要的工具选项，通过这种方法可简化工具配置。如果使用的单片机为 STC89C51，应选择 ATMEL 的 AT89C51 或 Intel 的 8051，它们与 STC89C51 有相同的内核。

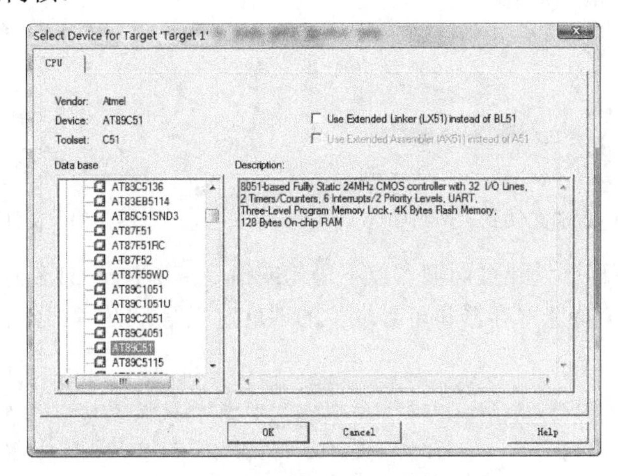

图 1-28　选择目标工程的 CPU

程序需要通过 CPU 的初始化代码来配置目标硬件。启动代码负责配置设备微处理器和初始化编译器运行时系统。对于大部分设备来说，μVision3 会提示复制 CPU 指定的启动代码到工程中去。如果这些文件可能需要作适当的修改以匹配目标硬件，应当将文件复制到工程文件夹中。

工程中需要使用这些启动代码，应选择“是（Y）”，如果不使用 Keil 编写启动代码可以选择“否（N）”。单击“是（Y）”后，工程建立完成。在本例单击“否（N）”。

② 创建新的源文件并添加在工程中。

第一步，新建一个C语言文件。选择“File”→“New”（如图 1-29 所示）或单击图标以创建一个新的源文件，选项会打开一个空的编辑窗口，也就是编写程序的页面。用户可以在此窗口中输入源代码，然后选择“File”→“Save”命令，以扩展名*.c 保存文件，这里保存的文件名为 led.c。

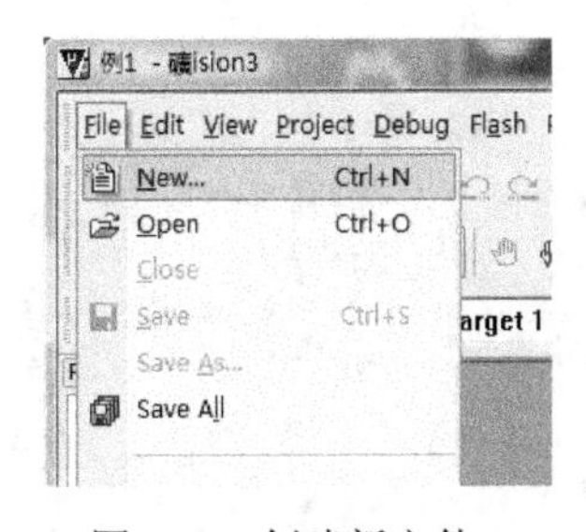

图 1-29　创建新文件

第二步，在工程里加入源文件。源文件创建完后，需要在工程里加入这个文件。在工程工作区中，移动鼠标选择“Source Group 1”然后右击，将弹出一个下拉窗口，如图 1-30 所示。选择“Add Files to Group ‘Source Group 1’”选项，会打开一个标准的文件对话框，在对话框中选择前面所创建的 C 源文件，然后单击“Add”按钮。这时文件已被添加到工程，再单击“Close”按钮关闭该对话框即可。文件被添加到工程后即可开始编写程序代码了，除了添加程序代码文件到工程外，还可以添加头文件（*.h）和库文件（*.lib）。

在 Project Workspace 区域 Files 选项卡中会列出用户工程的文件组织结构，如图 1-31 所示。用户可以通过用鼠标拖拉的方式来重新组织工程的源文件。双击工程工作空间的文件名，可以在编辑窗口打开相应的源文件进行编辑。

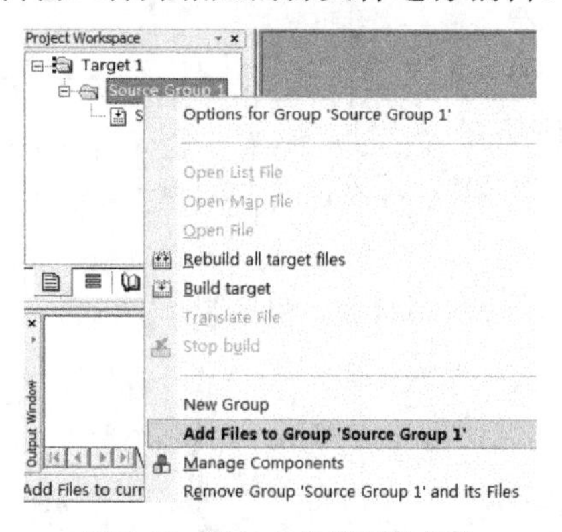

图 1-30 添加文件到工作组中

图 1-31 文件组织结构

③ 程序编写。在程序设计页面输入以下语句或指令，其中 reg51.h 为 51 系列单片机内部资源的头文件，含各个特殊寄存器和可寻址位的地址定义等。“//”符号后面为对指令的说明。

程序清单如下：

```
/**********************************************************************************/
#include<reg51.h>              //包含头文件，文件内包含了 51 单片机的功能定义
sbit LED = P1^0;               //位声明，P1.0 在 Keil 应写成 P1^0，LED 接 P1.0 口，位 P1.0 可寻址
delay(unsigned int x)          //延时子函数
{
    unsigned char i,j;         //定义两个局部变量
    for(i = 0;i<x;i++)         //for 循环套嵌
    for(j = 0;j<100;j++);
}
void main(void)                //主函数
{
    while (1)
    {
        LED = 1;               //LED 这时亮
        delay(100);            //延时 1000ms，时间不准，单片机执行这个函数浪费的时间
        LED = 0;
        delay(100);
    }
}
/**********************************************************************************/
```

上面程序是利用单片机的 1 个 I/O 口驱动 1 个 LED 闪烁程序，如果不了解单片机 C 语言程序，从中很难看出单片机的影子，如果学过 C 语言，则会熟悉程序的每一行。人们在掌握单片机内部的寄存器基础以后，这个程序实际上很简单。这就是为什么要选用 C 语言进行单

片机的程序设计的原因。利用C语言编写单片机程序，不用考虑单片机内部数据在单片机内部怎样运行，只要了解单片机执行程序按照编写的程序顺序单步执行就可以了。

单片机程序在格式上要求严谨，结构层次比较鲜明。为了增强程序的稳定性，所有函数没有返回值就用void声明，没有形参也需要写void。另外，为了避免程序编写错误，逻辑运算符号、左移右移、比较等符号左右留有一个空格，每一条命令占用一行，在程序中“{”、“}”上下对齐，在“{”下一行命令要后退一个Tab键。

④ 编译调试，并创建HEX文件。

第一步，编译工程。鼠标按下按钮，则让Keil对程序进行编译，同时也对程序进行保存，图1-32所示的是编译结果显示窗口。如果程序有错误，会在窗口提示，鼠标双击错误提示，将会看到一个箭头指向程序的错误处，便于修改。

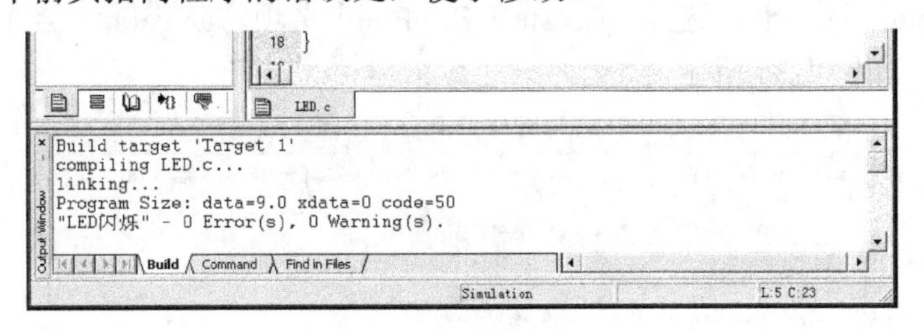

图1-32　编译结果显示窗口

第二步，工程配置。编写的程序最终要在单片机内部运行，下载到单片机内部的程序为二进制格式，编译过程主要目的就是让Keil自动创建一个HEX文件。程序设计设置需要根据目标硬件的实际情况对工程进行配置。通过单击目标工具栏图标或“Project”菜单下的“Options for Target”命令，在弹出的“Options for Target ‘Target 1’”对话框中可指定目标硬件和所选择设备片内组件的相关参数，如图1-33所示。“Options for Target ‘Target 1’”对话框中各选项说明如表1-15所示。

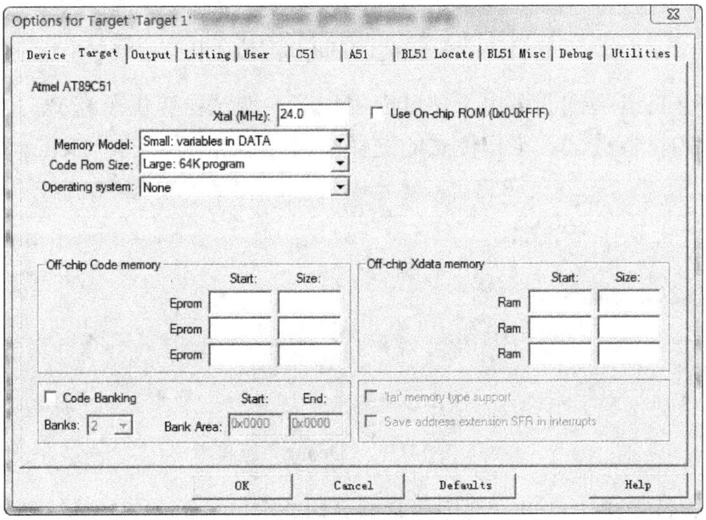

图1-33　“Options for Target ‘Target 1’”对话框

表 1-15　Target 页面选项说明

选　项	描　述
Xtal	设备的晶振频率。大部分基于 ARM 的微控制器使用片内 PLL 作为 CPU 时钟源。依据硬件设备不同设置其相应的值
Operating system	选择一个实时操作系统
Use On-chipROM（0x0-0xFFF）	定义片内的内存部件的地址空间以供链接器/定位器使用

第三步，创建 HEX 文件。在“Options for Target‘Target 1’”对话框中选择“Output”选项，打开“Output”选项卡，选择“Create HEX File”选项，μVision 3 会在编译过程中同时产生 HEX 文件，如图 1-34 所示。

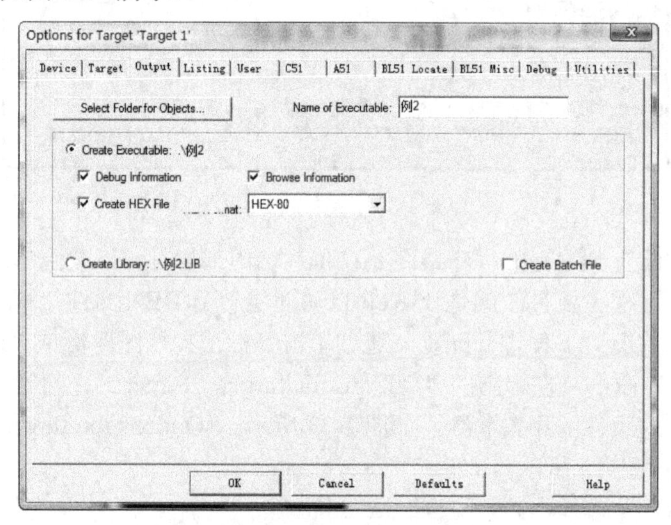

图 1-34　“Output”选项卡

⑤ 调试程序。Keil 调试器可用于调试应用程序，调试器提供了在 PC 上调试和使用评估板/硬件平台进行的目标调试。工作模式的选择在如图 1-35 所示的“Debug”选项卡内进行。

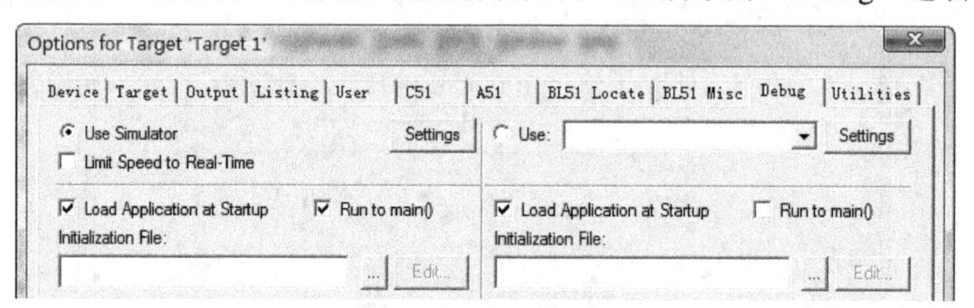

图 1-35　“Debug”选项卡

在没有目标硬件情况下，可以使用仿真器（Simulator）将 μVision3 调试器配置为软件仿真器。它可以仿真微控器的许多特性，还可以仿真许多外围设备包括串口、外部 I/O 口及时钟等。所能仿真的外围设备在为目标程序选择 CPU 时就被选定了。在目标硬件准备好之前，可用这种方式测试和调试嵌入式应用程序。

用 μVision3 已经内置了多种高级 GDI 驱动设备，如果使用其他的仿真器则需要首先安装

驱动程序，然后在此列表里面选取。在此也可配置与软件 Proteus 的接口，使两个软件联合工作。具体配置在 Proteus 软件的介绍部分详细说明。

第一步，动调试模式。通过菜单命令“Debug”→“Start/Stop Debug Session”或者工具栏图标，可以启动/关闭 μVision3 的调试模式，如图 1-36 所示。

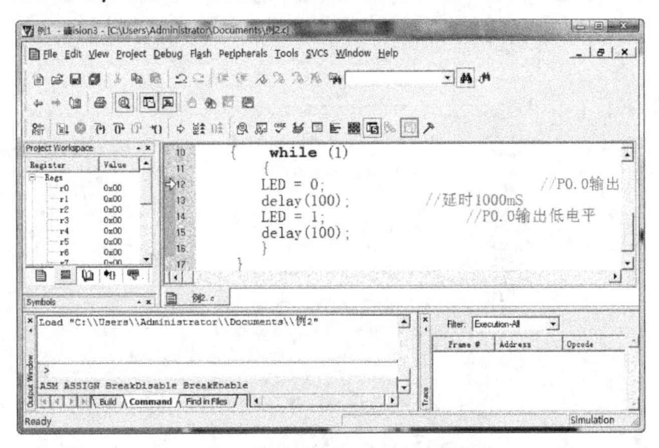

图 1-36　Debug 工作界面

在调试过程中，若程序执行停止，μVision 3 会打开一个显示源文件的编辑窗口或显示 CPU 指令的反汇编窗口，下一条要执行的语句以黄色箭头指示。

在调试时，编辑模式下的许多特性仍然可用。如可以使用查找命令或修改程序中的错误，应用程序中的源代码也在同一个窗口中显示。

但调试模式与编辑模式有所不同，调试菜单与调试命令是可用的，其他的调试窗口和对话框、工程结构或工具参数不能被修改，所有的编译命令均不可用。

第二步，程序调试。程序调试要使用“Debug”菜单下的常用命令和热键，也可使用按钮进行。“Debug”菜单下的命令和热键功能说明如下。

- Run（F5）：全速运行，直到运行到断点时停止，等待调试指令。
- Step into（F11）：单步运行程序。每执行一次，程序运行一条语句。对于一个函数，程序指针将进入到函数内部。
- Start Over（F10）：单步跨越运行程序。与单步运行程序很相似，不同点是跨越当前函数，运行到函数的下一条语句。
- Step Out of current Function（Ctrl+F11）：跳出当前函数。程序运行到当前函数返回的下一条语句。
- Run to Cursor line（Ctrl+F10）：运行到当前指针。程序将会全速运行，运行到光栅所在语句时将停止。
- Stop Running：停止全速运行。停止当前程序的运行。

设置断点的作用是当程序全速运行时，需要在程序不同的地方停止运行然后进行单步调试，可以通过设置断点来实现。断点的设置只能在有效代码处设置，如图 1-37 所示左侧栏中的有效代码深灰色处。

将鼠标移到有效代码处，然后双击会出现一个红色标记，表示断点已成功设置；鼠标在红色标记处又双击，红色标记消失，表示断点已成功删除。 当程序运行到设置的断点的位置停止运行。

此时，可以打开“View”→“Watch & Call Stack Window”命令，对程序中的数值进行监视，例如对 i 的值进行监视，如图 1-38 所示。每按下一次“Step into”按钮，i 的数值增加一次。数值 Value 可以在十六进制和十进制之间选择。

同时也可以在“Project Workspace”的“Register”内看到运行时间，此例中此时的时间为 0.0326 秒，如图 1-39 所示。如果要调整闪烁的时间间隔可以调整 x 的数值，以达到调整闪烁时间的目的。

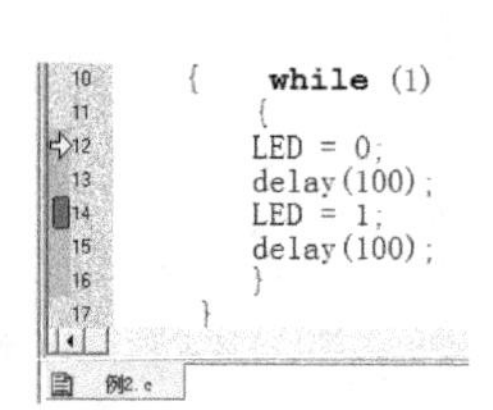

图 1-37　断点的设置

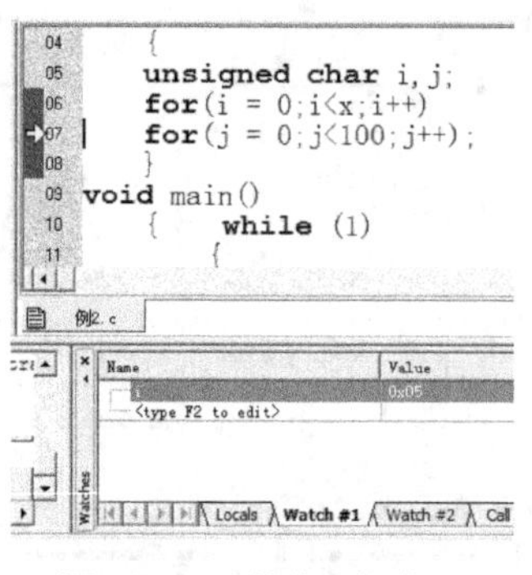

图 1-38　对数值 i 的监视

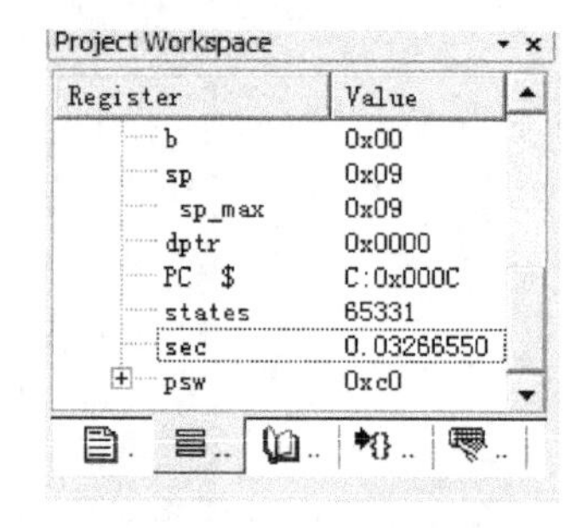

图 1-39　仿真运行时间

Keil μVision3 集成开发环境的功能相当强大，本节只是简单地介绍其一些基本的使用方法，如果需要对 Keil μVision3 集成开发环境有更深入和全面的了解请阅读该软件自带的帮助文档。

2．单片机系统仿真与调试

程序仿真与调试是单片机软件开发过程的必要环节。一般开发可以在电路原理基础上利用软件进行仿真与调试，以便减少硬件的重复设计和成本。在学习单片机程序设计时，也会经常用到软件仿真和调试，以验证程序设计的正确性、完整性、可靠性。软件仿真是一种依靠 PC 系统资源进行的硬件模拟、指令模拟和运行模拟。在软件仿真和调试过程中，不需要任何在线的硬件和目标板可以完成软件的开发全部过程。

单片机软件仿真调试工具常用的软件为 Proteus，该软件是由英国 Labcenter electronics 公司开发的 EDA 工具软件。Proteus 主要由 ARES 和 ISIS 两个程序组成。前者主要用于 PCB 自动或人工布线及其电路仿真，后者主要采用原理布图的方法绘制电路并进行相应的仿真。Proteus 电路仿真过程是互动的，针对微处理器的应用可以直接在基于原理图的虚拟原型上编程，并实现软件代码级的调试，还可以直接实时动态地模拟按钮、键盘的输入，LED、液晶显示的输出，同时配合虚拟工具如示波器、逻辑分析仪等进行相应的测量和观测。Proteus 软件的应用范围十分广泛，涉及 PCB 制版、Spice 电路仿真、单片机仿真。

本节主要以单片机最小系统电路为基础，对上节程序设计进行仿真调试，使读者初步掌握Proteus应用过程。

（1）Proteus ISIS 的工作界面

Proteus 是标准的 Windows 安装程序。在安装完成后出现 Proteus 7 Professional 程序组，首先运行 Licence Manager 进行授权认证，之后可以运行 ARES 7 Professional 或者 ISIS 7 Professional。这里主要讲解 Proteus ISIS 7 Professional 的使用方法。

Proteus ISIS 7 Professional 启动后的工作界面如图 1-40 所示。工作区域主要分为：标题栏、菜单栏、标准工具栏、绘图工具栏、状态栏、对象选择按钮、预览对象方位控制按钮、仿真进程控制按钮、预览窗口、对象选择器窗口、图形编辑窗口。

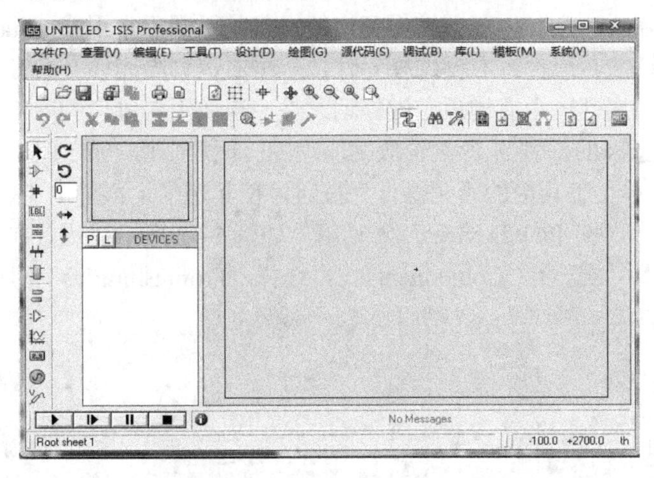

图 1-40　Keil μVision3 IDE 的工作界面

① 预览窗口（The Overview Window）。此窗口可显示两个内容，整个图纸或者一个元件原理图。当鼠标在此区域单击后，鼠标图形变为，显示整张原理图的缩略图，并会显示一个绿色的方框。绿色的方框里面的内容是当前原理图窗口中显示的内容，此时绿框跟随鼠标运动，在适当位置再次单击就可改变右边原理图的可视范围。当选择一个元件列表中元件时，该区域则显示该元件的原理图。

② 原理图编辑窗口（The Editing Window）。此区域是主要工作区域，主要用来绘制原理图。蓝色方框内为可编辑区，各种元件都要放置在蓝色区域中。

③ 模型选择工具栏（Mode Selector Toolbar）。该区域分为 Main Modes（主要模型）、Gadgets（配件）、2D Graphics（两维图形）三个部分，如图 1-41 所示。为了显示方便在此改为了横排版。

图 1-41　模型选择工具栏

Main Modes（主要模型）包括选择元件、放置连接点、放置标签、放置文本、绘制总线、放置子电路、即时编辑元件参数。

Gadgets（配件）包括终端接口（电源、接地、输出、输入等接口）、器件引脚、仿真图表（各种分析）、录音机、信号发生器、电压探针（用于仿真图表）、电流探针、虚拟仪表（示波器等）。

2D Graphics（两维图形）包括直线、方框、圆、圆弧、多边形、文本、符号、画原点。

④ The Object Selector（元件选择器）。它用于选择已经在库中调出来的元器件、终端接口、信号发生器、仿真图表等。单击P按钮会打开“挑选元件”对话框，选择一个元件后，该元件会在该元件列表中显示，以后要用到该元件时，只需在元件列表中选择即可。

⑤ 仿真控制栏。分别表示运行、单步运行、暂停、停止。

（2）电路原理设计

利用软件仿真要把单片机系统电路设计完整。Proteus ISIS 7 Professional 仿真系统创建单片机仿真电路执行以下步骤：选择单片机芯片、放置其他器件或者仿真仪器、用导线或者总线连接各个器件。需要注意，原理图编辑窗口的操作是不同于常用的 Windows 应用程序的。正确的操作是用左键放置元件；右键选择元件；双击右键删除元件；右键拖选多个元件；先右键后左键编辑元件属性；先右键后左键拖动元件；连线用左键，删除用右键；改连接线：先右击连线，再左键拖动；中键或者滚轮放缩原理图。下面对上一节 LED 闪烁程序进行仿真。

① 选择元件。单击工具箱的“元器件”按钮，使其选中，再单击 ISIS 对象选择器左边中间的“P”按钮，出现“Pick Devices”对话框，如图 1-42 所示。或者在编辑窗口单击鼠标右键，选择“Place”，再选择“Component”，再选择“From Libraries”即可。

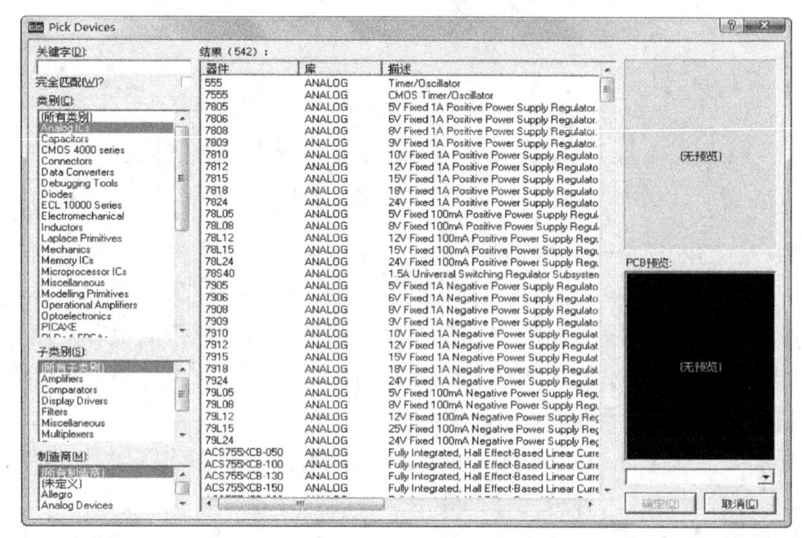

图 1-42 “Pick Devices”对话框

左边栏分别为关键字、类别、子类别和制造商。可以先从类别中选取后，到子类别点选，在实际操作中应该了解计划放置的元件的类型和型号才能在软件的器件库中找到，如要放置一个 LED，需要先单击“类别”中“Optoelectronics”，然后在“子类别”中单击“ELDS”。“Pick Devices”对话框中间区域是元器件型号以及主要参数。右边是所选元件的预览图和 PCB 引脚图。

当不知道元件的类别时可以从搜索“关键字”处查询。在这里搜索“89C51”后出现如图 1-43 所示界面。

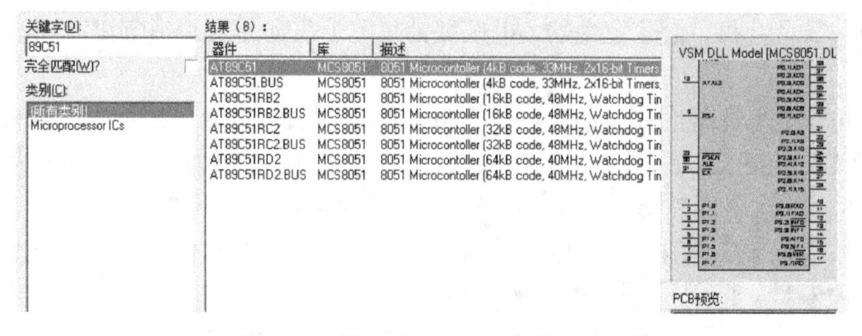

图 1-43 搜索“89C51”后所出现的界面

选择“AT89C51”，双击可将其添加到元件列表中。照此方法可以一次添加所需要的全部元器件，也可以在需要时再次调用元件库进行添加。这里一次调用全部元件。“Optoelectronics”类别下的 LED-birg（发光二极管），“Resistors”类别下的 RESPACK-8（排阻）。在全部选择完毕以后单击“确定”按钮，关闭元件库。元件列表如图 1-44 所示。

② 放置元器件。在元件列表中选取 AT89C51，在原理图编辑窗口中单击左键，AT89C51 被放到原理图编辑窗口中。用同样方法可以放置 LED-BIRG 和 RESPACK-8。在放置的过程中可能遇到下列问题。

- 对象的放置。在左边的对象选择器选定这个元件，单击这个元件，然后把鼠标指针移到右边的原理图编辑区的适当位置，再单击就把相应的元件放到了原理图区。
- 放置电源及接地符号。许多器件没有 V_{CC} 和 GND 引脚，但事实是这些引脚隐藏了，在使用时可以不用加电源，单片机芯片、LCD 的 V_{SS}、V_{DD}、V_{EE} 不需连接，默认 V_{SS}=0V、V_{DD}=5V、V_{EE}= –5V、GND=0V。如果需要加电源可以单击工具箱的“接线端”按钮，这时对象选择器将出现一些接线端，如图 1-45 所示。

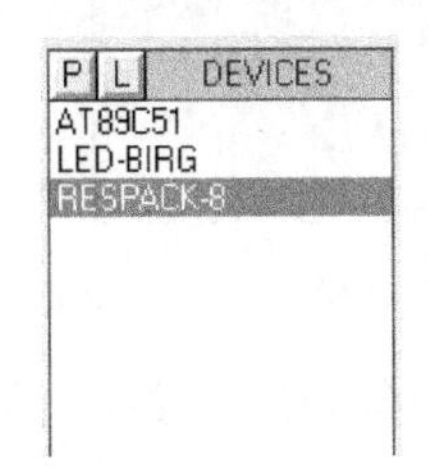

图 1-44 元件列表

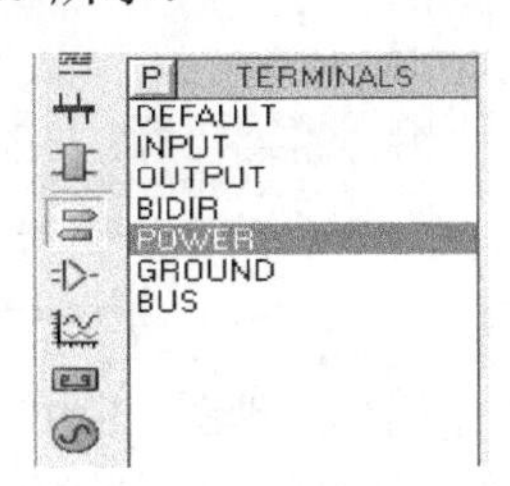

图 1-45 添加了电源的对象选择器

在器件选择器里单击图 1-45 中的“POWER”，鼠标移到原理图编辑区，单击即可放置电源符号；同理也可以把接地符号 GROUND 放到原理图编辑区。

- 对象的编辑。调整对象的位置和放置方向以及改变元器件的属性等，有选中、删除、拖动等基本操作，可以通过右击器件，弹出右键菜单进行操作。

这些操作主要有：

a．拖动标签。许多类型的对象有一个或多个属性标签附着。可以很容易地移动这些标签使电路图看起来更美观。移动标签的步骤如下：首先右击选中对象，然后用鼠标指向标签，按下鼠标左键。一直按着左键就可以拖动标签到需要的位置，释放鼠标即可。

b．对象的旋转。许多类型的对象可以调整旋转为 0°、90°、270°、360° 以及以 x 轴或者 y 轴镜象旋转。

c．编辑对象的属性。对象一般都具有文本属性，这些属性可以通过一个对话框进行编辑。编辑单个对象的具体方法是：先右击选中对象，然后单击对象，此时出现属性编辑对话框。也可以单击工具箱的按钮，再单击对象，也会出现编辑对话框。图 1-46 是 AT89C51 的编辑对话框，这里可以改变元件的标号、元件值、PCB 封装时钟频率以及是否把这些东西隐藏等，修改完毕，单击“确定”按钮即可。

③ 绘制导线。

a．画导线。Proteus 的智能化可以在想要画线的时候进行自动检测。当鼠标的指针靠近一个对象的连接点时，鼠标的指针就会出现一个“”符号，再单击元器件的连接点，移动鼠标到需要连接的连接点，鼠标再次变为绿色，单击就出现了连接线。此时软件自动定出线

路径，如图1-47所示。这就是 Proteus 的线路自动路径功能（简称 WAR），如果只是在两个连接点单击，WAR 将选择一个合适的线径。WAR 可通过使用工具栏里的“WAR”命令来关闭或打开，也可以在菜单栏的“Tools”菜单下找到这个图标。如果想自己决定走线路径，只需在想要拐点处单击即可。在引线的过程中需要放置连接点，需要在放置的位置双击，就放置了一个圆点，此点可以连接4条导线。

在绘制导线的过程中，随时可以按 Esc 键或者右击来放弃画线。

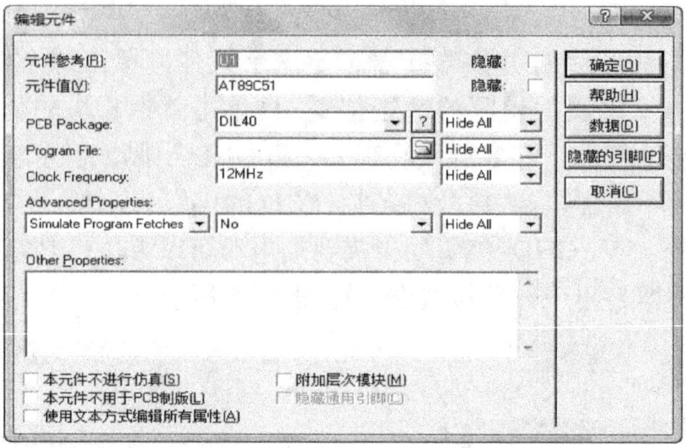

图 1-46　AT89C51 的编辑对话框

b．画总线。为了简化原理图，也可以用一条导线代表数条并行的导线，这就是所谓的总线。当电路中多根数据线、地址线、控制线并行时经常使用总线设计。单击工具箱的“总线”按钮，即可在编辑窗口画总线。单击则开始绘制，双击则结束本段绘制，右击则取消继续绘制。

单击鼠标右键，选择菜单“Place”→“Bus”放置点线，然后再画总线分支线，它是用来连接总线和元器件管脚的。画总线的时候为了和一般的导线区分，一般画斜线来表示分支线，此时需要关闭自动布线功能，可单击图标。画好分支线还需要给分支线放置网络标号，放置方法是用鼠标单击连线工具条中图标，这时光标放置在支线上变成十字形并且将有一虚线框，如图 1-48 所示。再单击，系统弹出“Edit Wire Label”对话框，如图 1-49 所示。定义网络标号比如 P01，将设置好的网络标号放在的短导线上，鼠标左键拖动即可将之定位。注意，在标定导线标签的过程中，相互接通的导线必须标注相同的标签名。

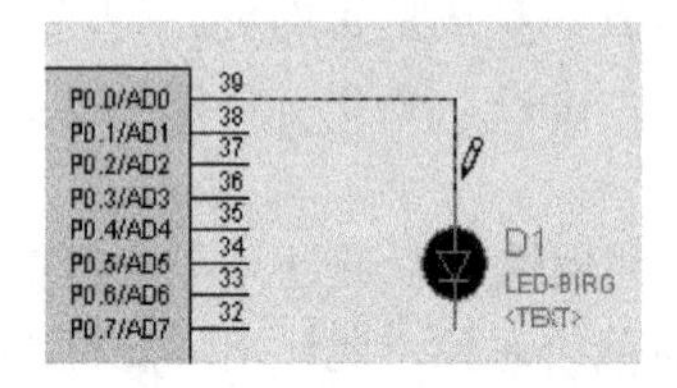

图 1-47　连接导线

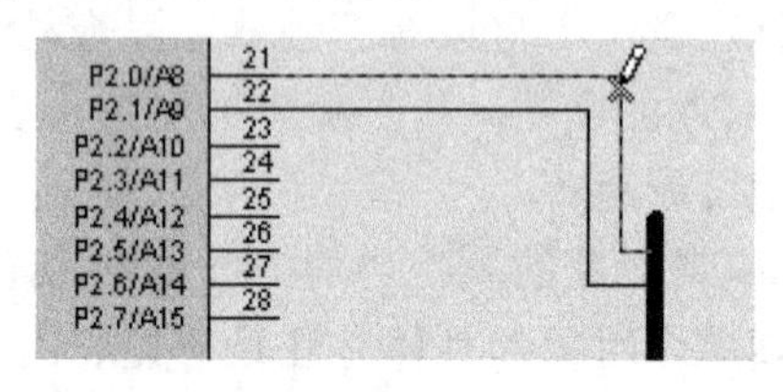

图 1-48　选定要标号的支线

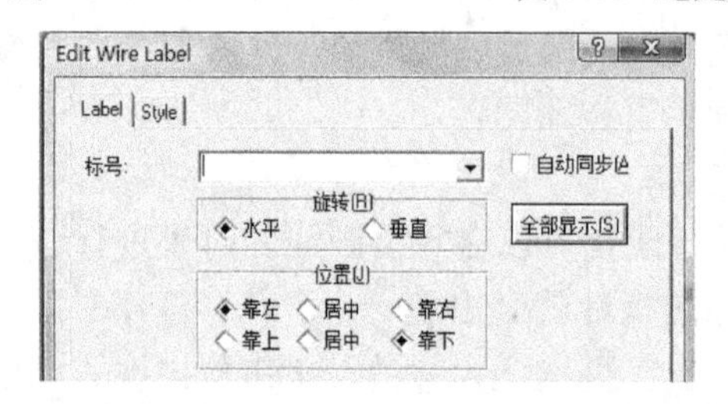

图 1-49　“Edit Wire Label”对话框

c．放置线路节点。如果在交叉点有电路节点，则认为两条导线在电气上是相连的，否则就认为它们在电气上是不相连的。ISIS在画导线时能够智能地判断是否要放置节点。但在两条导线交叉时是不放置节点的，这时要想两个导线电气相连，只有手工放置节点了。单击工具箱的“节点放置”按钮，当把鼠标指针移到编辑窗口，指向一条导线的时候，会出现一个“”号，单击左键就能放置一个节点。

通过以上步骤就可以得到如图1-50所示的电路图。在此图中，单片机连接晶振，电容、电解电容组成最小系统电路，同时P1.0口需要连接限流电阻，连接LED。由于本例只有一个端口使用，因此也没有使用总线。

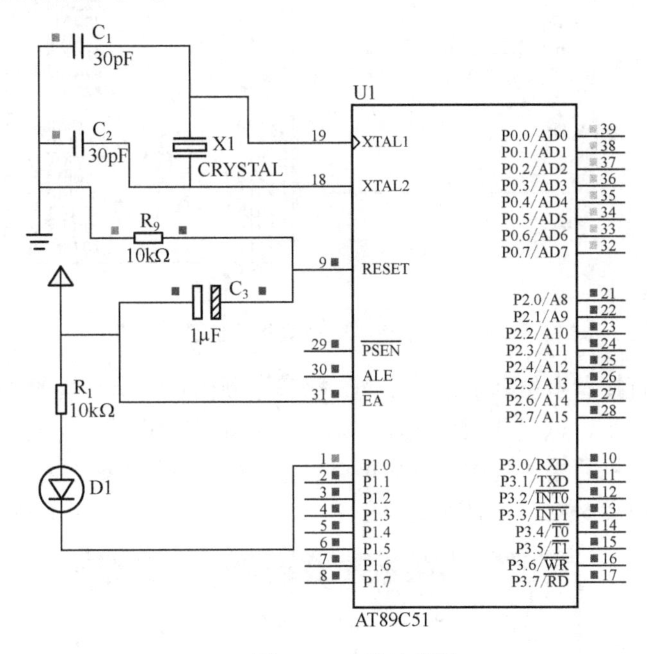

图1-50　电路连接图

（3）仿真与调试

① 添加仿真文件。此时用鼠标左键双击AT89C51，在弹出的图1-51的“编辑元件”对话框的“Program File”内添加上一节程序设计生成的HEX文件。

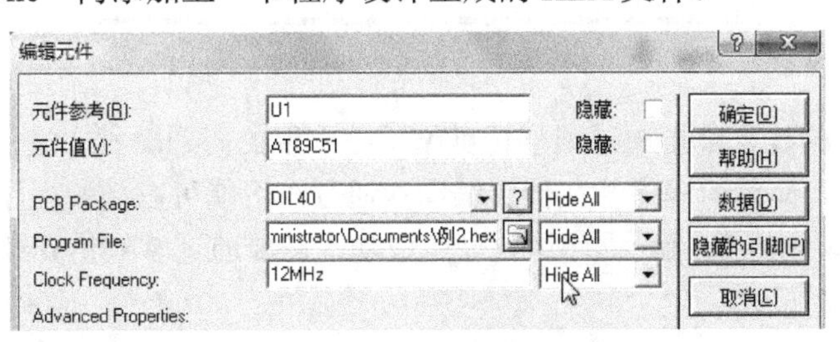

图1-51　创建HEX文件

在“Program File”中单击按钮出现“文件浏览”对话框，找到.hex文件，单击“确定”按钮完成添加文件，在“Clock Frequency”中把频率改为12MHz，单击“确定”按钮退出。

② 运行仿真。单击按钮中的“运行”按钮，程序开始仿真运行，运行效果如图1-52所示。

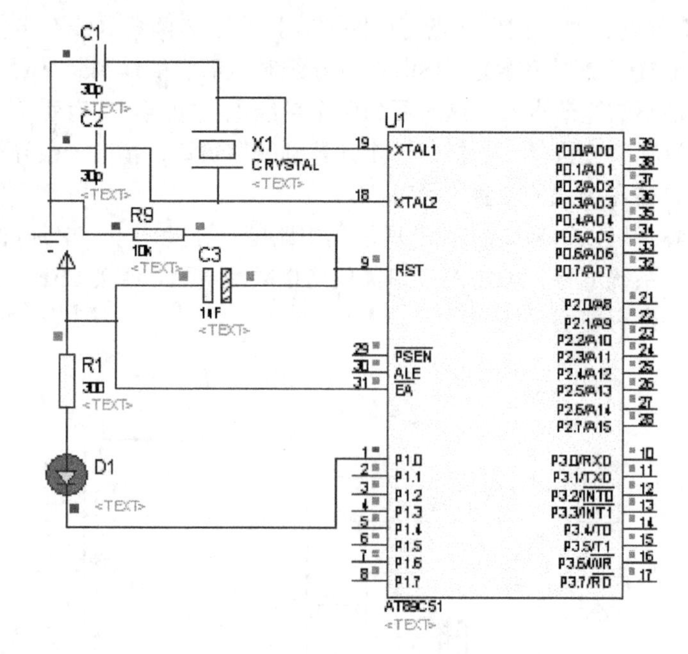

图 1-52　仿真运行状况

从界面上可以直接看出仿真效果，发光二极管不断闪烁，单片机的端口呈现红色或蓝色的点，红色代表高电平，蓝色代表低电平，灰色代表不确定电平。运行时，在“Debug”菜单栏中可以查看单片机的相关资源。例如可以打开“Debug”菜单下的“Watch Window”窗口，通过右键添加观察对象，此时观察的是 P1 口的数值输出，如图 1-53 所示。

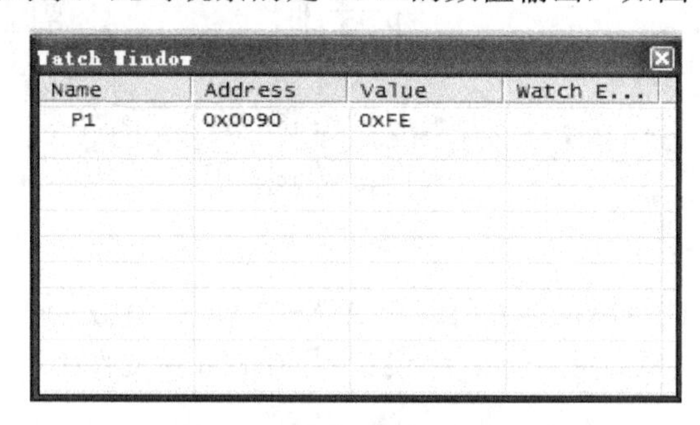

图 1-53　仿真运行时的 P0 口输出

③ 调试。调试的过程是指通过观察仿真结果中出现的问题对程序进行修改的过程。在利用 Keil 程序设计时，简单的程序往往依据编译的通过与否就可以判断程序设计的准确性，但较大程序，编译成功并不能代表程序运行一定成功，需要通过软件仿真结果对程序修改多次才能达到设计目的。

【项目总结】

1. 单片机是把 CPU、RAM、ROM、定时/计数器以及 I/O 口等功能模块集成在一块芯片上的微型计算机。生产单片机的厂家很多，但最基本还是采用 MCS-51 结构。

2. 单片机最小系统是指用最少的元件组成的单片机系统，也就是单片机在工作时至少具备的电路系统。

3. 单片机的开发工具包括软件和硬件两部分。软件开发工具包括调试程序的Keil μVision软件，仿真程序的Proteus软件；硬件开发工具包括仿真器、编程器、ISP下载线。

4. C51语言是基于51单片机的C语言，学习时侧重和C语言的不同。

思考与练习

1．AT89C51单片机由哪些主要功能部件组成？

2．简述单片机应用研发过程和研发工具。

3．画图说明AT89C51单片机的存储空间结构。

4．当AT89C51单片机外接晶振为6MHz时，其振荡周期、状态时钟周期、机器周期、指令周期的值各为多少？

5．请画出单片机的最小系统。

6．请完成用1个开关控制、1个LED闪烁快和慢两种效果的电路及其C语言程序设计。

项目2　制作流水灯

【项目引入】

在现代城市的夜晚，到处可以见到各种各样的流水灯、霓虹灯、广告灯箱，这些灯变换着各种动感的图案和色彩，如图2-1所示。这些流水灯实际上都是简单的单片机控制电路，它可以根据客户的需要来变换各种不同的图案。在项目1中学会了点亮一个LED，本项目要实现的是按照一定的规律点亮多个LED。

图2-1　霓虹灯

【知识目标】

- 掌握单片机I/O口的应用；
- 掌握单片机最小系统的组成；
- 掌握流水灯的三种程序设计方法。

【技能目标】

- 熟悉单片机开发工具；
- 熟悉Keil、Proteus的安装和使用；
- 能制作流水灯硬件电路。

2.1　任务描述

用电子元器件和单片机制作一个流水灯，含有8个发光二极管，可以实现8个LED灯各种显示方式的点亮（例如从上到下逐个点亮）。

2.2　准备知识

在实施项目之前先来认识单片机I/O口。

单片机经常要和外设之间传输数据（输入，输出），P0，P1，P2，P3就是可以和外设完成并行数据传输的接口。

1. P1 口

（1）结构

P1 口是 8 位双向 I/O 口，1 位的结构原理如图 2-2 所示。P1 口由 8 个这样的电路组成，它由如下几个部分组成：数据输出锁存器（D 触发器），起输出锁存作用；场效应管（FET）V、上拉电阻组成输出驱动器，以增大带负载能力；上下两个三态门分别是读锁存器端口和读引脚。

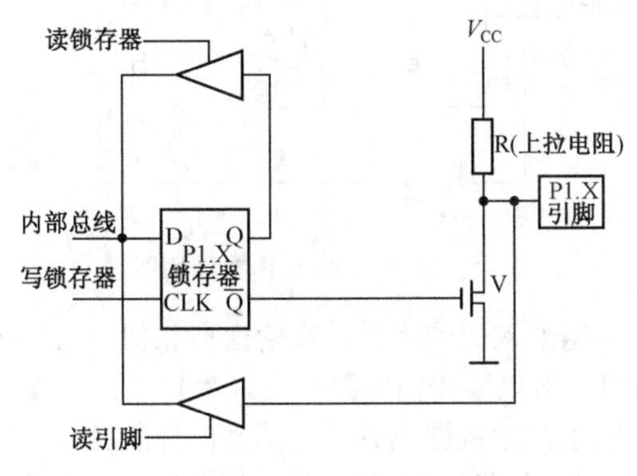

图 2-2　P0 口内部结构图

（2）功能

P1 口通常作为通用的 I/O 口使用，每一位可单独定义为输入/输出口。

① 输出。若 P1 口外接发光二极管，则应定义为输出口，可以用语句 P1=0Xdata 输出数值。假设某一位需要输出 0，则内部总线输出“0”，则 D=0，$\overline{Q}$=1，V 导通，则输出 0。

② 输入。若 P1 口外接按键，则应定义为输入口。

假设读引脚脉冲有效为高电平，把该三态缓冲器打开，这样 P1 端口引脚上的数据经过三态门缓冲器读入到内部总线。如果输入数据走该通道，那么场效管 V 对该引脚有影响的。

如果锁存器原来寄存的数据 Q=0，那么场效应管 V 导通，引脚始终被嵌位在低电平，不可能输入外接电路的高电平。所以在输入前，必须用输出指令向锁存器写入“1”，使场效应管 V 截止（断开），保证单片机输入的电平与外接电路电平相同。所以 P0 口被称为一个准双向口。

2. P0 口

（1）结构

P0 口 1 位的结构原理如图 2-3 所示。在电路结构上，比 P1 口增加了：多路选择开关（MUX），配合非门、与门用来实现两种功能的切换；输出驱动电路由两个场效应管（FET）V_1、V_2组成的漏极开路电路组成。

（2）功能

P0 口有两种功能：通用 I/O 口和地址/数据分时复用总线。

① 通用 I/O 口。

- 输出。P0 口作为通用输出口使用时，内部控制信号为低电平，开关连接 B 点，同时与门输出 0，V_1截止。此时，此电路就与 P1 口的内部结构相似，唯一不同的是输出电路为漏极开路电路，因此使用时必须外接上拉电阻才有高电平输出。

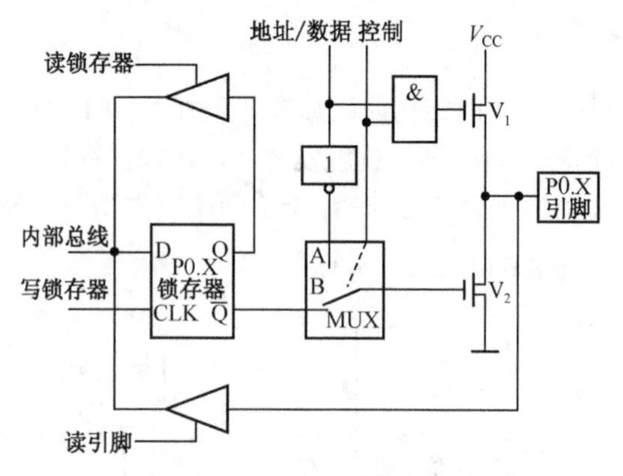

图 2-3　P0 口内部结构图

- 输入。P0 口作为通用输入口使用时，和输出口相似，必须外接上拉电阻。另外因为 P0 口也是准双向口，所以要先向电路中写入"1"。

② 地址/数据线。当作为地址/数据线时，内部发出控制信号，打开与门，使多路选择开关接通 A，V_2导通，V_1、V_2形成推拉式电路结构，使负载能力大为提高。可以输出低 8 位地址信号或输出/输入 8 位数据信号。

3．P2 口

（1）结构

P2 口的 1 位内部结构图如图 2-4 所示。此电路结构比 P1 口增加了：多路转换电路 MUX，反相器。

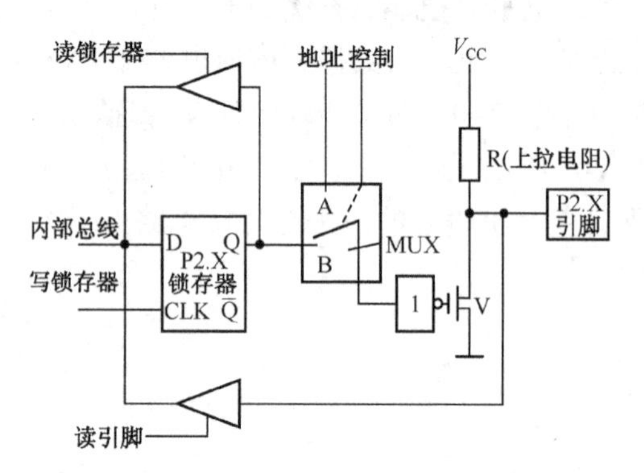

图 2-4　P2 口内部结构图

（2）功能

P2 口有两种功能：通用 I/O 口和地址总线

① 通用 I/O 口。在无外部扩展存储器系统中，多路转换开关打向 B，P2 口作为通用 I/O 口使用，此时和 P1 口功能一样。

② 地址总线（高 8 位）。在有外部扩展存储器系统中，多路转换开关打向 A，P2 口通常作为高 8 位地址线使用，P0 口分时送出低 8 位地址线和 8 位数据线。由于有了 16 位地址，单片机最大可外接 60KB 的程序存储器和 64KB 数据存储器。

4．P3 口

（1）结构

P3 口的 1 位内部结构图如图 2-5 所示。此电路结构比 P1 口增加了：与非门第二功能输出控制电路，第二功能输入缓冲器。

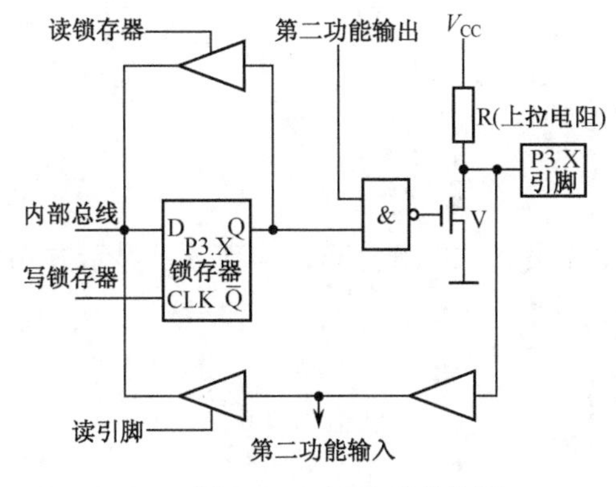

图 2-5　P3 口内部结构图

（2）功能

P3 口有两种功能：通用 I/O 口和第二功能。

① 通用 I/O 口。P3 口作为通用 I/O 口使用，此时和 P1 口功能一样。

② 第二功能。在真正的单片机应用电路中，第二功能显得更为重要。因为第二功能信号有输入、输出两种情况，所以下面分两种情况说明。

- 第二功能输入。作为第二功能信号输入引脚时，在输入通路上增加了一个缓冲器，输入的第二功能信号就是从这个缓冲器的输出端取得的。
- 第二功能输出。作为第二功能信号输出引脚时，该位的锁存器应置 1，Q 端输出高电平，与非门对第二功能信号的输出是通畅的，从而实现了第二功能信号输出。P3 第二功能各引脚功能定义如表 1-1 所示。

5．带负载能力

带负载能力是指在一定的电压（0～5V）下能够灌入或拉出的最大电流，也称为驱动能力。拉电流和灌电流是衡量电路输出驱动能力的参数，这种说法一般常用在数字电路中。

（1）灌电流（输出低电平）

当负载的另一端接 V_{CC}，输出端口输出低电平时，就会产生灌电流。它是从负载流向输出端口，“灌进去”的电流，一般是要吸收负载的电流，其吸收电流的数值叫“灌电流”。

（2）拉电流（输出高电平）

当负载的另一端接地，输出端口输出高电平时，就会产生拉电流。它是从输出端口流向负载，“拉出来”的电流，一般是对负载提供电流，其提供电流的数值叫“拉电流”。

一般地，1 个 LSTTL（低功耗肖特基晶体管）其拉电流（高电平）0.20μA，灌电流（低电平）0.35mA。所以灌电流一般比拉电流要大得多。因此用单片机 I/O 驱动 LED 一般采用低电平输出方式（灌电流）。

（3）I/O 口驱动能力

P0 的负载能力为驱动 8 个 TTL 门电路，P1、P2、P3 口的负载能力为驱动 4 个 TTL 门电路。4 个端口的引脚，每个引脚灌电流≤10mA，每个端口 8 个引脚灌电流之和：

P0≤26mA

P1、P2、P3≤15mA

2.3 项目实现

2.3.1 设计思路

本项目要求制作含有 8 个发光二极管，可以实现各种显示方式（例如从上到下）逐个点亮的流水灯。

2.3.2 硬件电路设计

根据前面讲解的 I/O 口的内容，流水灯需要 8 个 LED 作输出，所以可以选择单片机的 4 个 I/O 口中的任一个连接 8 个 LED。考虑到方便连接，选用 P1 口输出驱动 8 个 LED，电路图如图 2-6 所示。从图上可以看出，P1 口引脚输出低电平时，对应的 LED 灯亮，输出高电平时，对应 LED 灯熄灭。

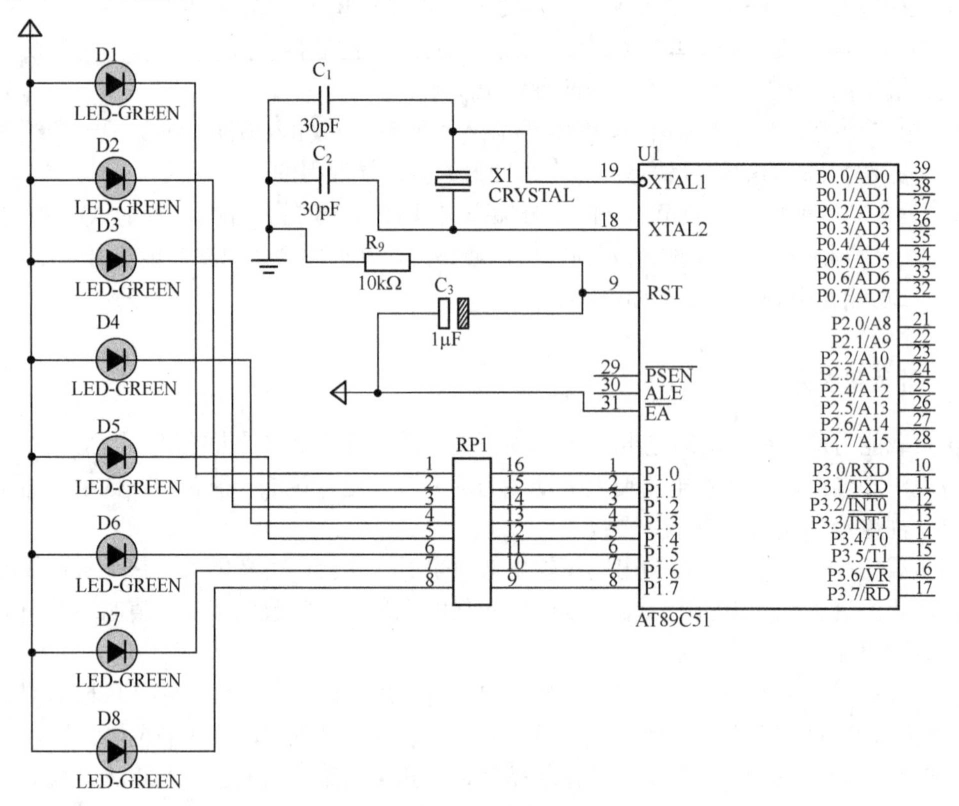

图 2-6 流水灯硬件电路图

在图 2-6 中，考虑到单片机 P1 口的带负载能力，我们选择了发光二极管共阳极接法。另外在设计中用到了排阻 RP1。8 个电阻的大小、功能完全一样，加工到一个器件中，这种器件叫排阻。此处排阻起到限流的作用，阻值选择 300Ω。LED 的工作电流大概 10mA 左右，正向导通压降大概为 1.7V 左右，则限流电阻计算如下：

$$R=\frac{5-1.7}{0.01}=330\Omega$$

2.3.3　程序流程设计

LED 流水灯电路设计完成后，还看不到 LED 流水的现象，因此还需要编写程序控制单片机引脚电平的高低变化，来控制 LED 的亮灭，实现 LED 流水的现象。要求 8 只发光二极管按一定的规律循环点亮，假设设计 8 个 LED 从上到下逐个点亮。

第一次：D1 亮，D2～D7 灭，则 P1.7 输出低电平，其他都输出高电平，P1=FEH;

第二次：D2 亮，D1、D3～D7 灭，P1.6 输出低电平，其他都输出高电平，P1=FDH;

第三次：D3 亮，D1、D2、D4～D7 灭，P1.6 输出低电平，其他都输出高电平，P1=FBH;

………

第八次：D8 亮，P1.0 输出低电平，其他都输出高电平，P1=7FH

8 次 P1 口输出的值分别为 FE，FD，FB，F7，EF，DF，BF，7F。

下面介绍三种编程方法。

1．方法一

此方法为最简单和直观的方法，只适用于灯个数较少的情况。

```
/*******************************************************************************/
#include <reg51.h>                    //包含头文件，文件内包含了 51 单片机的功能定义
void   Delay(unsigned int t)
{
   unsigned int i, j;
  for(i=0;i<t;i++)
   {
       for(j=0;j<255;j++);}
   }
}
 void main (void)
{
   P1=0XFF;
   while(1)
    {
      P1=0XFE; Delay(1000);
      P1=0XFD; Delay(1000);
      P1=0XFB; Delay(1000);
```

```
        P1=0XF7; Delay(1000);
        P1=0XEF; Delay(1000);
        P1=0XDF; Delay(1000);
        P1=0XBF; Delay(1000);
        P1=0X7F; Delay(1000);
    }
}
/*******************************************************************************/
```

程序说明：

- 程序中加入了延时程序，主要是考虑到人眼有视觉暂留效应，而单片机的执行速度又很快，所以加入了延时程序。此延时程序含有参数，可以通过改变参数的大小来改变延时程序时间的长短。
- 程序中经常反复执行的部分可以写成一个子函数，然后就可以在程序中反复地调用。例如 Delay()函数。
- 函数调用。可以把一些具有一定功能的程序打包为一个个独立的函数，用到此功能时直接调用即可。如在本节的几个程序中，主函数都调用了延时函数。函数的调用是单片机程序模块化设计的一个方法。函数的调用让 C 语言的单片机程序具有很强的可移植性，同时也大大简化了程序的结构。

函数调用比较简单，如本例和上一节的程序中，主函数中出现的 Delay()语句就是一种函数调用，当单片机运行主函数的 Delay（1000）语句时，调用延时函数 Delay（unsigned int t），其中 1000 为延时函数的实参，t 为函数的形参。在形参函数中，实参必须与形参类型统一，本例中如果 t 为 char 变量，则程序运行中会出错。

2．方法二

仔细观察 8 次赋给 P1 口的值，不难发现，这 8 个值是有规律的。每一个值可以由前一个循环左移一位得到。程序设计如下。

```
/*******************************************************************************/
#include <REG51.H>              //包含头文件，文件内包含了 51 单片机的功能定义
#include <INTRINS.H>            //包含头文件，文件内循环左移函数的
void   Delay(unsigned int t)
 {
    unsigned int i, j;
    for(i=0;i<t;i++)
    {
        for(j=0;j<255;j++);
    }
 }
 void main (void)
 {
```

```
unsigned char m;
P1=0XFF;
while(1)
{
P1=0xfe;
for(m=0;m<8;m++)
  {
    P1=_crol_(P1,1);
    Delay(100);
  }
}
}
/*******************************************************************************/
```

程序说明：

在复杂的单片机程序中也常常用到文件包含。本例中程序前面的#include<reg51.h>和#include <INTRINS.H>语句都是一种文件包含形式。所谓文件包含，是指一个文件将另外一个文件的内容全部包含进来。程序使用了包含命令#include <INTRINS.H>，因为 INTRINS.H 头文件内有循环左移函数，程序中要使用_crol_循环左移函数是为了由上一个控制码得到下一个控制码。所以在一开始使用了包含命令#include <INTRINS.H>。

```
_crol_(unsigned char val，unsigned char n);        //将变量 val 循环左移 n 位
_irol_(unsigned int val，unsigned char n);         //将变量 val 循环左移 n 位
```

3．方法三

此方法为数组方法，适用于控制码毫无规律，花样流水灯。可以把每次对应的控制码预先存入数组中，程序循环读取数组中的每个控制码送往端口，就可以实现自定义花样的自由显示。

```
/*******************************************************************************/
#include <REG51.h>
unsigned char code sz1[]={0x7e,0xbd,0xdb,0xe7,0xdb,0xbd,0x7e,0x00,0xff};
void   Delay(unsigned int t)
 {
   unsigned int i, j;
   for(i=0;i<t;i++)
     {
       for(j=0;j<255;j++);
     }
 }
void main()
{
```

```
        unsigned char i;
        while (1)
        {
         for(i=0;i<9;i++)
         {
            P1=sz1[i];
            Delay(1000);
         }
        }
    }
/****************************************************************************/
```

程序说明：

在 C 语言编程中，可以将这些运行过程中不会发生变化的数据定义为 code 存储类型，将这些数据保存在程序内存而不是数据内存。因为数组所占空间较大，且预设后相对固定，因此 sz1 的存储类型设为 code。如果将 code 改为 data 也不会影响程序执行，只是在程序运行时数组会被分配到数据 RAM。

2.3.4　仿真调试

程序设计采用前面介绍的 Keil 软件。在计算机上运行 Keil，首先新建一个项目工程，项目使用的单片机为 AT89C51，这个项目暂且命名为 lsd。然后新建一个文件，保存为"lsd.c"文件，并添加到工程项目中。直接在 Keil 软件界面中编写程序，也可以先把程序清单形成一个 TXT 文件，然后剪切到 Keil 的程序编辑界面中。当程序设计完成后，通过 Keil 编译并创建 lsd.HEX 目标文件。在 Keil 的应用过程中，由于编译过程中产生很多文件，因此新建一个项目需在一个目录中建立。

在安装过 Proteus 软件的 PC 上运行 ISIS 文件，即可进入 Proteus 电路原理仿真界面。利用该软件仿真时操作比较简单，其过程是首先构造电路，然后双击单片机加载 HEX 文件，最后执行仿真。Proteus 界面以及本案例的仿真电路如图 2-7 所示。仿真过程中，单片机加载程序模拟运行实际状态。电路中单片机采用 AT89C51，单片机默认为最小系统，也可以不需要再外接晶体振荡电路和复位电路。仿真时，8 个 LED 灯从上到下逐个点亮，然后循环。

软件仿真是程序设计结果的验证，能够在没有硬件的条件下验证程序的完整性。计算机是单片机程序设计的重要工具，但单片机的程序设计或相关产品开发必须有相关的软件和硬件，软件仿真虽然节约了一定硬件的投入，但软件仿真不能测试软件的安全性和可靠性，也不能测试电路的完整性。程序的设计往往需要软件仿真和硬件仿真相结合，并且在有限的时间内稳定完成项目的设计工作。

2.3.5　程序烧录

在单片机的开发板或自己焊接的电路板中，编制好程序后需要把程序下载到实验板或电路板中的单片机芯片内。程序下载的过程是把 Keil 软件生成 HEX 文件通过一定的接口或手段从

PC保存到单片机的内部ROM中。程序下载需要专门的下载软件、下载接口或烧录器完成下载。

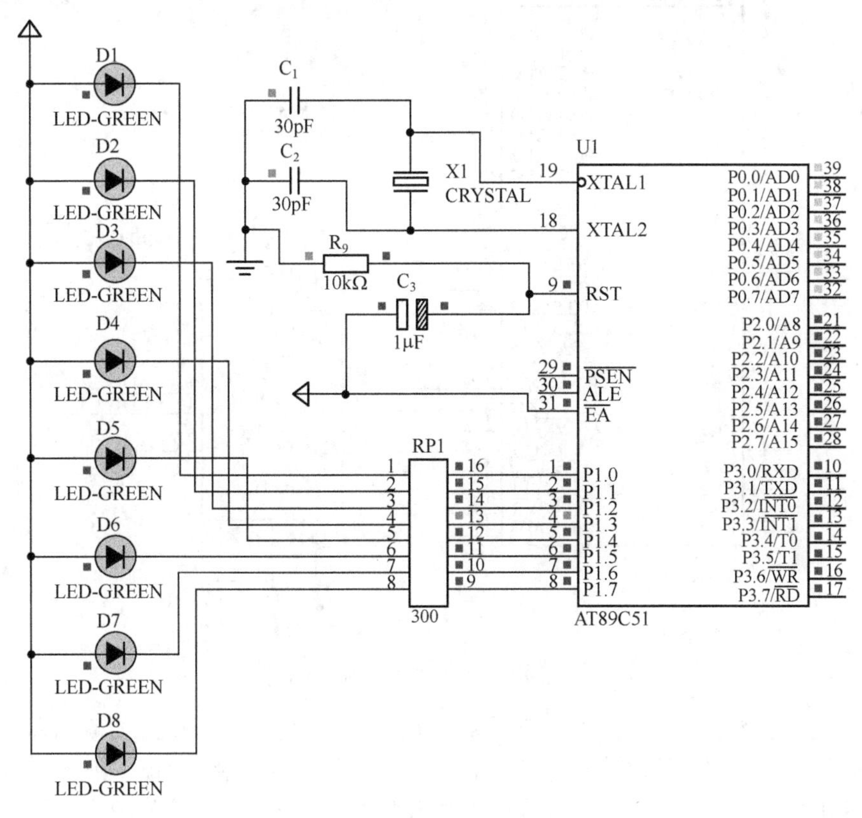

图 2-7 Proteus 仿真

1. 单片机的下载接口

要完成单片机程序的下载，首先要有一个单片机程序烧写器。单片机的实验板大多支持在线下载，因此在有单片机实验板的情况下，还要有一个能在 PC 运行的下载工具或软件。由于单片机无法直接与 PC 联机，因此程序下载还需要一个接口电路。常用的单片机下载接口有并口、串口和 USB 接口三种下载方式。随着计算机应用普及和技术发展，进来的 PC 已经省去了并口和串口。因此单片机的下载接口使用的 USB 接口较多。

不同厂商的单片机下载端口相差较大，如AT89S51采用API总线下载，需要通过专用接口电路与PC的并行口连接。STC89C51单片机采用串口下载方式，但单片机数据电压格式与PC串口输出不同，仍需要专用的下载接口电路。

（1）串口下载接口

STC89C51使用的串口下载电路由一片MAX232电平转换电路组成。MAX232为单一+5V供电，一个芯片能完成发送转换和接收转换的双重功能，如图 2-8 所示。

（2）USB 串行通信接口

一些芯片如 PL2303、CH341 等可以把 PC 的一个 USB 接口模拟一个串口，这样很方便地就可以实现单片机程序的 USB 接口下载。图 2-9 所示为经常使用的 PL2303HX 下载电路，图中的 USB 接口接 PC 机，R、T 分别接单片机的 RXD、TXD 引脚。

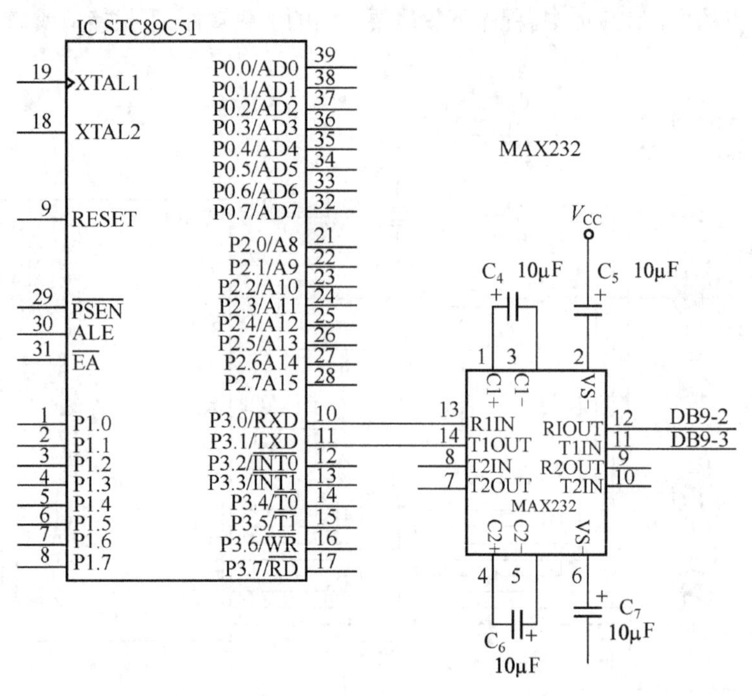

图 2-8　MAX232 引脚及连接图

PL2303HX 支持 USB 1.1 协议，但需要在 PC 上先安装 PL2303HX 的驱动程序。接口电路第一次接入 PC 时，PC 会弹出一个对话框，发现新硬件并安装驱动，同时会在 PC 的硬件设备管理器界面增加一个串口。这时就可以利用专用的软件，利用此模拟串口下载单片机程序了。

单片机程序下载接口实际是单片机与 PC 之间的通信接口，在学习单片机与 PC 通信过程中，还需要利用到这些接口。

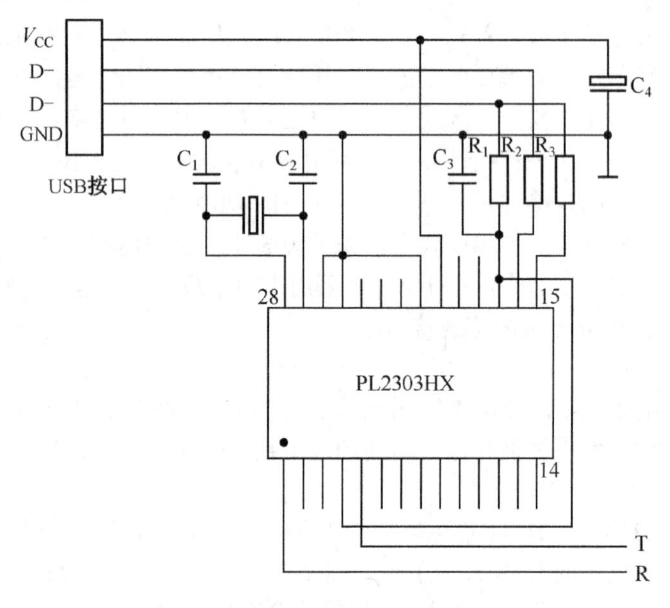

图 2-9　PL2303HX 连接的 USB 接口下载电路

2．下载软件

常用的下载软件为 STC-ISP，启动即出现如图 2-10 所示的界面。

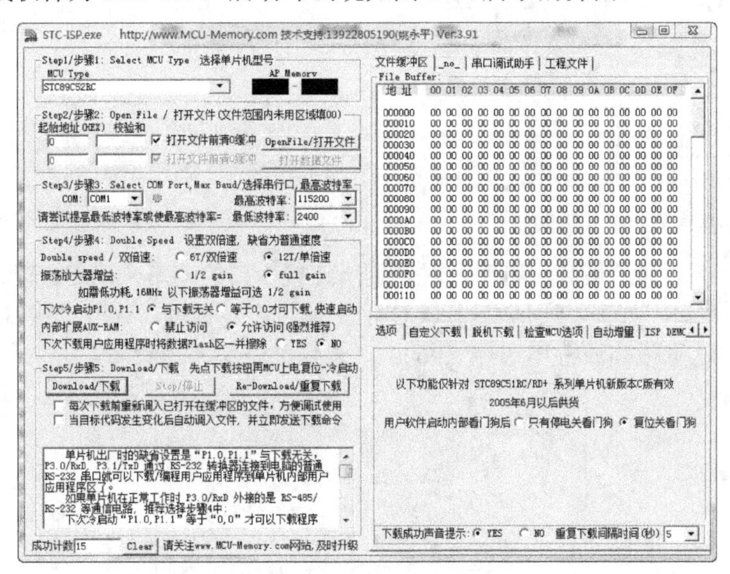

图 2-10　STC-ISP V391 界面

程序的界面主要分为两个部分：左面部分为软件的烧录部分，右面提供了一些常用的工具以及软件的设置。

3．下载过程

如果采用 USB 接口下载，则首先在 PC 上安装 PL2303 芯片的驱动程序。在加电情况下接口电路与 PC 通过 USB 数据线连接时，PC 会自动识别到新硬件并加载驱动，并会在 PC 硬件的端口中增加一个串口，如 COM3，可以在“我的电脑”的属性下的硬件管理器中查看。USB 下载接口实际通过一个串口交换数据。如果知道下载接口占用 PC 的哪一个串口，通过下载软件就可以下载程序了。

（1）下载软件设置

运行 STC-ISP，首先在界面左上方的“MCU Type”栏中选择自己使用的单片机的型号，如 STC89C51RC；然后单击“OpenFile/打开文件”按钮，在弹出的对话框中寻找要下载的 HEX 文件，最后设置下载端口为 COM3。

① 基本设置。在“MCU Type”中有 5 个系列单片机的型号，分别为 89C5xRC/RD+系列、12C2052 系列、12C5410 系列、89C16RD 系列和 89LE516AD 系列，如图 2-11 所示。在左侧的“+”展开后选择目标机器上使用的 MCU 的具体型号。“AP Memory”中显示所选用型号的内存范围。

COM 的下拉菜单中有 16 个 COM 口。旁边的绿色灯指示串口开关情况。当端口打开时绿灯点亮。选择与单片机连接的 COM 口。如果对使用的串口号码不清楚，可以在打开计算机的“设备管理器”查看“端口”一项，防止端口冲突，如图 2-12 所示。

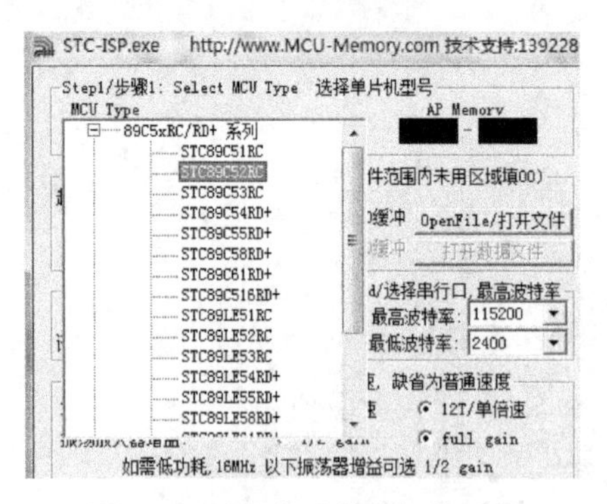

图 2-11 选择烧录单片机的型号

图 2-12 设置烧录端口

② 数据波特率设置。最高波特率通过查询所连接串口的速率来确定。查看的方法是，双击单片机连接的串口，打开“通信端口（COM1）属性”对话框，选取“端口设置”选项卡，如图 2-13 所示。这里最高波特率选择“9600”，最低波特率不用设置。

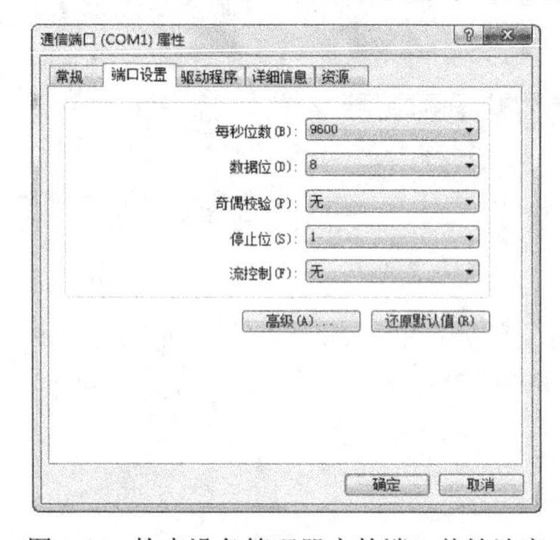

图 2-13 检查设备管理器内的端口传输速率

③ 倍速设置。这里可以选择单倍速或者双倍速、放大器的增益等项目。对于“下次冷启动 P1.0，P1.1”下部的状态框有明确的说明，不再累述。一般使用默认值“与下载无关”，如图 2-14 所示。

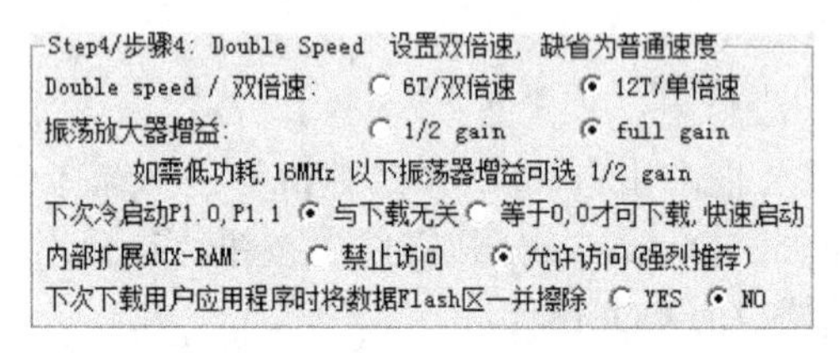

图 2-14 倍速设置

（2）程序下载

STC-ISP 下载区域如图 2-15 所示，此时需要注意的是先打开“下载”按钮，再打开单片机电源，进行冷启动。一般情况下，每次需要写入时都需要遵守先“下载”后“上电”的顺序操作。操作时在信息框中反映出来工作情况，如图 2-15 所示。

复选项“当目标代码发生变化后自动调入文件，并立即发送下载命令”含义为，对第二步中所选定的文件进行检测，当发现文件被重新生成就开始下载，此时需要做的就是重新冷启动单片机，新的程序就被烧录入单片机。下载设置如图 2-16 所示。

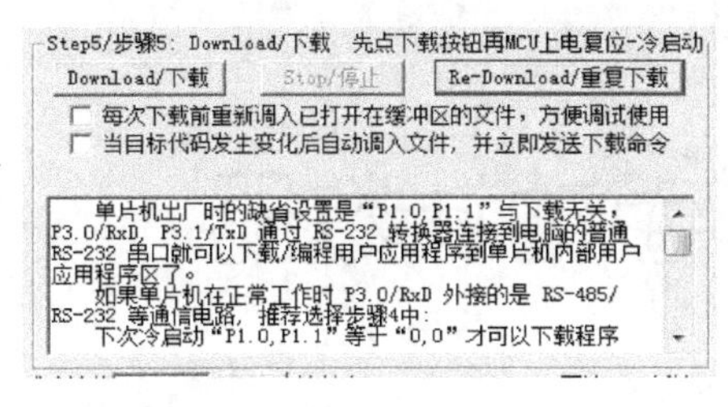

图 2-15　下载信息

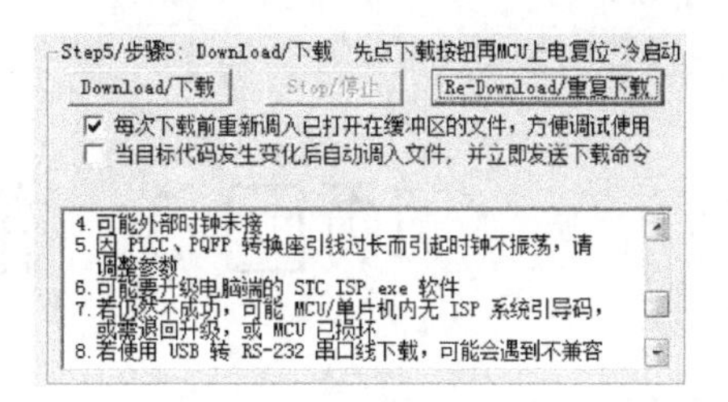

图 2-16　下载设置

STC-ISP 在主界面的右上部还提供了几个常用的工具“文件缓冲区”、“串口调试助手”、“工程文件”等实用工具，如图 2-17 所示。程序烧录完成后，就可在目标板上看到现象。

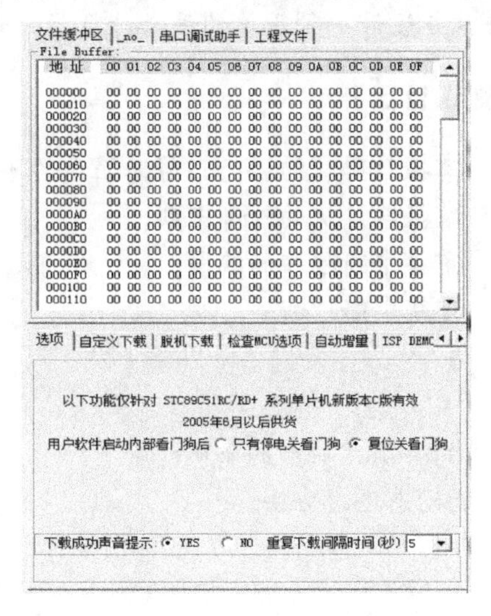

图 2-17　实用工具

【项目总结】

1. 单片机的 4 个 8 位并行输入/输出口：P0、P1、P2、P3，这是单片机与外部电路联络的引脚。每个口都可以并行输出/输入 8 位数据，也可以按位使用。每个口都可以作为通用的 I/O 口，另外 P0、P2、P3 口都还有其他功能。P0 口在作为通用的 I/O 口使用时，要外接上拉电阻。

2. 在使用单片机 4 个 I/O 口时，要考虑各个口的驱动能力。一般来讲，P1～P3 口引脚输出高电平时拉电流很小（约为 30～60μA），属于“弱上拉”，要谨慎使用；输出低电平时，可吸收灌电流约为 1.6～15mA，负载能力较强，可以直接驱动发光二极管点亮，所以较常使用。

3. 单片机的存储器空间重点是掌握其结构以及片内、片外的大小和分布。

思考与练习

1. AT89C51 的 4 个 I/O 口使用时有哪些分工和特点？试作比较。
2. AT89C51 的 4 个 I/O 口作为输入口时，为什么要先写“1”？
3. 能否把项目 2 的 LED 循环点亮改为 LED 双向循环点亮？
4. 在 C 语言里，包含单片机管脚定义、特殊功能寄存器定义的头文件是哪些？

项目 3　制作手动计数器

【项目引入】

在运动场上，裁判经常来记录双方的分数；在仓库、码头，需要记录行人或车辆过往的数量统计等。在这些场合中，都需要使用到手动计数器来协助人完成工作，如图 3-1 所示。本项目就是设计一种简单的手动计数器，利用数码管显示计数值。

图 3-1　手按计数器

【知识目标】

- 掌握数码管的动态、静态显示的不同以及电路连接；
- 掌握单片机的外部中断；
- 掌握中断程序的编写；
- 理解中断过程。

【技能目标】

- 掌握 Proteus 中数码管的共阴、共阳的不同；
- 掌握数码管和单片机的动态连接方法。

3.1　任务描述

利用单片机制作一个手动的 0～99 计数器，要求设置一个按键手动计数，利用数码管实时显示计数结果。

3.2　准备知识

3.2.1　数码管静态显示

数码管是单片机常用的数字或字符显示部件。

1．数码管的显示原理

（1）LED 数码管结构

数码管是由 LED 发光二极管组合显示字符的显示器件。它使用了 8 个 LED 发光二极管，其中 7 个用于显示字符，1 个用于显示小数点，故通常称为 7 段（也有称为 8 段）发光二极管数码显示器。

单片机系统常用的数码管有共阳极和共阴极两种类型，两种类型的数码管外形和结构类

似，只是数码管内部组成数码段和点的LED接法有区别。共阳极数码管的内部所有LED的正极接在一起为公共极引脚，简称com端；负极分别引出，依次命名为a、b、c、d、e、f、g、dp，简称段值端，如图3-2所示。图3-3所示为共阴极数码管。

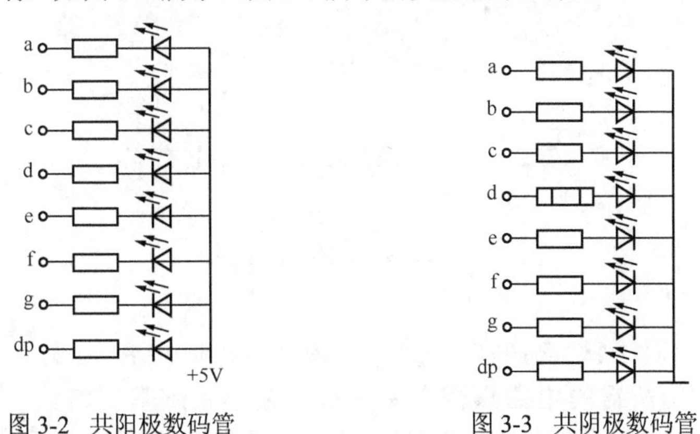

图3-2 共阳极数码管　　图3-3 共阴极数码管

（2）LED数码管工作原理

使用时，共阳极数码管的公共极接正极，其他引脚分别接驱动电路，数码管显示时低电平有效。由于共阴极数码管内部所有LED的负极接在一起，所以数码管显示时驱动数据高电平有效。数码管可以显示0到9共10个数字，如果加上小数点的显示，驱动一个数码管显示至少需要8位有效数据。驱动数码管显示数字的8位数据编码如表3-1所示。

表3-1 共阳极数码管显示编码

字　型	共阳极段码	共阴极段码	字　型	共阳极段码	共阴极段码
0	C0H	3FH	9	90H	6FH
1	F9H	06H	A	88H	77H
2	A4H	5BH	B	83H	7CH
3	B0H	4FH	C	C6H	39H
4	99H	66H	D	A1H	5EH
5	92H	6DH	E	86H	79H
6	82H	7DH	F	84H	71H
7	F8H	07H	空白	FFH	00H
8	80H	7FH	P	8CH	73H

2. 数码管的驱动电路

根据LED数码管和单片机的连接方式，数码管的显示方式分为静态显示和动态显示。本节主要讲静态显示。

（1）静态显示原理

数码管静态显示的电路连接图如图3-4所示图中有4位数码管，数码管的公共端COM接固定的高/低电平，每位数码管的段值端a～g和dp端与一个8位的I/O相连。要在某一位数码管上静态显示字符时，只要从对应的I/O口输出其显示编码即可。

静态显示的特点是数码管恒定地亮，亮度较高，显示某个数值，直到显示字符的编码改变为止。这种显示方式由于太占据I/O线，所以用于1个或较少数码管显示的场合。

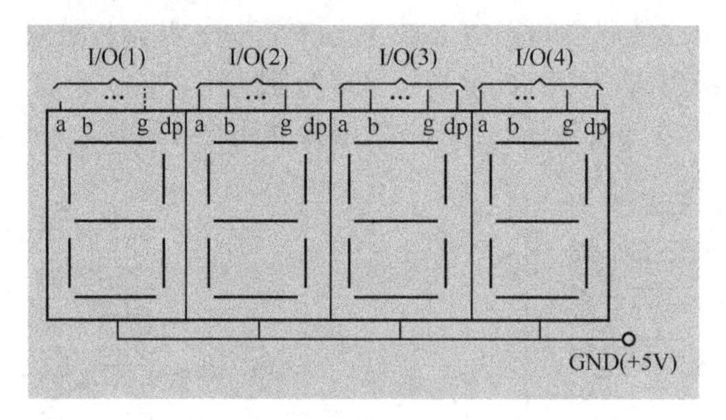

图 3-4 静态显示电路图

（2）举例

例 1：设计电路，使 1 位数码管（共阳）依次循环显示 0～F。

根据题意，本例所需的电路只需在单片机的最小系统基础增加一个数码管即可，选择共阳极数码管通过限流电阻接到单片机的P2 口，如图 3-5所示。电路中需要用排阻来限制数码管每一段电流，以防止驱动电流过大而烧毁器件。

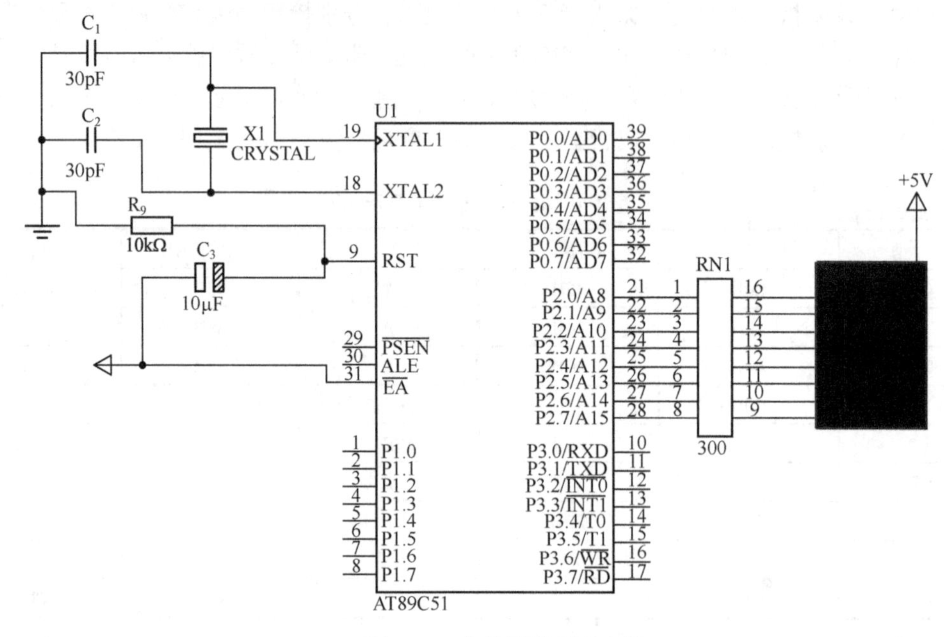

图 3-5 1 位数码管显示电路

其中 P2.0～P2.7 口分别接数码管的 a～g 引脚，共阳极数码管的公共端接高电平，P2 的每个端口只要有低电平输出，对应的数码管的那个段就显示。如果要数码管显示某个数值，只要从 P2 口输出对应的共阳极数码管段值编码即可。例如让数码管显示 1，数码管 b、c 段亮，程序控制 P2 输出 0xbe 十六进制编码即可。因此共阳极数码管要显示 0～F，只需按顺序把 0～F 的共阳极数码管段值编码依次从 P2 口输出即可。

由于 0～F 的共阳极数码管段值编码毫无规律，所以本程序考虑到运用数组，把 0～F 的共阳数码管段值编码放在一个数组里面，为了让 P2 口依次输出 0～F 数字，让 P2 口的内容依次在数组中取值即可。程序清单如下：

```
/**********************************************************************************/
#include<reg51.h>
unsigned char code sz1[ ]={0xc0,0xf9,0xa4,0xb0,0x99,0x92,0x82,0xf8,0x80,
0x90,0x88,0x83,0xc6,0xa1,0x86,0x8e};                    //0～F 的共阳极数码管段值编码数组
void delay(unsigned int a)                              //时间延迟函数 delay()
{
  unsigned char j;
  while(a--)
   {
     for(j=0;j<120;j++);
   }
}
 void main (void)
{
     unsigned char i;                                   //变量 i 作为数组的 0～9 编号
     while (1)
     {
     for(i=0;i<16;i++)
        {
         P2=sz1[i];                                     //输出 0～F 到共阳七段显示器
        delay(1000);                                    //调用时间延迟函数 delay()
       }
     }
}
/**********************************************************************************/
```

程序说明：

- 数码管显示 0 到 F 数字过程中，数字的变化需要有一定的时间间隔，因此程序还要用到 delay()函数。
- 当程序中使用常量数据时，如共阳极数码管数字显示编码、液晶显示器的汉字编码等，一般希望这些数据当程序下载到单片机时存放在单片机的 ROM 区，对此类数据声明前面需要加上关键字 code 或 const，定义为程序存储器存储类型。
- 为了处理方便，C 语言把具有相同类型的若干变量或常量，用一个带下标数组定义。对各个变量的相同操作可以利用循环改变下标值来进行重复的处理，使程序变得简明清晰。带下标的变量由数组名称和用方括号括起来的下标共同表示，称为数组元素。通过数组名和下标可直接访问数组的每个元素，下标必须从 0 开始。在 C 语言中使用数组必须先进行定义或声明，一维数组的定义格式为：

```
数据类型 数组名[常量表达式]
```

在程序中，一维数组元素可以直接作为变量或常量直接引用，其引用格式为：

```
数组名［下标］
```

例 2：设计电路，使两位数码管显示 0～99。

根据题意，本例所需的电路只需在例 1 的基础上增加一个数码管即可，两个数码管，高位数码管接单片机的 P2 口，低位数码管接单片机的 P3 口，如图 3-6 所示。

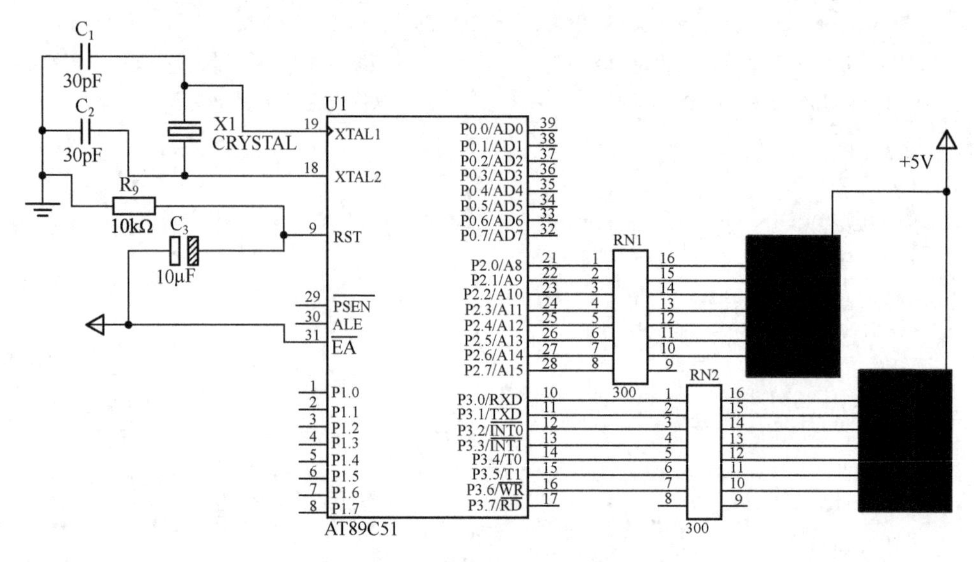

图 3-6　两位数码管静态显示

此例与例 1 类似，不同的是两位数码管显示，范围 0～99，是以十进制的模式显示，分十位、个位。为了方便，把和 P2 口相连的数码管定为十位，把和 P3 口相连的数码管定为个位。

程序清单如下：

```
/**********************************************************************************/
#include <REG51.h>
unsigned char code sz1[]={0xc0,0xf9,0xa4,0xb0,0x99,0x92,0x82,0xf8,0x80,0x90};
void delay(unsigned int a)
{
unsigned char t;
while(a--)
{
 for(t=0;t<120;t++);
}
}
void main()
{
 unsigned char m,i,j;
  while(1)
  {
  for(m=0;m<100;m++)
    {
      i=m/10;                  //分离出 m 的十位
      j=m%10;                  //分离出 m 的个位
      P2=sz1[i];               //把十位转换为段值送 P2 口
```

```
                P3=sz1[j];              //把个位转换为段值送 P3 口
                delay(1000);
            }
        }
    }
/***************************************************************************/
```

程序说明：

此例中的显示要求以十进制形式显示，所以在设计程序中，要把以十六进制加 1 的变量 m 转换为十进制数的十位、个位，然后分别进行显示。

3.2.2　数码管动态显示

1．动态显示原理

数码管动态显示的电路连接图如图 3-7 所示，图中含有 4 位数码管，每个数码管的公共 COM 端（位选端）和不同的 I/O 口相连，每位数码管的段值 a～g 和 dp 端（段值端）接在一起，与一个 8 位的 I/O 相连。要在某一位数码管上显示字符时，首先和该数码管 COM 端相连的 I/O 口有效，然后从对应的 I/O 口输出其显示编码即可。动态显示特点为：数码管轮流点亮，显示亮度不够，所以通常加驱动电路。由于此种显示方式可以节省 I/O 线，所以用于多个数码管显示的场合。

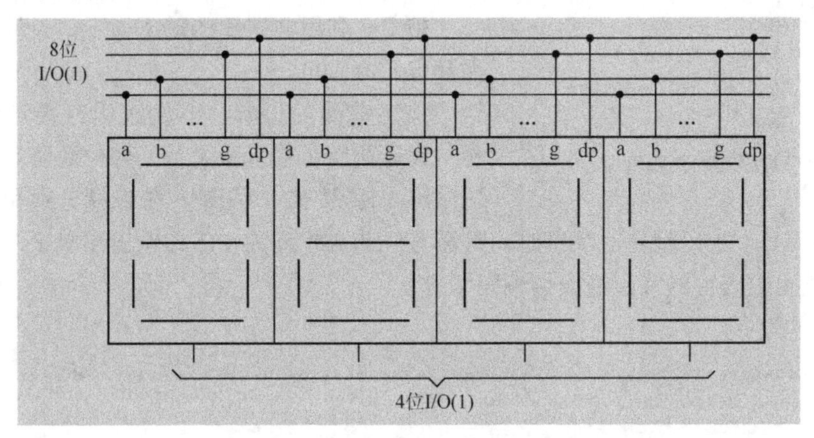

图 3-7　数码管动态显示

由于段值端是共用的，要想每个数码管显示不同的数值，就必须用动态扫描方式进行显示。首先从与段值端相连的 I/O 口送出要显示字符的编码，接着让要显示字符的数码管的位选端有效，其他数码管的位选端无效，然后延时一段时间（几毫秒左右），最后关闭所有显示，这样完成一个数码管的显示；其他数码管也按照此方法轮流显示。但由于人的眼睛有视觉暂留效应，捕捉不到这么快的变化，当延时时间设置的合理时，人眼感觉到几个数码管是在稳定地一起显示。

延时时间的长短对数码管显示效果有很大影响。因为人眼睛有视觉停留的效果，只要图像变化不小于 24 桢看起来就是连续的。电影就是按照这个原理制成的。数码管也一样，只要频率大于 24Hz 就行了，即扫描一次时间小于 40ms。若是多个 LED 显示的话，则每个 LED

的显示扫描时间应小于40ms/LED个数。扫描时间太长（扫描太慢），看起来会有闪烁的感觉，或者不能形成有效数字。如果扫描时间太短（扫描太快），就会造成显示为全亮（但亮度不是很高），但是有个别亮度会大一些，一般最小为1ms。

2．数码管驱动电路

在动态显示的电路中，由于几个数码管的同一个段值端连接在一个I/O位线上，而1个I/O位线的驱动能力大概只有10mA左右，无法驱动多个段值端，所以在动态显示的电路中，往往要加入驱动电路，增加I/O口的驱动能力，增大电流。否则在数码管较多时，会出现颜色太暗，有时甚至会缺笔。

在单片机的控制电路中，可以用三极管（8550PNP，8050NPN）、反相器（74LS04）、译码器（74HC138）、驱动器（74LS245）、锁存器（74HC573）等增加I/O口的驱动能力。其中以三极管最为常见，如图3-8所示，为共阳极数码管的三极管驱动电路，利用PNP型三极管作为驱动，设计电路时注意结合三极管电流的流向来连接共阳极或共阴极的数码管。

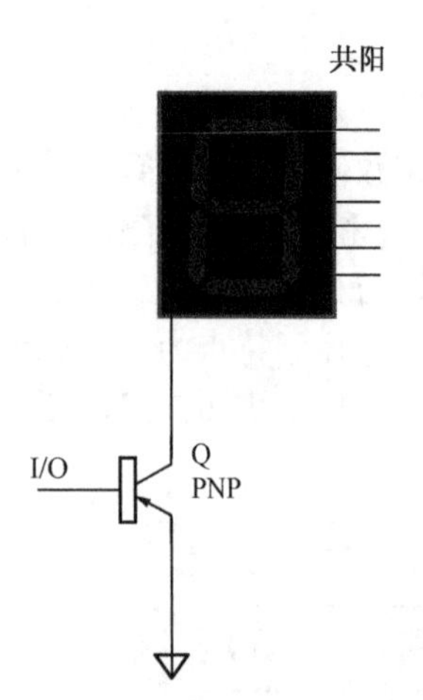

图3-8　共阳极数码管的三极管驱动电路

3．举例

例3：利用数码管的动态显示，设计两位数码管循环显示0～99。

按照前面的讲解，本例选用三极管作为驱动器件，设计电路如图3-9所示。两位数码管的段值端通过限流电阻和P2口相连，位选端分别和P3.6、P3.7相连。当需要某个数码管显示字符时，只需与位选端相连的I/O口输出高电平，与段值端相连的P2口输出数码管的共阳极段值编码即可。

程序清单如下：

```
/*******************************************************************************/
#include <REG51.h>
unsigned char code sz1[]={0xc0,0xf9,0xa4,0xb0,0x99,0x92,0x82,0xf8,0x80,0x90};
sbit seg1=P3^6;
sbit seg2=P3^7;
void delay(unsigned int a)
{
 unsigned char b;
while(a--)
{
for(b=0;b<120;b++);
 }
}
```

```
void main()
{
 unsigned char m,i,j,t;
 P3=0xff;
 while(1)
 {
  for(m=0;m<100;m++)
   {
    for(t=0;t<80;t++)
     {
    i=m/10;
    j=m%10;
    P2=sz1[i];                    //数码管动态显示 1 步——送段值
    seg1=0;                       //数码管动态显示 2 步——位选有效
    delay(10);                    //数码管动态显示 3 步——延时
    P3=0xff;                      //数码管动态显示 4 步——关闭
    P2=sz1[j];
    seg2=0;
    delay(10);
    P3=0xff;
  }
 }
 }
}
/***************************************************************************/
```

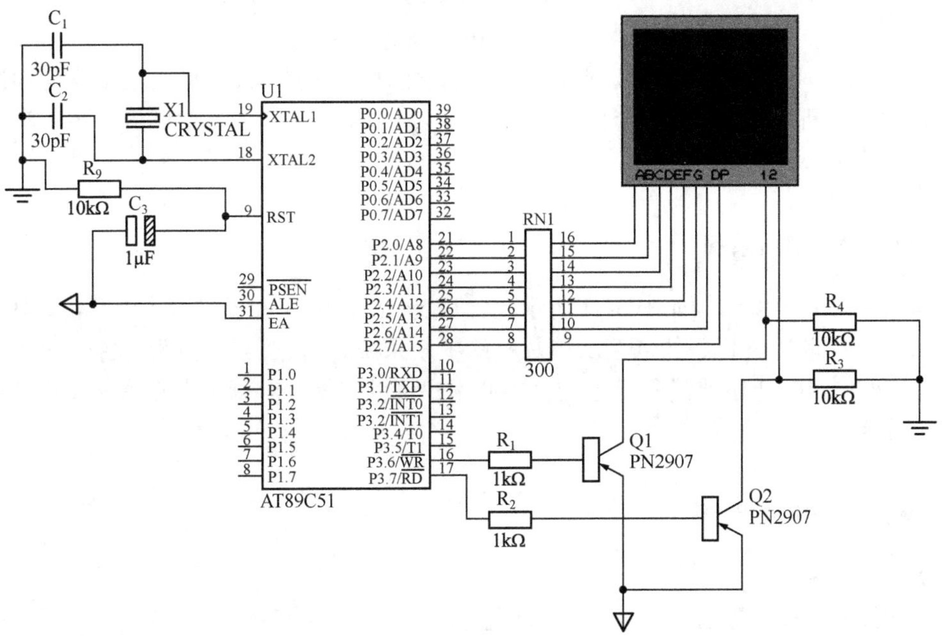

图 3-9　数码管动态显示

程序说明：

- 数码管动态显示编程时可总结为 4 步：送段值、送位选、延时、关闭。
- 此例中 P3.6，P3.7 经过三极管驱动接到数码管的位选端，以 P3.6 为例，P3.6 输出低电平，经过三极管电流放大，反相，输出高电平送到数码管的位选端 1，位选有效，选中左边数码管。在程序设计中直接用置位/复位指令实现位选有效，在一些数码管较多的情况下，也可以使用移位指令实现由上一个位选信号得到下一个位选信号。
- 此例中 delay( )延时时间大概 1ms，主程序中使用 delay(10)，所以数码管的动态扫描时间大概是 10ms 左右。
- 程序中用到了 for（t=0；t<80；t++）循环，主要是控制数码管显示数的快慢。如果去掉，每个数显示太快。

3.2.3　外部中断

1．中断基本概念

在单片机中，当 CPU 在执行程序时，由单片机内部或外部的原因引起的随机事件要求 CPU 暂时停止正在执行的程序，而转向执行一个用于处理该随机事件的程序，处理完后又返回被中止的程序断点处继续执行，这一过程就称为中断，如图 3-10 所示。单片机处理中断的 4 个步骤：中断请求、中断响应、中断处理和中断返回。

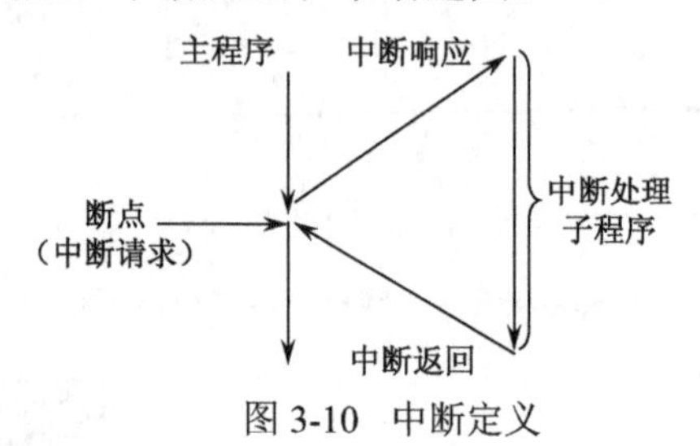

图 3-10　中断定义

向 CPU 发出中断请求的来源，或引起中断的原因称为中断源。中断源要求服务的请求称为中断请求。中断源可分为两大类：一类来自单片机内部，称为内部中断源；另一类来自单片机外部，称为外部中断源。

2．单片机的中断系统

单片机中断系统的结构如图 3-11 所示，含有 5 个中断源，并提供两个中断优先级控制，能够实现两级中断服务程序的嵌套。单片机的中断系统是通过 4 个相关的特殊功能寄存器 TCON、SCON、IE 和 IP 来进行管理的。因此用户可以用软件对每个中断的开和关以及优先级的控制作用。

3．单片机中断源（5 个）

（1）外部中断

外部中断是由外部原因（如打印机、键盘、控制开关、外部故障）引起的，可以通过两个固定引脚即外部中断 0（$\overline{\text{INT0}}$）和外部中断 1（$\overline{\text{INT1}}$），把外部中断请求信号输入到单片机内。

外部中断 0（$\overline{\text{INT0}}$）请求信号输入引脚即为 P3.2，当单片机检测到 P3.2 引脚上出现有效的中断信号时，向 CPU 申请中断。

外部中断 1（$\overline{\text{INT0}}$）请求信号输入引脚即为 P3.3。当单片机检测到 P3.3 引脚上出现有效的中断信号时，向 CPU 申请中断。

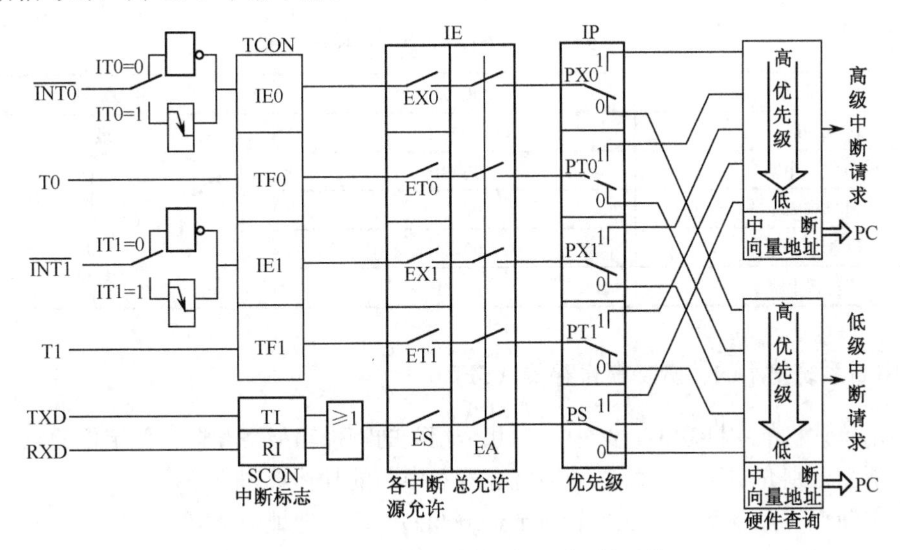

图 3-11　8051 单片机中断系统的结构

（2）内部中断

① 定时中断类。定时中断是由内部定时（或计数）溢出或外部计数溢出引起的，即定时器 0（T0）中断和定时器 1（T1）中断。

当定时器对单片机内部定时脉冲进行计数而发生计数溢出时，即表明定时时间到，向 CPU 申请中断；或者当定时器对单片机外部计数脉冲进行计数而发生计数溢出时，即表明计数次数到，向 CPU 申请中断。

片内定时/计数器 T0 溢出中断标志位为 TF0，当定时/计数器 T0 发生溢出时，置位 TF0，并向 CPU 申请中断。

片内定时/计数器 T1 溢出中断标志位为 TF1，当定时/计数器 T1 发生溢出时，置位 TF1，并向 CPU 申请中断。

② 串行口中断类。串行口中断是为接收或发送串行数据而设置的。

串行口中断，包括 RI 或 TI，当发送或接收完一帧数据时，置位 RI 或 TI，并向 CPU 申请中断。

4．中断优先级

单片机的中断系统具有两级优先级控制，系统在处理时遵循下列基本原则：

① 低优先级的中断源可被高优先级的中断源中断，而高优先级中断源不能被低级的中断源所中断。

② 一种中断源（无论是高优先级或低优先级）一旦得到响应，就不会被同级的中断源所中断。

③ 低优先级的中断源和高优先级的中断源同时产生中断请求时，系统先响应高优先级的中断请求，后响应低优先级的中断请求。

④ 多个同级的中断源同时产生中断请求时，系统按照默认的顺序先后予以响应，5 个中断默认优先级如表 3-2 所示。

表 3-2　中断入口地址及优先级排列表

中 断 源	入 口 地 址	中 断 级 别
外部中断 0	0003H	最高
T0 溢出中断	000BH	↓
外部中断 1	0013H	↓
T1 溢出中断	001BH	↓
串行口中断	0023H	最低

5. 中断系统使用的特殊功能寄存器（SFR）

要使用单片机的中断功能，必须掌握几个相关的特殊功能寄存器中特定位的意义及其使用方法。下面分别介绍这几个特殊功能寄存器对中断的具体管理方法。

（1）中断允许控制寄存器 IE（interrupt enable），字节地址为 A8H

单片机的 CPU 对中断源的开放或屏蔽(即关闭)，是由片内的中断允许寄存器 IE 控制的。IE 的字节地址是 A8H，既支持字节操作，又支持位操作。位地址的范围是 A8H～AFH。8 位中有 6 位与中断有关，剩下的两位没有定义。其格式如下：

IE	D7	D6	D5	D4	D3	D2	D1	D0
位地址	AFH	AEH	ADH	ACH	ABH	AAH	A9H	A8H
位名称	EA	—	—	ES	ET1	EX1	ET0	EX0

EA 为 CPU 的中断开放标志。EA＝0 时，CPU 屏蔽所有的中断请求，此时即使有中断请求，系统也不会去响应；EA=1 时，CPU 开放中断，但每个中断源的中断请求是允许还是被禁止，还需由各自的控制位确定。

ES 为串行口的中断控制位。ES=1，允许串行口中断；ES=0，禁止串行口中断。

ET1：定时器/计数器 1 的溢出中断控制位。ET1=1，T1 的中断开放，ET1=0，T1 的中断被关闭。

EX1 为外部中断 1 的中断控制位。EX1=1，允许外部中断 1 中断；EX1=0，禁止外部中断 1 的中断。

ET0 为定时器/计数器 T0 的溢出中断控制位。ET0=1 时允许 T0 中断；ET0=0，禁止 T0 中断。

EX0 为外部中断 0 的中断控制位。EX0=1，允许外部中断 0 的中断；EX0=0，禁止外部 0 的中断。

可见，EA=0 时，所有的中断都被屏蔽，此时 IE 低 5 位的状态没有任何作用。EA=1 时，可以通过对 IE 低 5 位的设置来开放或关闭相应的中断。单片机复位后，IE 寄存器被清零，所有的中断都被屏蔽。实现相应的中断源允许中断或禁止，可以位寻址，用户根据要求用指令置位或复位，当然也可以采用字节操作来实现。

例如，如图 3-12 所示，两个外设中断请求信号分别接在 P3.2 和 P3.3 上。

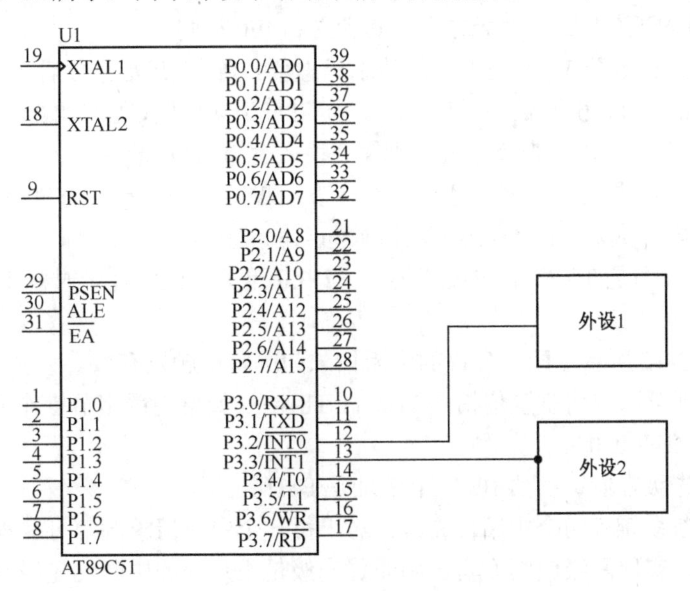

图 3-12　外部中断电路

根据题意，要求开放外部中断 0 和外部中断 1，关闭内部中断，则可以使用两条置位指令：EA=1；EX0=1；EX1=1。如果使用字节操作方式，则一条语句即能实现，即 IE=0X85。

（2）定时控制寄存器 TCON，字节地址为 88H

定时控制寄存器 TCON 是定时器/计数器 T0 和 T1 的控制寄存器，也用来锁存 T0 和 T1 的溢出中断请求 TF0、TF1 标志及外部中断请求源标志 IE0、IE1。TCON 的字节地址 88H，既支持字节操作，又支持位操作。位地址的范围是 88H～8FH，每一个位单元都可以用位操作指令直接处理。其格式如下：

TCON	D7	D6	D5	D4	D3	D2	D1	D0
位名称	TF1	TR1	TF0	TR0	IE1	IT1	IE0	IT0

IT0 为外部中断 0（$\overline{\text{INT0}}$）触发方式控制位，用于设定 $\overline{\text{INT0}}$ 中断请求信号的有效方式。如果将 IT0 设定为 1，则外部中断 0 为边沿（脉冲）触发方式，CPU 在每个机器周期的 S5P2 采样 $\overline{\text{INT0}}$ 的输入信号（即单片机的 P3.2 脚）。如果在一个机器周期中采样到高电平，在下一个机器周期中采样到低电平，则硬件自动将 IE0 置为“1”，向 CPU 请求中断。如果 IT0 为 0，则外部中断 0 为电平触发方式。此时系统如果检测到 $\overline{\text{INT0}}$ 端输入低电平，则置位 IE0。采用电平触发时，输入到 $\overline{\text{INT0}}$ 端的外部中断信号必须保持低电平，直至该中断信号被检测到。同时在中断返回前必须变为高电平，否则会再次产生中断。概括地说，IT0=1 时，$\overline{\text{INT0}}$ 的中断请求信号是脉冲后沿（负脉冲）有效，即 P3.2 从 1 变为 0 时系统认为 $\overline{\text{INT0}}$ 有中断请求；IT0=0 时，$\overline{\text{INT0}}$ 的中断请求信号是低电平有效，即 P3.2 保持为 0 时系统认为 $\overline{\text{INT0}}$ 有中断请求。

IE0 为外部中断 0 的中断请求标志位。如果 IT0 置 1，则当 P3.2 上的电平由 1 变为 0 时，由硬件置位 IE0，向 CPU 申请中断。如果 CPU 响应该中断，在转向中断服务时，由硬件自动将 IE0 复位。

IT1 为外部中断 1（$\overline{INT1}$）的触发方式控制位。其意义和 IT0 相同。

IE1 为外部中断1的中断请求标志位。其意义和 IE0 相同。

TF0 为定时器/计数器 T0 的溢出中断请求标志位。当 T0 开始计数后，从初值开始加 1 计数，在计满产生溢出时，由硬件使置位 TF0，向 CPU 请求中断，CPU 响应中断时，硬件自动将 TF0 清零。如果采用软件查询方式，则需要由软件将 TF0 清零。因此，系统是通过检查 TF0 的状态来确定 T0 是否有中断请求。TF0=1 表示 T0 有中断请求，TF0=0 时则没有。

TF1 为定时器/计数器 T1 的溢出中断请求标志位，其作用同 TF0。

TR0 和 TR1 分别是 T0 和 T1 的控制位，与中断无关。此将在定时器/计数器应用内容中介绍。

例如，如图 3-12 所示，两个外设的中断请求为下降沿触发有效。

根据题意，则可以用两条置位指令 IT0=1；IT1=1。如果使用字节操作方式，则一条语句即能实现，即 TCON=0x05。

（3）中断优先级控制寄存器 IP, 字节地址是 B8H

单片机的中断系统有两个中断优先级。对于每一个中断请求源都可编程为高优先级中断或低优先级中断，实现两级中断嵌套。中断优先级是由片内的中断优先级寄存器 IP 控制的。IP 的字节地址是 B8H，既支持字节操作，又支持位操作。位地址的范围是 B8H～BFH。8 位中有 5 位与中断有关，剩下的 3 位没有定义。其格式如下：

IP	D7	D6	D5	D4	D3	D2	D1	D0
位地址	BFH	BEH	BDH	BCH	BBH	BAH	B9H	B8H
位名称	—	—	—	PS	PT1	PX1	PT0	PX0

PS 为串行口的中断优先级控制位。PS=1 时，串行口被定义为高优先级中断源；PS=0 时，串行口被定义为低优先级中断源。

PT1 为定时器/计数器 T1 的中断优先级控制位。PT1=1，T1 被定义为高优先级中断源；PT1=0，T1 被定义为低优先级中断源。

PX1 为外部中断 1（$\overline{INT1}$）的优先级控制位。PX1=1，外部中断 1 被定义为高优先级中断源；PX1=0，外部中断 1 被定义为低优先级中断源。

PT0 为定时器/计数器 T0 的中断优先级控制位。其功能同 PT1。

PX0 为外部中断 0（$\overline{INT0}$）的优先级控制位。其功能同 PX1。

中断优先级控制寄存器 IP 的各位都由用户置位或复位，可用位操作指令或字节操作指令更新 IP 的内容，以改变各中断源的中断优先级，单片机复位后 IP 全为 0，各个中断源均为低优先级中断。

例如：如图 3-11 所示，两个外设分别接在两个外部中断上，还有 1 个定时器 T0 中断源，请设定 3 个中断源优先级顺序为：

T0>外部中断 1 >外部中断 0

根据题意，三个中断源，两个优先级顺序，在同一个优先级中，对 5 个中断源的优先次序按照其默认优先级顺序排列，如表 3-2 所示。从而得知，本来 T0>外部中断 1 优先级，所以把这两个中断请求设为同一个级别，即高级，外部中断 0 默认为低级。字节操作语句为 IP=0x06。另外也可位操作，PT0=1；PX1=1。

（4）SCON 串口控制寄存器，字节地址为 98H

SCON 为串行通信时用到的串口寄存器，与外部中断无关，将在串行通信内容中介绍。

6. 中断过程

单片机的完整的中断过程可包括中断请求、中断响应、中断处理和中断返回 4 个阶段。下面简单介绍单片机的中断过程。

（1）中断请求

单片机有 5 个中断源，两个是外部中断源，另外 3 个是内部固定的中断源。外部中断源是通过 P3.2 和 P3.3 引脚送入中断请求，有效信号可以是低电平或下降沿信号，从而置位 IE0、IE1。定时器中断请求是定时/计数发生溢出时，向单片机发出中断请求，从而置位 IF0、IF1。串行口中断请求是一次串行发送或接收数据结束向单片机发出的中断请求，从而置位 TI、RI。

（2）中断响应

① 中断的响应条件。在每个机器周期的 S5P2 时刻，单片机依次采样每一个中断标志位，而在下一个机器周期对采样到的中断进行查询。如果在前一个机器周期的 S5P2 有中断标志，则在查询周期内便会查询到并按优先级高低进行中断处理，中断系统将控制程序转入相应的中断服务程序。

CPU 响应中断应具备的条件是：

- 首先有中断源发出中断请求。
- 然后 CPU 中断允许位 EA 为“1”，即 CPU 开中断。
- 申请中断的中断源，其相应的中断允许位为“1”，即允许相应的中断源中断。

以上条件满足时，一般 CPU 会响应中断请求。但若存在以下几种情况，CPU 的中断响应会被屏蔽，使本次的中断请求得不到响应：CPU 正在处理同级的或更高优先级的中断，或者现行的机器周期不是所执行指令的最后一个机器周期，即正在执行的指令没有执行完以前，CPU 不响应任何中断；或者当前正在执行的指令是返回指令（RETI）或是对 IE 或 IP 寄存器进行读/写的指令。CPU 在执行完这些指令后，至少还要再执行一条其他指令才会响应中断。

CPU 响应中断时，会根据中断源的类别，在硬件的控制下，程序转向相应的中断服务程序入口单元，执行中断服务程序。

② 中断的响应过程。51 单片机的中断系统中分为两个中断优先级。每一中断请求源均可通过对 IP 寄存器的编程为高优先级中断或低优先级中断，并可实现多级中断嵌套。一个正在执行的低优先级中断服务程序能被高优先级的中断请求所中断，但不能被另一个同级或低级的中断源所中断。因此，如果 CPU 正在执行高优先级的中断服务程序，则不能被任何中断源所中断，必须等到当前的中断服务程序执行结束，遇到返回指令（RETI）返回主程序后，至少再执行一条指令才能响应新的中断请求。为了实现上述功能，51 单片机的中断系统中有两个不可寻址的优先级状态触发器。一个触发器指出某高优先级的中断正在得到服务，所有后来的中断请求被阻断；另一个触发器指出某低优先级的中断正在得到服务，所有同级的中断请求都被阻断，但不能阻断高优先级的中断请求。

如果 8051 单片机满足中断响应的条件，并且不存在中断被屏蔽的情况，CPU 就响应相应的中断请求。在实际的响应过程中，CPU 首先置位被响应中断的优先级状态触发器，以屏蔽（即关闭）同级和低级的中断请求。然后，根据中断源的类别，在硬件的控制下，内部自动执行一条子程序调用指令，将程序转移至相应的中断入口处，开始执行中断服务程序。在转入中断服务程序时，子程序调用指令自动把断点地址（即程序计数器 PC 的当前值）压入堆栈，但不会自动保存状态寄存器 PSW 等寄存器中的内容。

当中断的各项条件满足要求时，CPU 响应中断，停止现行程序，转向中断服务程序。整个响应过程中 CPU 应完成的工作有以下几个。

- 关中断。CPU 响应中断时便向外设发出中断响应信号，同时自动地关中断，处理一个中断过程中不致又接收另一新的中断，以防止误响应。
- 保护断点。为了保证 CPU 在执行完中断服务程序后，准确地返回断点，CPU 将断点处的 PC 值推入堆栈保护。待中断服务程序执行完后，由返回指令 RETI 将其从堆栈中弹回 PC，从而实现程序的返回。
- 执行中断服务程序。找出中断服务程序入口地址，转入执行中断服务程序。

因系统保留的各中断入口地址间空间太小，所以，通常在中断入口地址处安排一条相应的跳转指令，跳转至用户设计的中断服务程序入口。

（3）中断处理

CPU 响应中断请求后，即转到中断服务程序的入口，执行中断服务程序。从中断服务程序的第一条指令开始到中断返回指令为止，这个过程称为中断处理或中断服务。不同的中断源所需服务的要求及内容各不相同，其处理过程也就有所区别，但在一般情况下，在中断服务程序中一般应完成如下任务。

① 保护现场。由于 CPU 响应中断是随机的，而 CPU 中各寄存器的内容和状态标志会因转至中断服务程序而受到破坏，所以要在中断服务程序的开始，把断点处有关的各个寄存器的内容和状态标志，用堆栈操作指令 PUSH 推入堆栈保护。

② 中断服务。中断源申请中断时应完成的任务。

③ 恢复现场。在中断服务程序完成后，把保护在堆栈中的各寄存器内容和状态标志，用 POP 指令弹回 CPU。

④ 开中断。上面已谈到 CPU 在响应中断时自动关中断。为了使 CPU 能响应新的中断请求，在中断服务程序末尾应安排开中断指令。

⑤ 返回主程序。当中断服务程序执行完毕返回主程序时，必须将断点地址弹回 PC，因此在中断服务程序的最后用一条 RETI 指令，使 PC 返回断点。

（4）中断返回

中断服务程序的最后一条指令是中断返回指令 RETI。它的功能是将断点地址从堆栈中弹出，送回程序计数器 PC 中，使程序能返回到原来被中断的地方继续执行。

单片机的 RETI 指令除了弹出断点之外，还通知中断系统已完成中断处理，并将优先级状态触发器清除（复位），使系统能响应新的中断请求。

（5）中断请求的撤销

CPU 完成中断请求的处理以后，在中断返回之前，应将该中断请求撤销，否则会引起第二次响应中断。在 51 单片机中，各个中断源撤销中断请求的方法各不相同。

- 定时/计数器的溢出中断：CPU 响应其中断请求后，由硬件自动清除相应的中断请求标志位，使中断请求自动撤销，因此不用采取其他措施。
- 外部中断请求：中断请求的撤销与触发方式控制位的设置有关。采用边沿触发的外

部中断，CPU在响应中断后，由硬件自动清除相应的标志位，使中断请求自动撤销；采用电平触发的外部中断源，应采用电路和程序相结合的方式，撤销外部中断源的中断请求信号。

- 串行口的中断请求：由于RI和TI都会引起串口的中断，CPU响应后，无法自动区分RI和TI引起的中断，硬件不能清除标志位，需采用软件方法在中断服务程序中清除相应的标志位，以撤销中断请求。

7. 中断程序编写

（1）中断初始化

在用到外部中断之前，要先用指令来设置相关寄存器的初始值，设定外部中断的初始条件，即外部中断的初始化，包括：

① 开放CPU中断和有关中断源的中断允许，设置中断允许寄存器IE中相应的位。

② 根据需要确定各中断源的优先级别，设置中断优先级寄存器IP中相应的位。

③ 根据需要确定外部中断的触发方式，设置定时控制寄存器TCON中相应的位。

（2）程序结构

根据中断的定义，整个程序应包括两个程序：主程序、中断服务程序。

① 主程序。主程序是指单片机在响应外部中断之前和之后所做的事情。它的结构：

```
void main()
{
    …
}
```

② 中断服务程序。中断服务程序是外部设备要求单片机响应中断所做的事情。当中断发生并被接受后，单片机就跳到相对应的中断服务子程序即中断服务函数执行，以处理中断请求。中断服务子程序有一定的编写格式，以下是C51语言的中断服务子程序的格式。

```
void 中断服务程序的名称(void) interrupt 中断编号[using 寄存器组号码]
{
    中断服务子程序的主体
}
```

对于51而言，其中断编号可以是从0到4的数字，表3-3给出了5个中断源的编号。为了方便起见，在包含文件reg51.h中定义了这些常量，如下所示：

```
#define IE0_VECTOR 0        /* Ox03 External Interrupt 0 */
#define TF0_VECTOR 1        /* 0x0B Timer 0*/
#define IE1_VECTOR 2        /* Ox03 External Interrupt 1 */
#define TF1_VECTOR 3        /* 0x1B Timer 1*/
#define SIO_VECTOR 4        /* 0x23 Serial port */
```

因此用户只要使用以上所定义的常量即可。using寄存器组号码是指使用的第几组工作寄存器，常可省略，默认第0组工作寄存器。

表 3-3 单片机中断源编号

中 断 源	入 口 地 址	中 断 编 号
外部中断 0	0003H	0
T0 溢出中断	000BH	1
外部中断 1	0013H	2
T1 溢出中断	001BH	3
串行口中断	0023H	4

中断函数名同普通函数名一样，只要符合标识符的书写规则就行。那么如何区分中断函数和普通函数呢？主要是通过关键字“interrupt”及中断号来区分，不同的单片机中断源对应不同的中断号。中断函数不能有形参和返回值，也不能被其他函数调用。中断函数可以调用其他函数，使用时要十分小心，尽可能不在中断函数里调用其他函数。中断函数应尽量简短，以保证主函数的执行流畅。

（3）举例

例 4：如图 3-13 所示电路，单片机 P1 口接有 8 个发光二极管，P3.2 接有 1 个开关，请设计程序实现：平时，8 个灯循环点亮；当开关按下时，8 个灯全亮然后全灭，如此循环 8 次后，然后返回平时状态。

此例电路比前面讲过的流水灯电路多了一个按键开关 K1，功能比流水灯多了一个按键按下时对应灯的功能。平时，CPU 执行流水灯程序；当按键按下时，CPU 执行另一程序，执行完后，返回平时状态。这很明显是一个外部中断，外部中断源为按键，此按键正好接在 P3.2，可以产生外部中断 0 请求。

把外部中断请求信号设为下降沿有效，如果单击一下按键，给 P3.2 送进一个下降沿，向 CPU 发出一个外部中断 0 中断请求。

平时，8 个灯循环点亮，应该放在主程序；用到中断，需要中断初始化，设置外部中断的初始条件，设置寄存器的值，放在主程序；当点触按键，有中断请求时，8 个灯全亮然后全灭，如此循环 8 次后，返回平时状态，应该放在中断服务程序。所以，得到如下程序格式：

```
void main()
 {
  中断初始化;
  8 个灯循环点亮;
 }
void  名字()interrupt 中断号
 {
  8 个灯全亮然后全灭，如此循环 8 次;
}
```

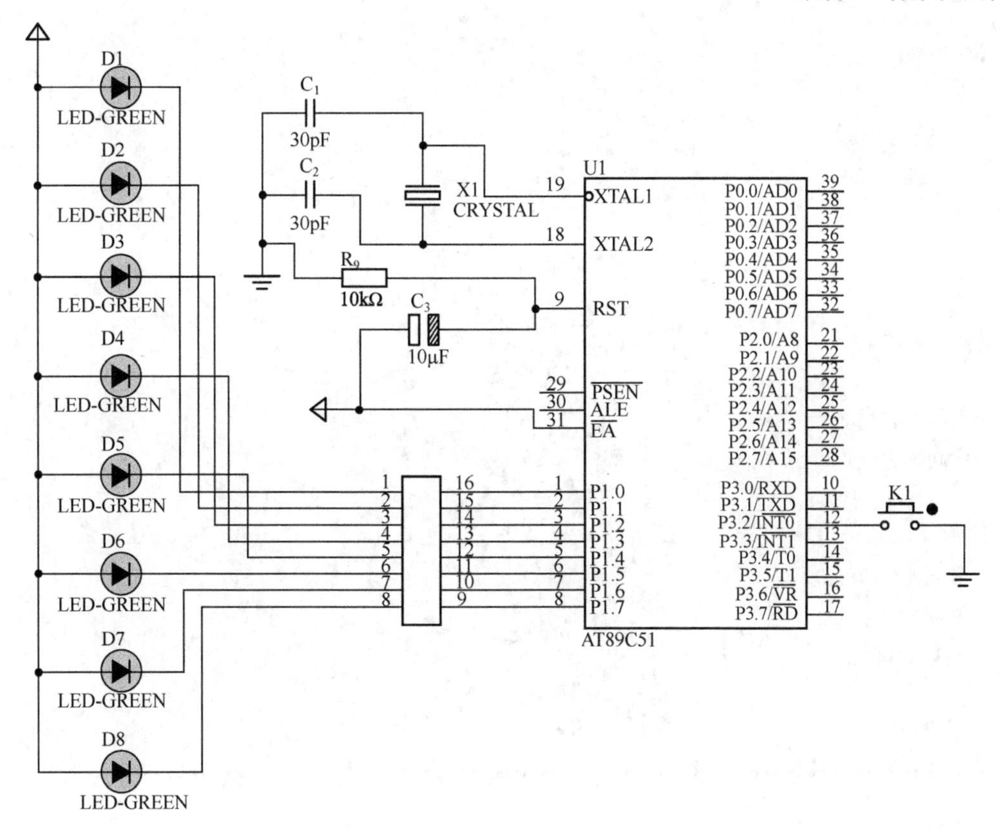

图 3-13　中断流水灯电路

程序清单如下：

```
/*******************************************************************************/
#include <REG51.h>
unsigned char code sz1[ ]={0xfe,0xfd,0xfb,0xf7,0xef,0xdf,0xbf,0x7f};
void delay(unsigned int a)
{     unsigned char i;
      while(--a!= 0)
       {
        for(i=0;i<125;i++);
       }
}
void main()
{
 unsigned char i， m;
 EA=1;
 EX0=1;
 IT0=1;
 while (1)
{
```

```
        for(m=0;m<8;m++)
          {
            P1=sz1[m];
            delay(1000);
          }
      }
    }
void lsd() interrupt 0
{
  unsigned char j;
  for(j=0;j<8;j++)
   {
     P1=0x00;
     delay(1000);
     P1=0xff;
     delay(1000);
    }
  }
  /*******************************************************************************/
```

程序说明：

- 此处流水灯程序的编写采用的是数组的方法，可以通过改变数组的元素实现花样流水灯。
- 此处中断初始化中应注意大写，把外部中断请求信号设为边沿触发。中断响应后，边沿触发信号会自动撤销，使用比电平触发方便。
- 编写含有中断的程序，一定要清楚程序结构，分清主程序做什么，中断服务程序做什么。另外要弄清楚整个工作流程，这对深刻理解中断非常重要。

8．外部中断的扩展

当有多个外部中断源时，采用中断加查询相结合的方法响应中断。扩展电路原理如图 3-14 所示。

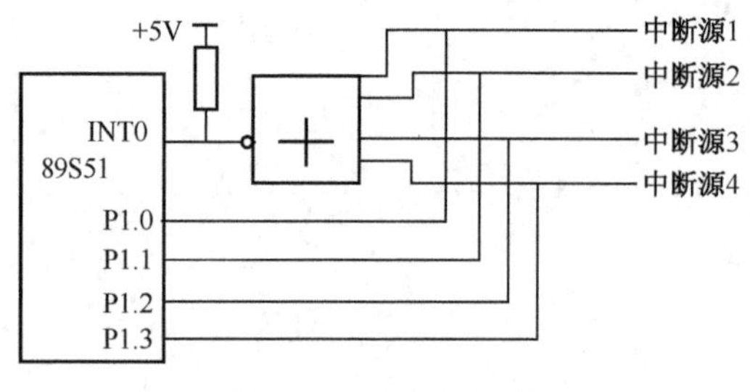

图 3-14　多个外部中断源

中断加查询是指利用中断配合查询的方法响应中断请求，以图 3-14 为例加以说明。

中断：4 个外部中断源（有中断请求，输出高电平）通过或非门电路后产生 0 与 P3.2（P3.3）相连，向 CPU 发出中断请求。

查询：每一个外部中断源和 1 个并行 I/O 口相连，通过逐个查询的方式，来识别哪根线上有中断请求。

在多个外部中断源中若有一个或几个为高电平则通过或非门输出为 0，则 P3.2（P3.3）为低电平，向 CPU 发出中断请求；CPU 在执行中断服务程序时，先依次查询 P1 口的中断源输入状态，然后转入到相应的中断服务程序。

3.3　项目实现

3.3.1　设计思路

本项目要求设计手动的计数器，可以通过加入一个按键借助外部中断实现加 1 计数；要求用两位数码管实时显示计数结果，考虑到实用性，选择数码管动态显示方式来实时显示 0～99。

3.3.2　硬件电路设计

根据题意，设计电路图如图 3-15 所示。按键 K1 接在 P3.2，单片机的 P2 口接两位动态数码管的段值端，单片机的 P3.6、P3.7 经过三极管驱动接数码管的位选端，靠按键 K1 实现手动。

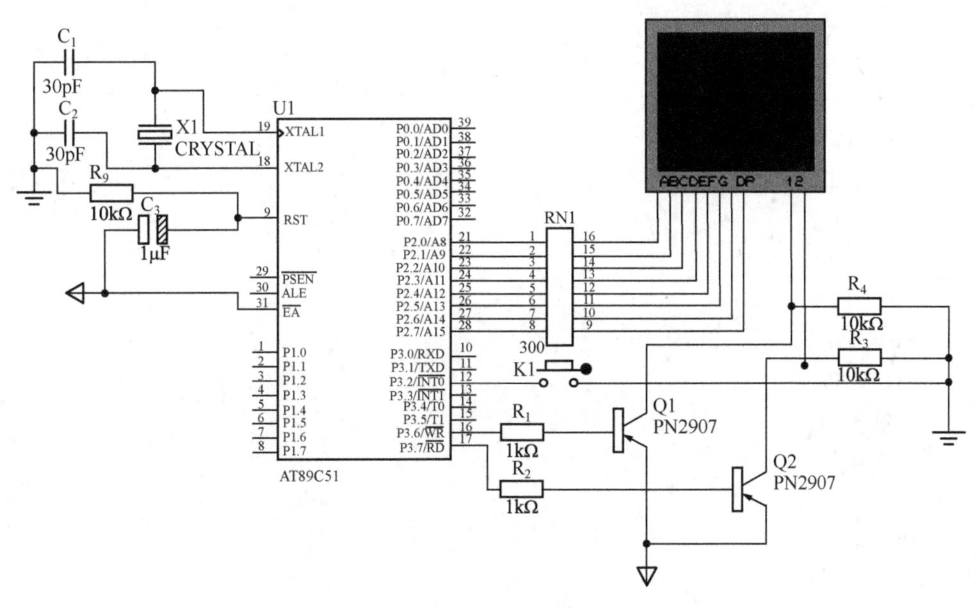

图 3-15　手动计数器电路图

3.3.3 软件编程

手动计数器整个工作流程可概括为：数码管平时在显示当前的计数值，当按键按下，向单片机发出中断请求，请求单片机把当前的计数值加 1，然后再返回平时状态，继续显示。所以在设计程序时，主程序所做的工作是数码管动态显示当前计数值以及中断初始化，中断服务程序所做的事情是把计数值加 1。

程序清单如下：

```
/*********************************************************************************/
#include <REG51.h>
unsigned char code sz1[]={0xc0,0xf9,0xa4,0xb0,0x99,0x92,0x82,0xf8,0x80,0x90};
sbit seg1=P3^6;
sbit seg2=P3^7;
unsigned char m=0;                    //定义 m 为公共变量
void delay(unsigned int a)
{
  unsigned char b;
  while(—a!= 0)
  {
     for(i=0;b<125;b++);
     }
}
void disp(unsigned char t)
{
  unsigned char i,j;
  i=t/10;
  j=t%10;
  P2=sz1[i];
  seg1=0;
  delay(20);
  P3=0xff;
  P2=sz1[j];
  seg2=0;
  delay(20);
  P3=0xff;
}
void main()
{
  P3=0xff;
  EA=1;
  EX0=1;
```

```
        IT0=1;
        while(1)
        {
        disp(m);
        }
      }
      void lsd() interrupt 0
      {
   if(m<99)
    m++;
    else
    m=0;
 }
/****************************************************************************/
```

程序说明：

- 程序中 m 用来存放当前计数值，定义为全局变量，因为在中断程序、主程序都使用到 m。

变量分为局部变量和全局变量。局部变量是指在函数体内定义的变量，局部变量的定义必须放在函数体的最前面。局部变量只能在定义它们的函数内部使用，在该函数外部不能使用。

全局变量是指在所有函数体之外定义的变量。只有从全局变量定义位置之后书写的函数才能使用这些全局变量。如果把全局变量写在程序的最前面，则所有函数就都能使用它们。

全局变量可以在多处被使用和修改，必须在程序的全局范围内考虑其值的变化，控制难度很高，容易出错。全局变量的作用相当巨大，尤其是在处理中断函数时。中断函数不允许有形参和返回值，所以只有通过全局变量才能建立主函数同中断服务函数的联系。

尽量避免定义同名的全局变量和局部变量。

- 为了使程序模块化，把动态显示程序编写为子程序 disp(unsigned char t)，主程序可以随时调用。t 为形参，主程序调用时 disp(m)，m 为实参。
- 要弄懂整个程序的流程，主程序中设置了无限循环 while(1)语句，平时 CPU 一直执行循环体的内容即动态显示当前计数值，其实它是一边显示，一边等外部中断来。当按键按下，外部中断来了，CPU 停下主程序，转而去执行中断服务程序 lsd()，把当前计数值加 1，然后再返回主程序的循环体，继续显示计数值，此时显示的就是加 1 后的下一个计数值。

3.3.4　仿真调试

在计算机上运行 Keil，首先新建一个项目，项目使用的单片机为 AT89C51，这个项目暂且命名为 jsq；然后新建一个文件，并保存为“jsq.c”文件，并添加到工程项目中。直接在 Keil 软件界面中编写程序，也可以先把程序清单形成一个 TXT 文件，然后剪切到 Keil 的程序编辑界面中。当程序设计完成后，通过 Keil 编译并创建 jsq.HEX 目标文件。在 Keil 的应用过程中，由于编译过程中产生很多文件，因此新建一个项目需在一个目录中建立。

在安装过 Proteus 软件的 PC 上运行 ISIS 文件，即可进入 Proteus 电路原理仿真界面，利用该软件仿真时操作比较简单，其过程是首先构造电路，然后双击单片机加载 HEX 文件，最后执行仿真。Proteus 界面以及本案例的仿真电路如图 3-16 所示。仿真过程中，单片机加载程序模拟运行实际状态。电路中单片机采用 AT89C51，单片机默认为最小系统，也可以不需要再外接晶体振荡电路和复位电路。

刚一进入仿真状态，数码管显示“00”，当第一次按下按键 K1，数码管显示“01”；再次按下 K1，数码管实时显示按下按键的次数，如图 3-16 所示。

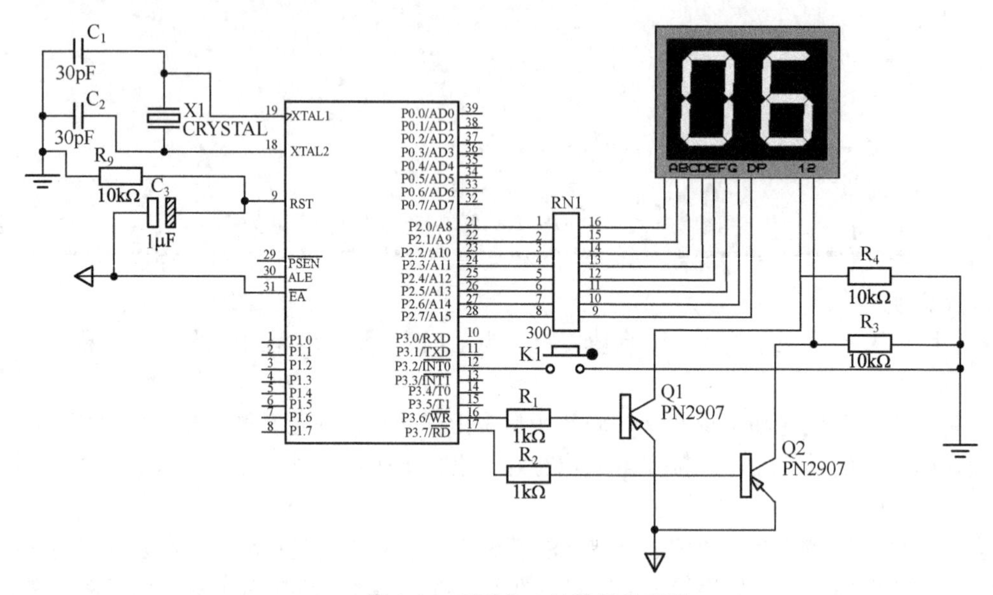

图 3-16 手动加 1 计数器仿真图

【项目总结】

1. 数码管从内部结构上分为共阴极和共阳极两种，数码管内部没有限流电阻，在使用时需外接限流电阻。要使数码管显示某个数值，需注意两种结构的字形码（即段值）不同。

2. 数码管从显示方式上分为静态显示和动态显示。静态显示则显示稳定、电路简单，但占据线太多，适用于一个或两个数码管的显示；动态显示则逐个点亮、轮番扫描、占据线少，但编程复杂，适用于两个以上数码管的显示。

3. 单片机外部中断关键是理解中断的整个过程。另外就是掌握程序结构：主程序、中断服务程序。主程序包括中断初始化、CPU 平时做的事情；中断服务程序是外设要求 CPU 响应中断后做的事情。

思考与练习

1. 在用共阳极数码管显示电路中，若把共阳极数码管改为共阴极数码管，能否正常显示？为什么？电路和程序应做何修改？

2. 中断处理过程包括哪 4 个步骤？简述中断处理过程。

3. 简要说明 LED 数码管静态显示和动态显示的特点，实际设计时应如何选择？

4．AT89C51 单片机外中断采用电平触发方式时，如何防止 CPU 重复响应外中断？

5．已知有 5 台外围设备，分别为 EX1～EX5，均需要中断。现要求 EX1～EX3 合用 INT0，余下的合用 INT1，且用 P1.0～P1.4 查询，试画出连接电路，并编制程序，当 5 台外设请求中断（中断信号为低电平）时，分别执行相应的中断服务子程序 SEVER1～SEVER5。

6．如何设计 0～999 的手动计数器？

项目4　设计倒计时

【项目引入】

倒计时在平时生活中随处可见，红绿灯的倒计时、重要日子的倒计时牌等。特别是北京申办奥运会期间，大家对申奥倒计时牌印象深刻，如图 4-1 所示。实际上倒计时是一个很经典的单片机控制电路，本节就要利用单片机设计一个任意秒的倒计时电路。

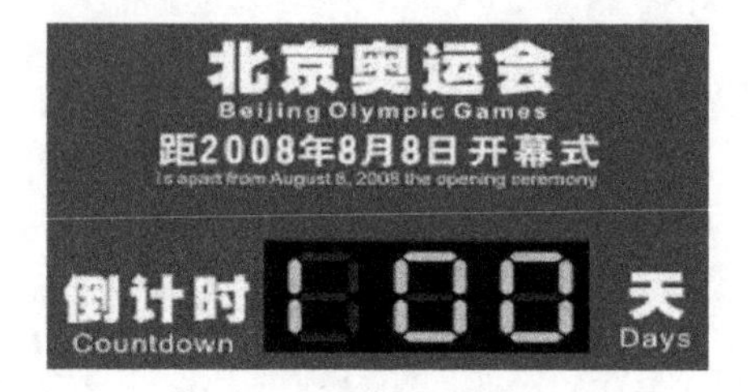

图 4-1　北京举办奥运会倒计时牌

【知识目标】

- 掌握单片机定时/计数器的使用；
- 掌握独立按键的使用；
- 掌握矩阵键盘的使用。

【技能目标】

- 编写定时/计数中断程序；
- 能够会用 Keil C51 对程序进行编译调试；
- 能够会用 Proteus 绘制含有键盘、数码管的倒计时电路，并能对电路进行仿真。

4.1　任务描述

利用单片机设计一个 00～99 秒的倒计时电路，两位数码管显示，另外设置 K1（加 1）、K2（减 1）、K3（暂停）、K4（开始）四个按键，起始的倒计时秒数可以通过按键设定，在计数的过程中可以随时暂停，然后开始。当倒计时到 0 时，发出报警。

4.2　准备知识

4.2.1　单片机定时/计数器

很多单片机控制电路都有定时或计数功能，例如打铃器、空调的定时开关、啤酒自动生

产线上对酒瓶的计数装置等。实现定时/计数的方式有：一、软件定时，利用延时程序，但由于一直占用 CPU 时间，所以效率低。二、不可编程硬件定时，例如 555 定时电路，但由于不可编程，使用起来不太方便。三、可编程定时器件，例如 8253 芯片，单片机内部的定时/计数器等，电路简单，编程方便。

定时/计数器是单片机内部一个重要部件，本节主要介绍单片机内部定时/计数器基本工作原理和控制寄存器，学习定时/计数器的初始化以及定时中断的设置与应用技巧。

1．单片机的定时/计数器结构

AT89S51 单片机内部含有两个定时/计数器，分别是 T0 和 T1，在增强型 51 系列单片机中，内部除了含有 T0 和 T1 外，还有 T2 定时/计数器。定时/计数器主要用于精确的定时，也可用于对外部脉冲进行计数以及为作为串行通信的波特发生器。定时/计数器不同的功能是通过对相关特殊功能寄存器的设置和程序设计来实现的。

（1）定时/计数器概述

单片机内部含有两个定时/计数器分别是 T0 和 T1。T0 由两个 8 位寄存器 TH0、TL0 组成，其中 TH0 是 T0 的高 8 位，TL0 是 T0 的低 8 位，如图 4-2 所示。T1 的结构与 T0 一样，只是组成它的两个 8 位寄存器分别为 TH1、TL1。T0 与 T1 都是二进制加 1 计数器，即每一个脉冲来到时都能使计数器的当前值加 1，可以实现最大 16 位二进制加计数。所以单片机内的定时/计数器的核心部件是 16 位二进制加 1 计数器（TH0、TL0 或 TH1、TL1），如图 4-2 所示。

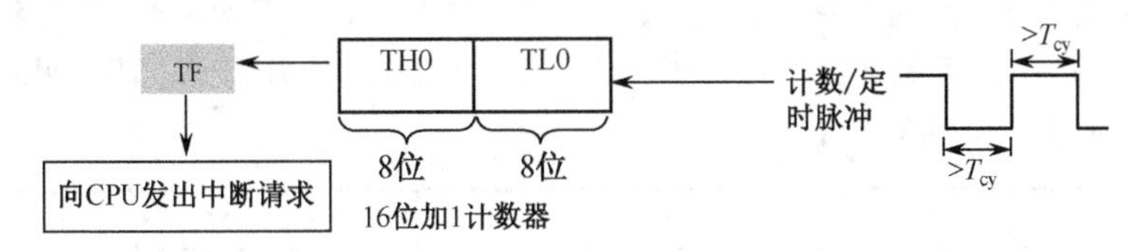

图 4-2　单片机内的定时/计数器

它的工作过程如下：

① 每来一个计数/定时脉冲信号，T0 或 T1 的计数器会在原来计数值（或初值）的基础上加 1 计数。

② 当计数值计到最大值 FFFFH 时，计数器计满，这时再来一个计数/定时脉冲信号，计数器会发生溢出，把 TF 置位同时计数器清 0。

③ 计数器发生溢出后，向 CPU 发出中断请求，告诉 CPU 这次计数/定时结束，让 CPU 写入初值，开始下一轮计数/定时。

（2）定时、计数器的定时/计数脉冲信号

单片机的脉冲来源有两种，一个是利用外部在单片机 P3.4、P3.5 端口输入脉冲信号，另一个是单片机晶体振荡频率的 12 分频产生的信号。

① 计数器。当需要对外部信号计数时，如图 4-3 所示，开关接在下面，外部计数脉冲从单片机的 P3.4（T0），P3.5（T1）引脚输入，来一个脉冲，计数器将加 1 计数，直到计满产生溢出中断。

② 定时器。当需要定时时，如图 4-3 所示，开关接在上面，计数或定时脉冲来自于振荡器经过 12 分频后的信号。来一个脉冲，计数器将加 1 计数，直到计满产生溢出中断。

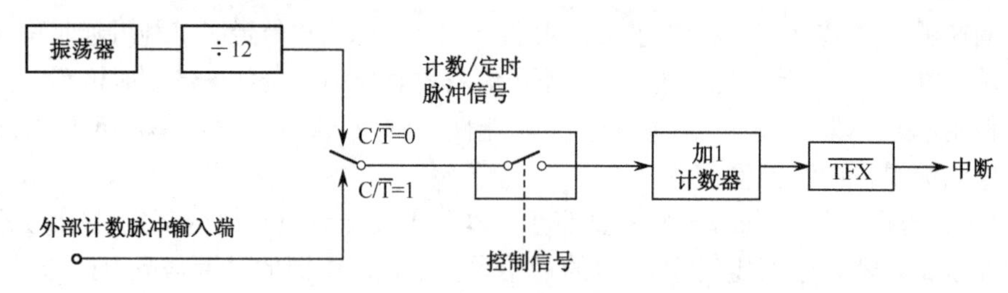

图 4-3 单片机内定时/计数器结构图

如果晶振为 12MHz，则振荡器经过 12 分频后信号，即定时脉冲信号 T=12×1/12M=1μs（机器周期）。即定时就是每过一个机器周期（1μs），计数器加 1，直至计满溢出，定时结束。

定时器也是一种计数器，而且定时器的定时时间与晶振频率和计数次数、初值等有关。若计数器对此信号计数 100 次，则定时时间=100×1μs＝100μs。

2. 定时/计数器的相关寄存器

单片机的两个定时/计数器部件主要由 T0，T1，工作方式控制寄存器 TMOD，定时/计数器的控制寄存器 TCON 组成。

（1）16 位加 1 计数器 T0 与 T1

16 位加 1 计数器 T0 与 T1 在前面已介绍过。

（2）工作方式控制寄存器 TMOD

TMOD 为定时/计数器的工作方式控制寄存器，共 8 位，分为高 4 位和低 4 位两组，其中高 4 位控制 T1，低 4 位控制 T0，分别用于设定 T1 和 T0 的工作方式。TMOD 的字节地址为 89H，不支持位操作，其格式为：

位序	D7	D6	D5	D4	D3	D2	D1	D0
位符号	GATE	C/$\overline{T}$	M1	M0	GATE	C/$\overline{T}$	M1	M0
			控制 T1			控制 T0		

GATE 为门控位，控制定时器启动操作方式，即定时器的启动是否受外部中断信号控制。当 GATE=1 时，计数器的启停受 TRx（x 为 0 或 1，下同）和外部引脚 $\overline{INTx}$ 外部中断的双重控制，只有两者都是 1 时，定时器才能开始工作。当 GATE＝0 时，计数器的启停只受 TRx 控制，不受外部中断输入信号的控制。

C/$\overline{T}$ 为定时/计数器的工作模式选择位。C/$\overline{T}$=1 时，为计数器模式；C/$\overline{T}$=0 时，为定时器模式。

M1、M0 为定时/计数器 T0 和 T1 的工作方式控制位，M1、M0 控制定时/计数器的工作方式如表 4-1 所示。

表 4-1　定时器/计数器工作方式控制

M1　M0	方　式	说　明
0　0	0	13 位定时器（TH 的 8 位和 TL 的低 5 位）
0　1	1	16 位定时器/计数器
1　0	2	自动重装入初值的 8 位计数器
1　1	3	T0 分成两个独立的 8 位计数器，T1 在方式 3 时停止工作

（3）定时/计数器控制寄存器 TCON

TCON 是定时/计数器控制寄存器，也是 8 位寄存器，其中高 4 位用于定时/计数器；低 4 位用于单片机的外部中断，低 4 位在外部中断相关内容中已介绍过。TCON 的字节地址为 88H，支持位操作，其格式为：

TCON	D7	D6	D5	D4	D3	D2	D1	D0
位名称	TF1	TR1	TF0	TR0	IE1	IT1	IE0	IT0

TR1 为定时器 T1 的启停控制位。TR1 由指令置位和复位，以启动或停止定时/计数器开始定时或计数。

除此之外，定时器的启动与 TMOD 中的门控位 GATE 也有关系。当门控位 GATE=0 时，TR1=1 即启动计数；当 GATE=1 时，TR1=1 且外部中断引脚 $\overline{\text{INT1}}$=1 时才能启动定时器开始计数。

TF1 为定时器 T1 的溢出中断标志位。在 T1 计数溢出时，由硬件自动将 TF1 置 1，向 CPU 请求中断。CPU 响应时，由硬件自动将 TF1 清零。TF1 的结果可用来程序查询，但在查询方式中，由于 T1 不产生中断，TF1 置 1 后需要在程序中用指令将其清零。

TR0 为 T0 的计数启停控制位，功能同 TR1。当 GATE＝1 时，T0 受 TR0 和外部中断引脚 $\overline{\text{INT0}}$ 的双重控制。

TF0 为 T0 的溢出中断标志位，功能同 TF1。

3．定时器的工作方式

51 单片机的定时/计数器 T0、T1 具有 4 种工作方式，分别由特殊功能寄存器 TMOD 寄存器中的 M1、M0 两位的二进制编码所决定。下面分别介绍 4 种工作方式的工作原理。

（1）方式 0

当 M1，M0 为 00 时，定时器工作 T0、T1 设置为方式 0。方式 0 为 13 位的定时/计数器，由 TLx 的低 5 位和 THx 的高 8 位构成。在计数的过程中，TLx 的低 5 位溢出时向 THx 进位，THx 溢出时置位对应的中断标志位 TFx，并向 CPU 申请中断，T0、T1 工作在方式 0 情况一样，下面以 T0 为例说明工作方式 0 的具体控制。T0 工作在方式 0 时的逻辑框图如图 4-4 所示。

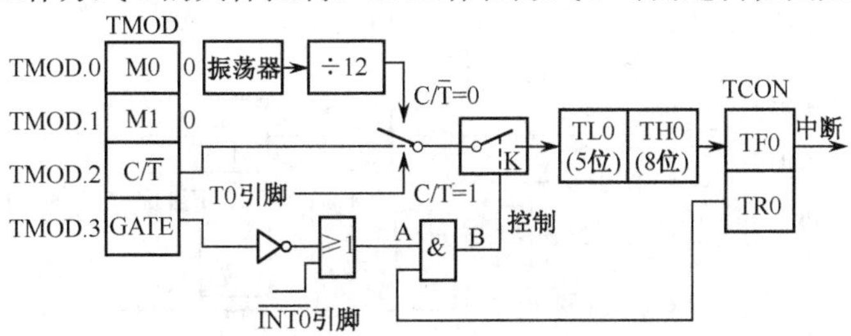

图 4-4　定时器在方式 0 时的逻辑结构

当 C/$\overline{\text{T}}$=0 时，电子开关接到上面，Tx 的输入脉冲信号由晶体振荡器的 12 分频而得到，即每一个机器周期使 T0 的数值加 1，这时 T0 用做定时器用。

当 C/$\overline{\text{T}}$=1 时，电子开关接到下面，计数脉冲是来自 T0 的外部脉冲输入端单片机 P3.4 的输入信号，P3.4 脚上每出现一个脉冲，都使 T0 的数值加 1，这时 T0 用做计数器用。

当 GATE=0 时，A 点为“1”，B 点电位就取决于 TR0 状态。TR0 为“1”时，B 点为高电平，电子开关闭合，计数脉冲就能输入到 T0，允许计数。TR0 为“0”时，B 点为低电平，电子开关断开，禁止 T0 计数。即 GATE=0 时，T0 或 T1 的启动与停止仅受 TR0 或 TR1 控制。

当 GATE=1 时，A 点受 $\overline{\text{INT0}}$（P3.4）和 TR0 的双重控制。只有 $\overline{\text{INT0}}$=1，且 TR0 为“1”时，B 点才是高电平，使电子开关闭合，允许 T0 计数。即 GATE=1 时，必须满足 INT0 和 TR0 同时为 1 的条件，T0 才能开始定时或计数。

在方式 0 中，计数脉冲加到 13 位的低 5 位 TL0 上。当 TL0 加 1 计数溢出时，向 TH0 进位，当 13 位计数器计满溢出时，溢出中断标志 TF0=1，向 CPU 请求中断，表示定时器计数已溢出，一次定时结束，CPU 进入中断服务程序入口时，由内部硬件清零 TF0。

方式 0 的计数值范围：0～1111111111111B（8191），最大计数容量 2^{13}=8192。

（2）方式 1

当 M1、M0 为 01 时，定时/计数器工作于方式 1。方式 1 与方式 0 差不多，不同的是方式 1 的计数器为 16 位，由高 8 位 THx 和低 8 位 TLx 构成。定时器 T0 工作于方式 1 的逻辑框图如图 4-5 所示。方式 1 的具体工作过程和工作控制方式与方式 0 类似，这里不再重复说明。

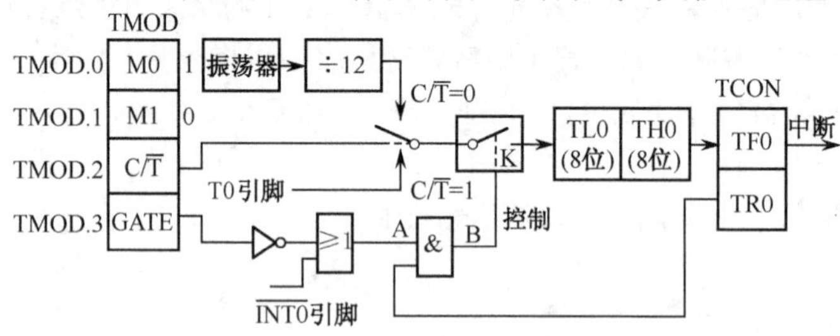

图 4-5 定时器在方式 1 时的逻辑结构

方式 1 的计数值范围：0～1111111111111111B（65535），最大计数容量 2^{16}=65536。

（3）方式 2

当 M1、M0 为 10 时，定时/计数器工作在方式 2。方式 2 为 8 位定时/计数器工作状态。TLx 计满溢出后，会自动预置或重新装入 THx 寄存的数据。TLi 为 8 位计数器，THi 为常数缓冲器。当 TLi 计满溢出时，使溢出标志 TFi 置 1，同时将 THi 中的 8 位数据常数自动重新装入 TLi 中，使 TLi 从初值开始重新计数。定时器 T0 工作于方式 2 的逻辑框图如图 4-6 所示。

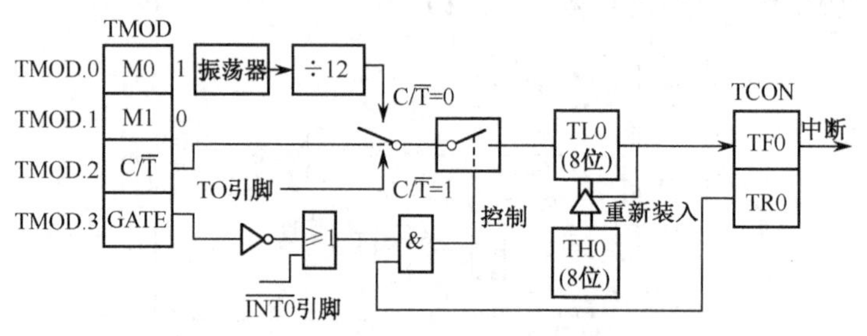

图 4-6 定时器在方式 2 时的逻辑结构

这种工作方式可以省去用户软件重装常数的程序，简化定时常数的计算方法，可以实现相对比较精确的定时控制。方式 2 常用于定时控制。如希望得到 1s 的延时，若采用 12MHz 的振荡器，则计数脉冲周期即机器周期为 1μs，如果设定 TL0=06H，TH0=06H，C/T=0，TLi 计满刚好 200μs，中断 5000 次就能实现。另外，方式 2 还可用做串行口的波特率发生器。

方式 2 的计数值范围：0～11111111B（255），最大计数容量 2^{8}=256。

（4）方式 3

当 M1、M0 为 11 时，定时器工作在方式 3。方式 3 只适用于 T0。当 T0 工作在方式 3 时，TH0 和 TL0 分为两个独立的 8 位定时器，可使 51 系列单片机具有 3 个定时/计数器。定时器 T0 工作在方式 3 时的逻辑框图如图 4-7 所示。

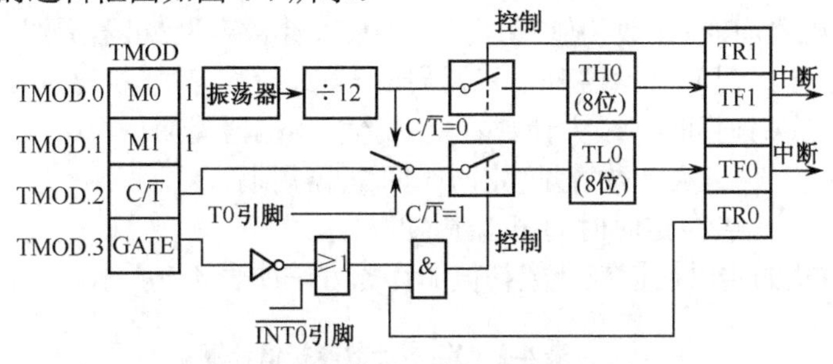

图 4-7　定时器在方式 3 时的逻辑结构

此时，TL0 可以作为定时/计数器用。使用 T0 本身的状态控制位 C/T，GATE，TR0，$\overline{\text{INT0}}$ 和 TF0，它的操作与方式 0 和方式 1 类似。但 TH0 只能作 8 位定时器用，不能用做计数器方式，TH0 占用 T1 的中断资源 TR1 和 TF1。在这种情况下，T1 可以设置为方式 0～2。此时定时器 T1 只有两个控制条件，即 C/T、M1M0，只要设置好初值，T1 就能自动启动和记数。在 T1 的控制字 M1、M0 定义为 11 时，它就停止工作。通常，当 T1 用做串行口波特率发生器或用于不需要中断控制的场合，T0 才定义为方式 3，目的是让单片机内部多出一个 8 位的计数器。

4．定时/计数器的计数容量及初值

（1）最大计数容量

定时/计数器的最大计数容量是指最大能够计数的总量，与定时/计数器的二进制位数 N 有关，即最大计数容量=2^N。例如，若为 2 位计数器，则计数状态为 00、01、10、11，共 4 个状态，最大计数值为 $2^N=4$。

（2）计数初值

定时/计数器的计数不一定是从 0 开始计数，这要根据需要来设定计数的初始值。这个预先设定的计数起点值称为计数初值。这就好比一个杯子，如图 4-8 所示，一个杯子的总容量为最大计数容量，已经装了少量的水为初值，还能装多少水为计数值。所以：

计数值+初值=最大计数容量

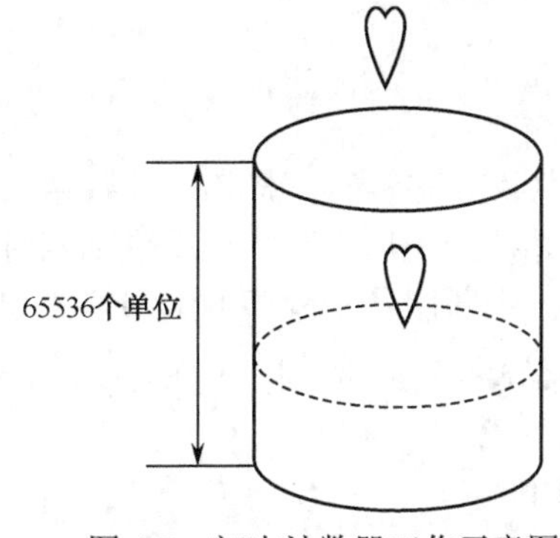

图 4-8　定时/计数器工作示意图

（3）定时/计数初值计算

由公式（计数值+计数初值=最大计数容量）得到：

（计数值+计数初值）×机器周期=最大计数容量×机器周期

展开后得到：

计数次数×机器周期+计数初值×机器周期=最大计数容量×机器周期

即：　　　定时时间+计数初值×机器周期=最大计数容量×机器周期

即：　　　定时时间=（最大计数容量−初值）×机器周期

所以，定时初值=最大计数容量−定时时间/机器周期

$=2^N$−定时时间/机器周期

不同工作方式的定时初值或计数初值的计算方法如表 4-2 所示。

表 4-2　定时/计数器初值计算

工 作 方 式	计 数 位 数	最大计数容量	最大定时时间	定时初值计算公式	计数初值计算公式
方式 0	13	$2^{13}=8192$	$2^{13}\times T_{机}$	$X=2^{13}-T/T_{机}$	$X=2^{13}$−计数值
方式 1	16	$2^{16}=65536$	$2^{16}\times T_{机}$	$X=2^{16}-T/T_{机}$	$X=2^{16}$−计数值
方式 2	8	$2^{8}=256$	$2^{8}\times T_{机}$	$X=2^{8}-T/T_{机}$	$X=2^{8}$−计数值

5．定时程序的编写

（1）定时/计数初始化

在用到单片机的定时/计数器之前，要先用指令来设置相关寄存器的初始值，设定定时/计数的初始条件，即定时/计数的初始化，包括：

- 确定定时/计数器的工作方式，确定方式控制字，并写入 TMOD。
- 预置定时初值或计数初值，根据定时时间或计数次数，计算定时初值或计数初值，并写入 TH0、TL0 或 TH1、TL1。
- 根据需要开放定时/计数器的中断，给 IE 中的相关位赋值。
- 启动定时器/计数器，给 TCON 中的 TR1 或 TR0 置 1。

（2）程序结构

单片机的定时/计数使用的是单片机的中断功能，而且是内部中断，所以它的程序结构也就是中断的程序结构，这在前面已介绍过。整个程序应包括两个程序：主程序、中断服务程序。

① 主程序。主程序是指单片机在响应定时/计数中断之前和之后所做的事情。它的结构：

```
void main()
   {
      …
   }
```

② 中断服务程序。中断服务程序是当 1 次定时/计数结束后，外部设备要求单片机响应中断所做的事情。当中断发生并被接受后，单片机就跳到相对应的中断服务子程序即中断服务函数执行，以处理中断请求。中断服务子程序的编写格式如下：

```
void 中断服务程序的名称(void) interrupt 中断编号[using 寄存器组号码]
{
     中断服务子程序的主体
}
```

此处是单片机的定时/计数的溢出中断，所以中断编号是 1 和 3，1 表示 T0 溢出中断，3 表示 T1 溢出中断。

（3）举例

例 1：电路如图 1-24 所示单片机驱动单个 LED 电路，要求发光二极管每隔 1s 闪烁 1 次，晶振为 12MHz。要求用中断方法设计实现 1s 的闪烁。

在此例中，要求发光二极管每隔 1s 闪烁 1 次，即 LED 亮 1s、灭 1s，问题的关键是如何产生 1s 定时信号。

假设选用单片机的定时计数器 T0，晶振为 12MHz，工作在方式 1 的 16 位定时计数器，最大的定时时间为：$2^{16}\times1$=65.536ms。显然定时 1 次达不到 1s，所以采用定时多次来实现 1s。采用定时一次 50ms，循环 20 次，即可达到 1s。

确定了工作方式和定时时间后，接下来就是计算定时初值。根据公式：

$$\begin{aligned}\text{定时初值} &= 2^{N}-\text{定时时间/机器周期}\\ &= 2^{16}-50\text{ms}/1\mu\text{s}\\ &= 60536 = \text{3cb0H}\end{aligned}$$

整个工作过程如下：首先，CPU 完成定时的初始化，启动 50ms 的定时，然后等待 1 次 50ms 定时结束。如果 1 次 50ms 定时结束，定时器产生溢出中断，要求 CPU 判断是否达到 20 次。如果达到 20 次，说明 1s 时间到了，LED 灯闪烁；如果 20 次未到，返回继续下一个 50ms 的定时。

按照上面的分析，把工作流程分配到主程序、定时溢出中断服务程序中。定时中断初始化，启动 50ms 的定时，然后等待 1 次 50ms 定时结束，放在主程序。1 次 50ms 定时结束，判断是否达到 20 次，达到 20 次，LED 灯闪烁；20 次未到，返回继续下一个 50ms 的定时，放在定时中断服务程序。即程序结构如下所示：

```
void main()
{
  定时中断初始化;
等待 1 次 50ms 定时结束;
}
void 名字()interrupt 中断号
{
    判断是否到 20 次;
达到 20 次，LED 灯闪烁;
20 次未到，返回继续下一个 50ms 定时;
}
```

根据题意，程序清单如下：

```
/*****************************************************************************/
#include <REG51.h>
sbit led=P1^0;
unsigned char m=0;
void lsd_init
{
```

```
    EA=1;                              //中断初始化
    ET0=1;
    TMOD=0x01;
    TH0=0x3c;
    TL0=0xb0;
    TR0=1;
   }
   void main()
  {
    P1=0xff;
    lsd_init();
    while(1);                          //等待中断（一次 50ms）
  }
  void lsd() interrupt 1
  {
      TH0=0x3c;                        //重新赋初值
      TL0=0xb0;
      if(++m>19)                       //判断是否 1s 到
      {
       led=~led;
       m=0;
       }
    }
    /*****************************************************************************/
```

程序说明：

- 定时/计数也是一种中断，属于单片机的内部中断，弄清整个工作流程很重要，这有助于很好地理解中断。
- 为了使程序模块化，通常把中断初始化程序也编写为子程序，方便调用和修改。
- 在主程序中，利用“while(1);”死循环等待一次 50ms 定时结束。如果定时结束，从循环体中出来，执行中断服务程序，中断返回后，再进入循环体等待。
- 在中断服务程序中，为了下一次 50ms 的定时，要重新赋初值。
- 当程序中只涉及一个中断时，可以不对中断的优先级进行设置，可以省略。程序中有多个中断但没有进行优先级设定的情况下，单片机遵循其默认的自然优先级顺序。
- 利用定时/计数器定时中断时，在程序中首先要设置工作模式，并计算它的定时/计数初值，计算初值不好计算，常利用表达式来代替。例如此例中赋初值部分也可以写为：

```
/**************************************/
TL0 = (65536-5000)% 256;                  //取低 8 位
TH0 = (65536-5000)/ 256;                  //取高 8 位
/**************************************/
```

例 2：设晶振频率 f_{OSC}=12MHz，使用单片机的定时器 1 以方式 2 产生周期为 400μs 的方

波脉冲，并由 P1.0 输出。

要产生 400μs 的方波脉冲（见图 4-9），只需在 P1.0 端以 200μs 为间隔，交替输出高低电平即可实现。为此，可以定时 200μs，定时时间一到，对 P1.0 端做取反操作即可。

根据题意要求选用定时器 1，工作在方式 2，定时时间为 200μs，为了方便编程和计算则定时初值为：

TH0=（256–200）/256;
TL0=（256–200）%256;

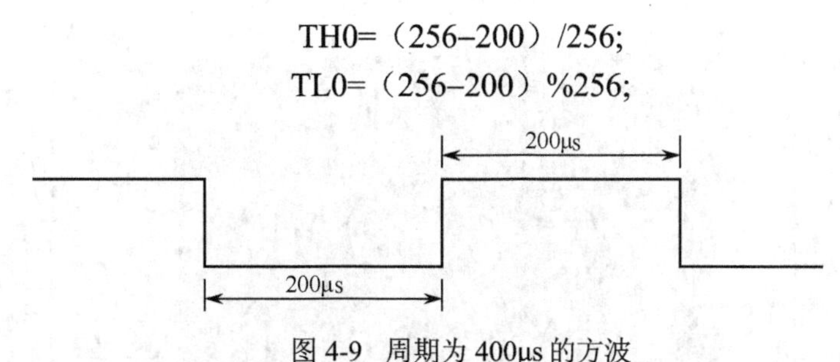

图 4-9　周期为 400μs 的方波

整个程序流程如下：首先，CPU 完成定时的初始化，启动 200μs 的定时，然后等待 1 次 200μs 定时结束。如果 1 次 200μs 定时结束，定时器产生溢出中断，要求单片机 P1.0 端做取反（高低电平交替），然后返回进行下一个 200μs 定时。

程序清单如下：

```
/*********************************************************************************/
 #include <REG51.h>
 sbit led=P1^0;
 void fb_init()
 {
 EA=1;
 ET0=1;
 TMOD=0x02;                              //T1 为方式 1
 TH0=(256–200)/256;                      //初值
 TL0=(256–200)%256;
 TR0=1;
 }
 void main()
 {
 P1=0xff;
 fb_init();                              //启动定时
 while(1);                               //等待中断
 }
void fb() interrupt 1
{
 led=～led;                              //输出取反
}
/*********************************************************************************/
```

程序说明：

- 在此例中单片机工作在方式 2（自动赋初值 8 位定时/计数器），所以在中断服务程序中不需重新赋初值，方式 2 常用于需要连续产生信号的情况。
- 为了便于看到结果，可以利用 Proteus 软件对此例进行仿真，仿真图如图 4-10 所示。从仿真图的虚拟示波器中可以看到产生的方波信号符合题意。

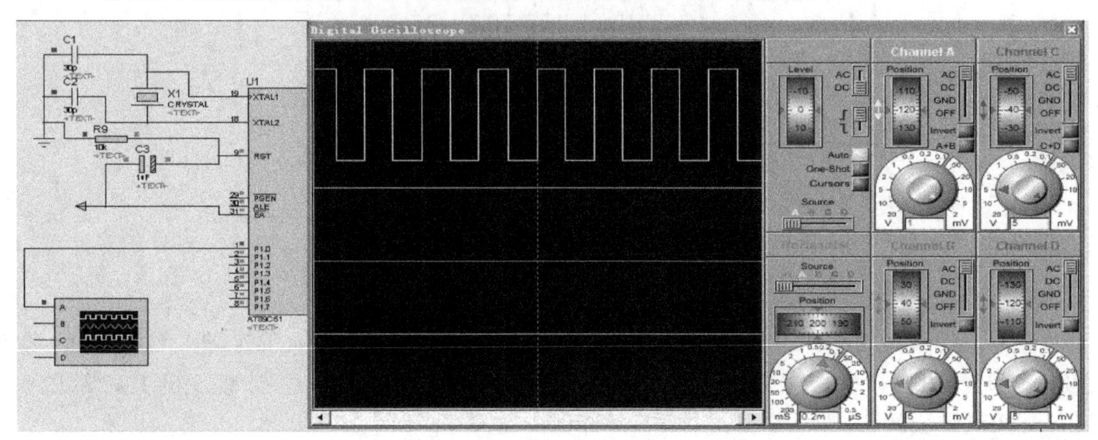

图 4-10　方波仿真图

4.2.2　键盘应用

复杂的单片机系统都有按键，它是人对单片机行为干预一个重要器件。按键是单片机系统的输入部件，利用单片机的 I/O 的输入功能可以实现按键的状态检测，以实现按键对单片机运行状态的调整。本节主要介绍按键工作原理和按键输入的单片机检测原理，以及利用扫描原理实现的 4×4 键盘矩阵。

1．键盘概述

（1）基础知识

键盘是单片机应用系统中人机交流不可缺少的输入设备。键盘由一组规则排列的按键组成，一个按键实际上是一个开关元件。键盘通常使用机械触点式按键开关，如图 4-11（a）所示，其主要功能是把机械上的通断转换为电气上的逻辑关系（1 和 0）。触点式按键开关，如图 4-11（b）所示，使用时轻轻点按开关按钮就可使开关接通，当松开手时开关即断开，恢复为原来的电平。在使用时常分为矩阵键盘和独立按键。

（a）矩阵键盘

（b）单个按键

图 4-11　独立按键、矩阵键盘图

（2）按键的抖动

由于机械触点的弹性作用，在开关闭合及断开的瞬间均有抖动过程，出现一系列电脉冲，然后其触点才稳定下来。其抖动过程如图 4-12 所示。如果不对键盘的抖动进行处理，按键会对系统电路或程序产生意外的干扰，会影响检测按键是否按下。抖动时间的长短与开关的机械特性有关，一般为 5～10ms。

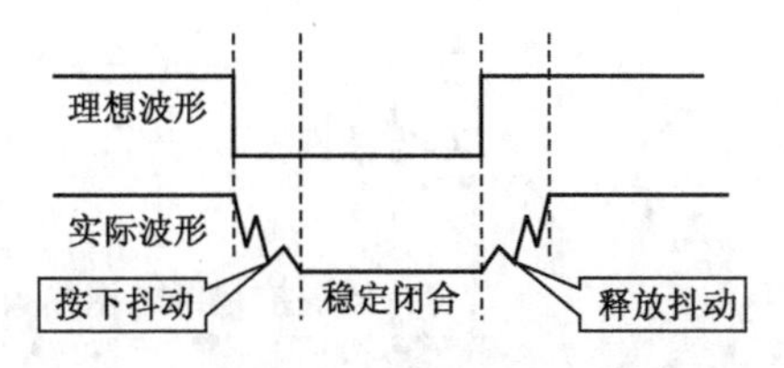

图 4-12　按键抖动示意图

为了克服按键触点机械抖动所致的检测误判，必须采取去抖动措施，可从硬件、软件两方面予以考虑。在键数较少时，可采用硬件去抖；而当键数较多时，采用软件去抖。

在硬件上可采用在按键输出端加 RS 触发器（双稳态触发器）或单稳态触发器构成去抖动电路，如图 4-13 所示是一种由 RS 触发器构成的去抖动电路，当触发器翻转时，触点抖动不会对其产生任何影响。按键输出经双稳态电路之后变为规范的矩形方波。

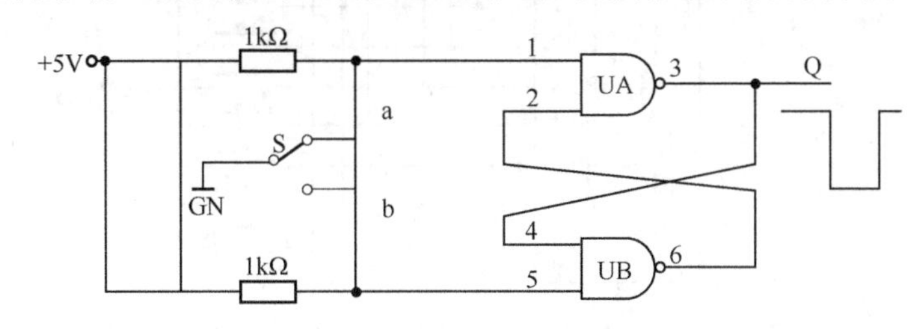

图 4-13　RS 触发器构成的去抖动电路

软件上采取的措施是在检测到有按键按下时，执行一个 5ms 左右（具体时间应视所使用的按键进行调整）的延时程序，再确认该键电平是否仍保持闭合状态电平。若仍保持闭合状态电平，则确认该键处于闭合状态；同理，在检测到该键释放后，也应采用相同的步骤进行确认，从而消除抖动的影响。

2．独立按键

（1）结构

独立按键的使用较简单，其特点是每个按键单独占用一根 I/O 口线，每个按键工作不会影响其他 I/O 口线的状态。

图 4-14 所示的电路使用了 8 个独立按键，P0 口使用的上拉电阻保证了 P0 口有确定的高电平，外接上拉电阻 4.7kΩ左右。按键未按下时，对应的口输入高电平；按键按下时，对应的口输入低电平。使用前应先把对应的输入 I/O 口置 1，设置为输入口。

（2）应用

根据独立按键原理，采用软件消抖的方法，判断独立按键是否按下的操作流程是：先检测相应的口线是否为低电平，若为低电平，要加入延时消抖，再检测是否仍为低电平。若为

高电平，则说明是一个抖动；若为低电平，则说明按键确定按下，等待按键释放后再执行相关操作，防止多次执行。假设图 4-14 中任一个按键为 S1，根据分析，编制一个按键的程序段为：

```
if(S1==0)                          //如果按键按下
{
delay(5);                          //延时消抖，delay（5）为 5ms 左右的延时程序
 if(S1==0)                         //确定按键按下
 {
   while(S1==0);                   //等待按键抬起再做相关操作
   .......
 }
}
```

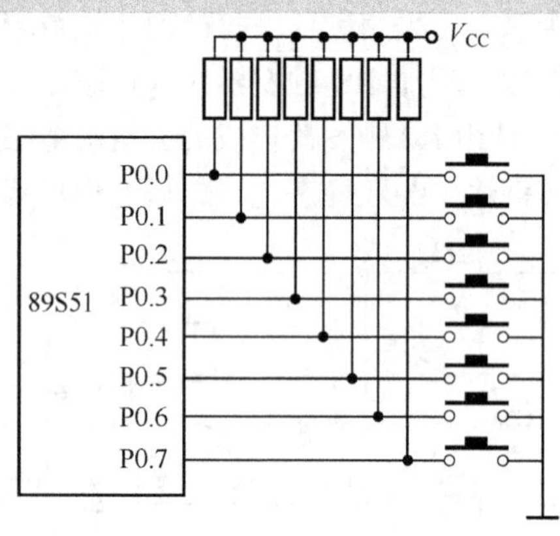

图 4-14　独立按键

（3）举例

例 3：电路如图 4-15 所示，一上电，4 个灯全灭；按下按键 K1，D1 闪烁；再次按下按键 K1，D2 闪烁；再次按下按键 K1，D3 闪烁；再按下按键 K1，D4 闪烁。再次按下 K1，灯全灭，如此循环。

此题只有一个独立按键，但是一个按键 K1 对应 5 个功能，定义功能号 ID 为 0，1，2，3，4。ID=0，灯全灭；ID=1，D1 闪烁；ID=2，D2 闪烁；ID=3，D3 闪烁；ID=4，D4 闪烁。功能号 ID 和按下按键的次数有关，按下按键次数=4*n*+功能号 ID。*n* 为任意整数。

程序清单如下：

```
/**************************************************************************/
#include <AT89X52.H>                                  //包含 AT89X52.H 头文件
sbit k1=P3^0;
sbit d0=P1^0;
sbit d1=P1^1;
sbit d2=P1^2;
sbit d3=P1^3;
```

```
void delay(unsigned int a)
{
  unsigned char i;
  while(--a!= 0)
  {
   for(i=0;i<125;i++);
  }
}
void main ()
{
 unsigned char id=0;
 while(1)
 {
  P1=0xff;
  delay(200);
  if(k1==0)
  {
  delay(10);
  if(k1==0)
  {
   while(k1==0);
   id++;
   if(id==5)
   {
    id=0;
   }
  }
 }
 switch(id)
 {
  case 0:P1=0xff;break;
  case 1:d0=~d0;delay(200);break;
  case 2:d1=~d1;delay(200);break;
  case 3:d2=~d2;delay(200);break;
  case 4:d3=~d3;delay(200);break;
 }
}
}
/***************************************************************************/
```

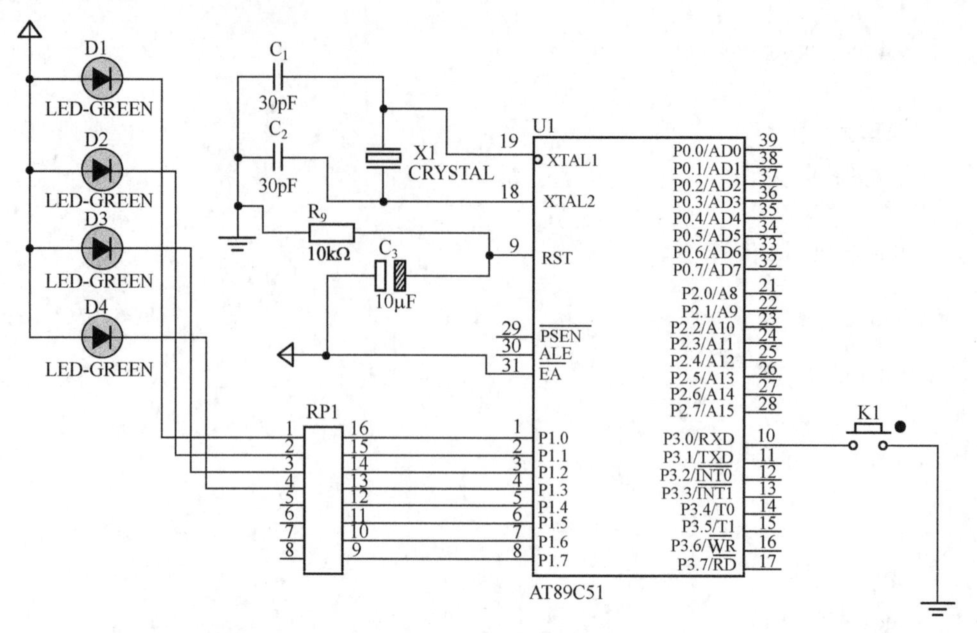

图 4-15 一键多功能电路图

程序说明：

- 熟悉独立按键的编程模式：判断是否按下→消抖→按键释放→操作。若多个按键，只需要把语句并列即可
- 程序中选用开关语句对功能号 id 的各种取值情况进行分析，结构清晰。

3．键盘

键盘由一组规则排列的按键组成。

（1）键盘分类

编码键盘，例如计算机键盘，内部含编码芯片，每按一个键，由编码芯片产生键值，如 ASCII 码键盘、BCD 码键盘。

非编码键盘是靠软件编程来识别键值的键盘。在单片机的各种系统中，最常用的就是非编码键盘。非编码键盘又分为独立式键盘和矩阵式键盘（如电话，取款机键盘），独立式键盘在前面已介绍过。

（2）矩阵式键盘结构

在单片机系统中，若使用按键较多时，通常采用矩阵式键盘，采用行列式结构并按矩阵形式排列，可以节省 I/O 口，如图 4-16 所示，为 1 个 4×4 的矩阵键盘。16 个按键排列成 4×4 的矩阵行列结构，在行列的交点上都对应有一个单触点按键。无键按下时，各行、列线彼此相交但不相连；当按键被按下时则其交点的行线和列线接通。

（3）矩阵键盘按键原理

对于矩阵键盘的识别按键按下，这里介绍一种常用的方法即扫描法，分 4 步完成：

① 先判断是否有键按下。行线都输出低电平，然后读列线的值。若列线都为高电平，说明无键按下；否则，有键按下。

② 如果有键按下，则进行延时消抖处理，再判断按键是否仍然闭合，确定有键稳定按下。

③ 利用扫描法逐行或逐列判断哪一键按下，并得到键码值和键号。

④ 等待按键释放，根据键码值转向不同的功能程序。

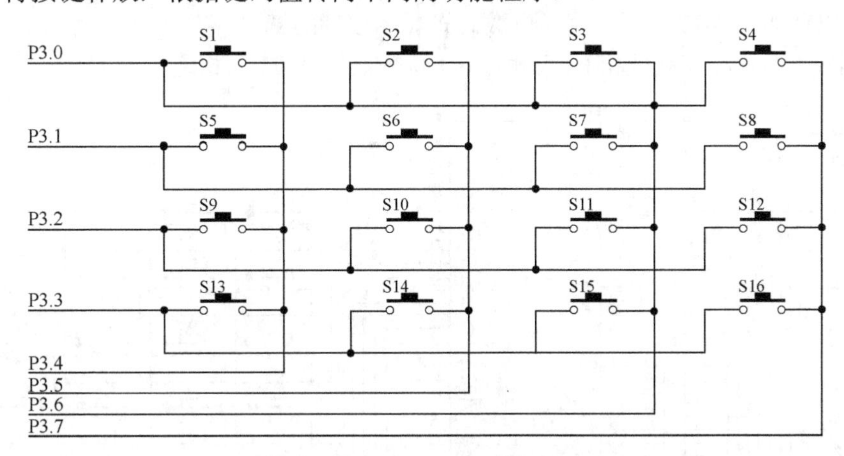

图4-16　矩阵键盘结构图

以图4-16为例，矩阵键盘的4根行线接P3.0～P3.3，4根列线接P3.4～P3.7，具体操作流程如下。

① 先判断是否有键按下。其方法为：让P3.0～P3.3（行线）全输出0，P3.4～P3.7（列线）作输入口。然后读P3口（列线值），若高4位P3.4～P3.7（列线）全为1，则键盘上无键按下；若P3.4～P3.7不全为1，则有键按下。

② 去除键的机械抖动。其方法为：当判别到键盘上有键按下后，延时一段时间再判别键盘的状态，若仍有键按下，则认为键盘上有一个键处于稳定的闭合状态，否则认为键抖动。

③ 判别闭合键的键号（逐行扫描）。其方法为：此处利用逐行扫描法，对键盘进行逐行扫描。为了方便描述，对矩阵键盘的每个按键进行编序号，按行列顺序分别为0～F。在扫描之前，要预先编写好一个数组——矩阵键盘键值数组，也就是当某个按键按下时对应的P3口值的数组。先扫描第一行，4根行线P3.3～P3.0输出1110，然后读列线的值（P3口）。如果第一行0号按键被按下，此时读P3口按键的键值为eeH，如表4-3所示。同理，得到其他按键的键值。按顺序把16个按键按下时的键值组合成一个数组 jp[]={0xee,0xde,0xbe,0x7e,0xed,0xdd,0xbd,0x7d,0xeb,0xdb,0xbb,0x7b,0xe7,0xd7,0xb7,0x77}。

在判断哪个按键按下时，对每行进行逐个扫描，只需把每次读出的P3口值和数组中的值进行逐个比较，没有相等的，说明此行无键按下；若找到相等的，说明此行有键按下，而且数组的序号即为闭合按键的序号。

表4-3　矩阵键盘行扫描键值表

	扫描值 P3.3～P3.0	读过来P3口的值（键号） P3.7～P3.0			
第一行	1110	ee（0）	de（1）	be（2）	7e（3）
第二行	1101	ed（4）	dd（5）	bd（6）	7d（7）
第三行	1011	eb（8）	db（9）	bb（A）	7b（B）
第四行	0111	e7（C）	d7（D）	b7（E）	77（F）

④ 使 CPU 对按键的一次闭合仅作一次处理。采用的方法是等待闭合键释放以后再作处理

（4）举例

例 4： 电路如图 4-17 所示，用 1 位数码管显示按键的键号。

在此例中，4×4 矩阵键盘和 P2 口相连，1 位数码管和 P1 口相连。

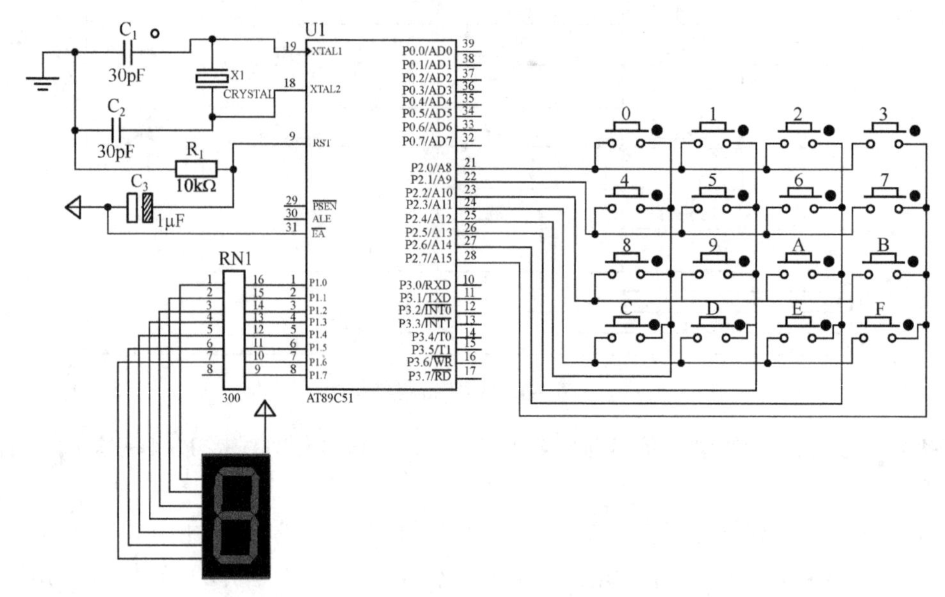

图 4-17　显示键号电路图

程序清单如下：

```
/*****************************************************************************/
#include <REG51.h>
#include <INTRINS.H>
unsigned char code sz1[]={0xc0,0xf9,0xa4,0xb0,0x99,0x92,0x82,0xf8,0x80,0x90,0x88,0x83,
0xc6,0xa1,0x86,0x8e};                          //数码管段值数组
unsigned char code jp[]={0xee,0xde,0xbe,0x7e,0xed,0xdd,0xbd,0x7d,0xeb,0xdb,0xbb, 0x7b,
0xe7,0xd7,0xb7,0x77};                          //矩阵键盘的键值数组
unsigned char c=0;                             //定义 c 变量，用来存放键号
void delay(unsigned int t)
{
 unsigned char i;
 while(t--)
 {
  for(i=0;i<125;i++);
 }
}
void sm()                              //行扫描子程序
{
 unsigned char j,n,a,m=0xfe;
 for(j=0;j<4;j++)                      //4 行扫描
 {
```

```
      P2=m;                              //扫描值给 P2
      n=P2;                              //读 P2 值（含有列值）给 n
      for(a=0;a<16;a++)                  //与数组中的 16 个值逐个进行比较
      {
       if(jp[a]==n)                      //如果找到相等的，则序号即为键号
       {
        c=a;
        while((P2&0xf0)!=0xF0);          //等待按键释放
       }
      }
     m=_crol_(m,1);                      //扫描下一行
   }
 }
 void main()
 {
   unsigned char k;
   while(1)
   {
    P2=0xf0;                             //P2.0～P2.3（行线）全输出 0， P2.4～P2.7（列线）作输入口
    k=P2;                                //读 P2 口
    k=k&0xf0;                            //只要得到高 4 位（列线值）。
    if(k!=0xf0)                          //如果列值全为 1（1111 即 F)，有键按下
    {
     delay(5);                           //延时消抖
     if(k!=0xf0)                         //再判断
     sm();                               //行扫描子程序
     P1=sz1[c];                          //显示键号
     }
    }
   }
  /*******************************************************************************/
```

程序说明：

- 程序中用到了变量 c，用来存放按键的键号，因为主程序、子程序都用到了该变量，所以将它定义为全局变量。
- 矩阵键盘程序较长，关键是理解行扫描的原理，它对于掌握程序有很大帮助。
- 程序中用到了键值数组，如果矩阵键盘和单片机的连接改变，那么数组也会随之改变。
- 在行扫描子程序中，通过循环左移函数得到下一行的扫描值。
- 在单片机应用系统中，键盘扫描只是系统的部分程序。进行软件系统编程时，一般作为子程序调用或中断服务程序使用。矩阵式键盘尽管比独立式键盘复杂，但有了上述子程序后，只要学会调用，甚至不需要知道键盘扫描程序是如何编写的，复制即可，编程也就变得十分简单了。从这可以看出平时注意查阅资料，收集实用子程序，掌握子程序的调用，对提高编程效率很重要。

4.3 项目实现

4.3.1 设计思路

本项目要求设计 00～99 秒倒计时，另外设置 K1（加 1）、K2（减 1）、K3（暂停）、K4（开始）四个按键实现秒数的控制。首先可以利用单片机的定时/计数器来产生秒信号，利用两位数码管动态显示，通过独立按键实现秒数的控制。

4.3.2 硬件电路设计

根据题意，设计的硬件电路图如图 4-18 所示。单片机的 P2 口连接两位数码管段值端，动态显示倒计时的秒数。4 个按键分别接在 P1.0～P1.3，用来实现倒计时的开始和暂停以及倒计时初值的加 1 和减 1。发光二极管 D1 和 P1.7 相连，用来倒计时到 0 时发出报警信号，只要 P1.7 输出低电平就可以点亮发光二极管。

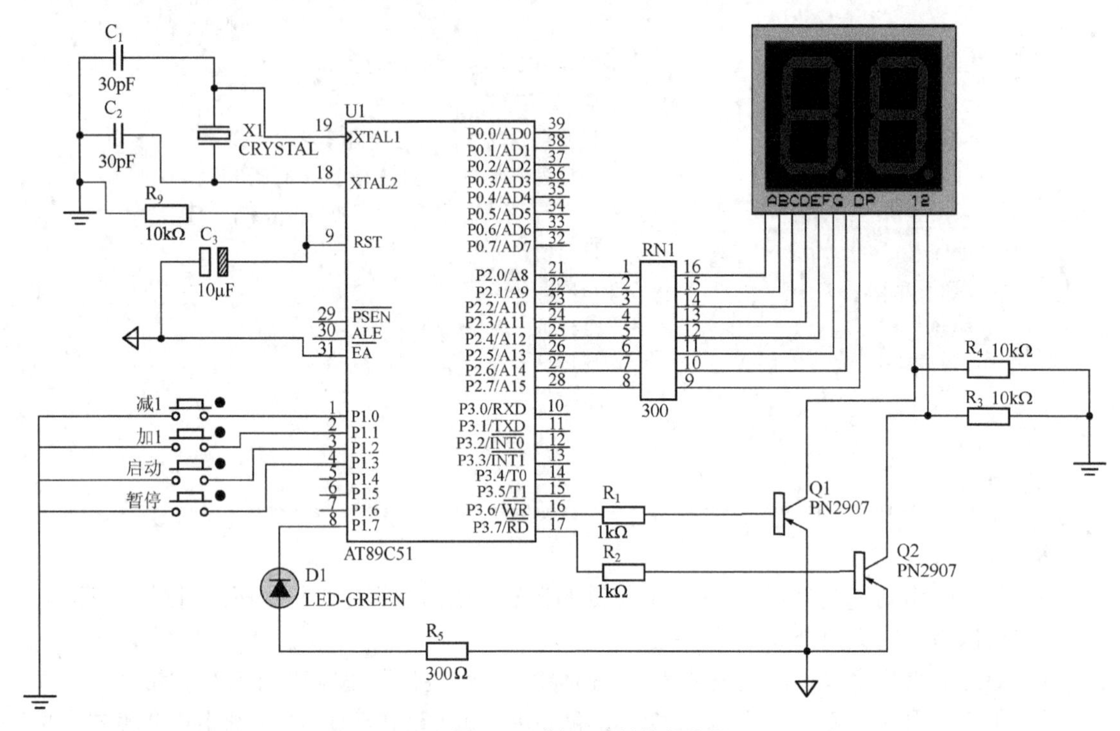

图 4-18　倒计时硬件电路图

4.3.3 程序设计

首先利用单片机的 T0 产生 50ms 的定时，累计 20 次，就可以产生 1 秒的信号。1 秒到了，计数值自减 1 实现倒计时。倒计时到 0 时，点亮 LED 报警。计数值的显示采用动态显示，利用前面讲过的动态显示的 4 步完成。4 个按键的处理程序采用并列结构来判断哪个按键是否按下，然后去执行相关的操作。程序清单如下：

```
/*****************************************************************************/
#include <REG51.h>
unsigned char code sz1[]={0xc0,0xf9,0xa4,0xb0,0x99,0x92,0x82,0xf8,0x80,0x90 };
sbit seg1=P3^6;
sbit seg2=P3^7;
sbit k1=P1^0;
sbit k2=P1^1;
sbit k3=P1^2;
sbit k4=P1^3;
sbit LED=P1^7;
unsigned char m,n=10;
void delay(unsigned int a)                      //1ms 延时  //
{
  unsigned char i;
  while(a--)
  {
     for(i=0;i<120;i++);
  }
}
void disp( unsigned char t)                     //显示子程序  //
{
 unsigned char i,j;
 i=t/10;
 j=t%10;
 P2=sz1[i];
 seg1=0;
 delay(2);
 P3=0xff;
 P2=sz1[j];
 seg2=0;
 delay(2);
 P3=0xff;
}
void main()                                     //主程序//
{
P1=0XFF;
EA=1;
ET0=1;
TMOD=0x01;
```

```
TH0=(65536-50000)/256;
TL0=(65536-50000)%256;
while(1)
{
 disp(n);
 if(k1==0)
 {
  delay(5);
  if(k1==0)
  {
   while(k1==0);
   n--;
  }
 }
 if(k2==0)
 {
  delay(5);
  if(k2==0)
  {
   while(k2==0);
   n++;
  }
 }
 if(k3==0)
 {
  delay(5);
  if(k3==0)
  {
   while(k3==0);
   TR0=1;
  }
 }
 if(k4==0)
 {
  delay(5);
  if(k4==0)
  {
  while(k4==0);
  TR0=0;
  }
```

```
    }
   }
  }
  void lsd() interrupt 1                       //定时器定时 50ms   //
  {
   TH0=(65536-50000)/256;
   TL0=(65536-50000)%256;
   if(++m>19)
   {
     n=n-1;
     if(n==0)
     {
      LED=0;
      while(1)
      {
       disp(0);
      }
     }
    else
    m=0;
   }
  }
/*************************************************************************/
```

程序说明：

- 单片机在倒计时的时候是以二进制（十六进制）进行的，而要显示的倒计时值是十进制的，所以显示程序中有十六进制到十进制的转换，并且把显示程序编写成了子程序，以后在用到时可以随时调用。
- 4 个独立按键的处理程序采用并列结构，逐个判断。每个按键程序的结构也是固定的，流程是：判断→延时消抖→再判断→释放按键→操作。
- 程序中用到 m 存放 50ms 的次数，n 存放倒计时值，在主程序、子程序都用到，所以定义为全局变量。

4.3.4　仿真调试

在计算机上运行 Keil，首先新建一个项目，项目使用的单片机为 AT89C51，这个项目暂且命名为 djs；然后新建一个文件，并保存为“djs.c”件，并添加到工程项目中。直接在 Keil 软件界面中编写程序，也可以先把程序清单形成一个 TXT 文件，然后剪切到 Keil 的程序编辑界面中。当程序设计完成后，通过 Keil 编译并创建 djs.HEX 目标文件。在 Keil 的应用过程中，由于编译过程产生很多文件，因此新建的项目需在一个目录中建立。

在安装过 Proteus 软件的 PC 上运行 ISIS 文件，即可进入 Proteus 电路原理仿真界面，利用该软件仿真时操作比较简单，其过程是首先构造电路，然后双击单片机加载 HEX 文件，最后执行仿真。Proteus 界面以及本案例的仿真电路如图 4-19 所示。仿真过程中，单片机加载程序模拟运行实际状态。电路中单片机采用 AT89C51，单片机默认为最小系统，也可以不需要再外接晶体振荡电路和复位电路。

按下“仿真”按钮，数码管显示初始计数初值，本例中设为 10。如果想把计数初值改为 15，可通过加 1 和减 1 键修改，直到使数码管显示 15，然后按下“启动”按钮，系统开始从 15 倒计时。在倒计时的过程中，可以随时按下“暂停”键暂停计数，可以按下“启动”按键再开始计数，如图 4-19 所示。当计数到 0 时，数码管显示 00，发光二极管 D1 点亮报警计时结束，如图 4-20 所示。

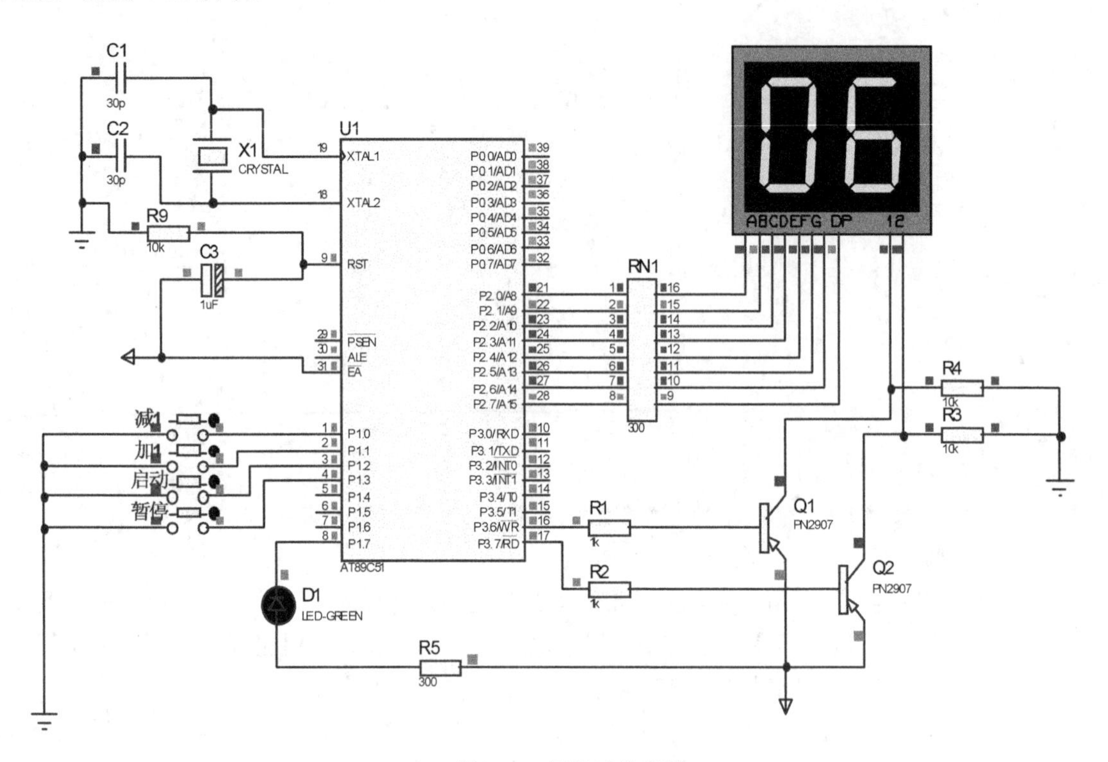

图 4-19　倒计时仿真图

【项目总结】

1. 在单片机驱动数码管动态显示的电路中，由于单片机 I/O 口的驱动能力有限，所以为了取得好的效果要加驱动电路。驱动电路可以有多种方法：三极管、译码器、驱动器、缓冲器、锁存器等。

2. 键盘的种类有独立式键盘和矩阵式键盘。独立式键盘连接简单，编程简单，但占据线太多；矩阵式键盘连接复杂，编程较复杂，占据线少。这里重点理解矩阵式键盘的扫描过程。

3. 掌握好单片机定时中断的关键是理解定时中断的整个过程。另外就是掌握程序结构：主程序、中断服务程序。主程序包括中断初始化、CPU 平时做的事情、等待 1 次定时时间到；中断服务程序是定时时间到后外设要求 CPU 响应中断后做的事情。

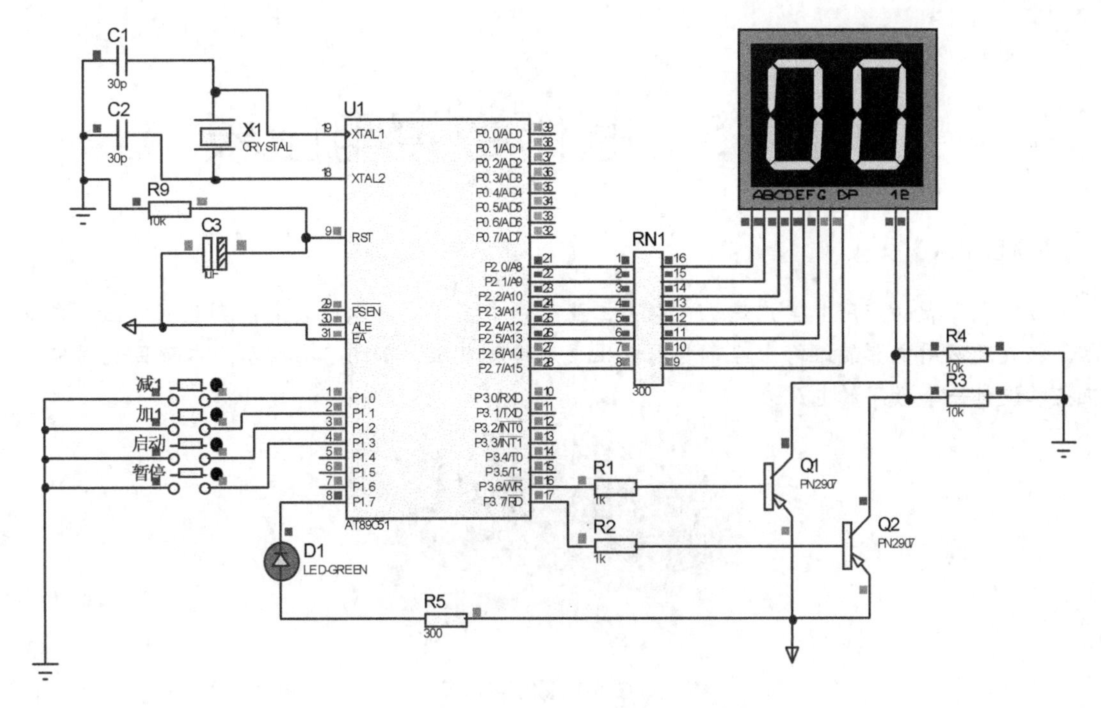

图 4-20　倒计时倒计到 0 时仿真图

思考与练习

1．如何理解加法计数器和减法计数器？

2．定时/计数器在什么情况下是定时器？在什么情况下是计数器？

3．试归纳 AT89C51 单片机的定时/计数器 0、1、2 三种工作方式的特点、初始化设置及使用方法。

4．定时/计数器的最大定时容量、定时容量、初值之间的关系如何？

5．已知 f_{OSC}＝6MHz，试编写程序，使 P1.7 输出高电平宽 40μs，低电平宽 360μs 的连续矩形脉冲。

6．试用单片机的片内定时/计数器编制电子钟程序，要求显示时、分、秒。

7．在图 4-17 中，如果把 P2.0～P2.3 接矩阵键盘的列，把 P2.4～P2.7 接矩阵键盘的行，程序应如何修改？

项目 5　制作数字电压表

【项目引入】

数字电压表的应用非常广泛，在电力工业生产中经常要用电压表来检测电网电压，在仪器、仪表及家用电器的维修中经常要用电压表来检测电压，如图 5-1 所示。本项目利用单片机技术设计一个数字的电压表。

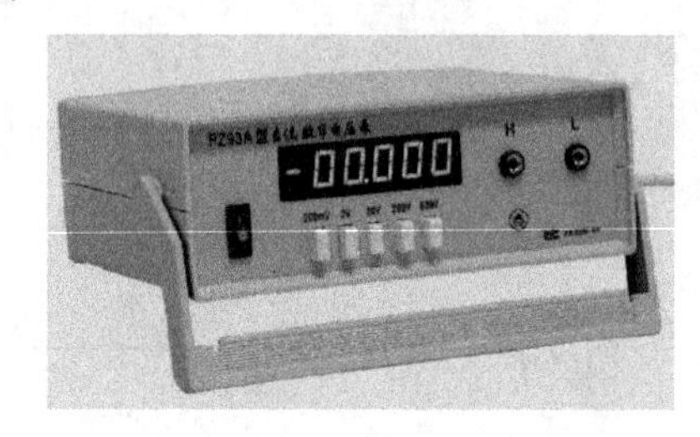

图 5-1　数字电压表

【知识目标】

- 掌握 A/D 转换原理;
- 进一步深化掌握数码管的动态显示知识。

【技能目标】

- 能够正确选用和使用 A/D 转换器;
- 能够会用 Keil C51 对程序进行编译调试;
- 能够会用 Proteus 绘制含有 A/D、数码管的电路，并能对电路进行仿真。

5.1　任务描述

利用单片机和 A/D 转换器设计一个测量系统，可以测量 0～5V 的模拟电压，并把结果在数码管上显示出来。

5.2　准备知识

在实施项目前先介绍一下 A/D 转换。

由于计算机本身只能处理数字量（二进制代码），而在计算机应用领域中，特别是在实时控制系统中，常需要把外界连续变化的物理量（如温度、压力、流量、速度），变成数字量输入计算机进行加工、处理，这称为前向通道（A/D）。

反之，也需要把计算机计算结果的数字量转换成连续变化的模拟量输出，用以控制、调节执行机构，实现对被控对象的控制，这为后向通道（D/A）。

这种把模拟量变成数字量和把数字量转换成模拟量，就称为模/数和数/模转换。实现这类转换的器件，就称为模/数（A/D）和数/模（D/A）转换器。

1．概述

（1）分类

A/D转换器用于实现模拟量到数字量的转换，按转换原理可分为4种：计数式A/D转换器、双积分式A/D转换器、逐次逼近式A/D转换器和并行式A/D转换器。目前最常用的是逐次逼近式A/D转换器和双积分式A/D转换器。

逐次逼近式A/D转换器是一种转换速度较快、精度较高的转换器。其转换时间大约在几微秒到几百微秒之间，其转换公式 $V_{ref}/V_{in}=2^n/D$，其中 V_{ref} 为参考电压，V_{in} 为输入电压，D 为输出数字量，n 为数字量的位数，如图5-2所示。ADC0801～ADC0805型8位MOS型A/D转换器为美国国家半导体公司产品，它是目前流行的中速廉价型产品，片内有三态数据输出锁存器，单通道输入，转换时间约100μs左右。ADC0808/0809型8位MOS型A/D转换器。可实现8路模拟信号的分时采集，片内有8路模拟选通开关，以及相应的通道地址锁存用译码电路，其转换时间为100μs左右。ADC0816/0817，这类产品除输入通道数增加至16个以外，其他性能与ADC0808/0809型基本相同。

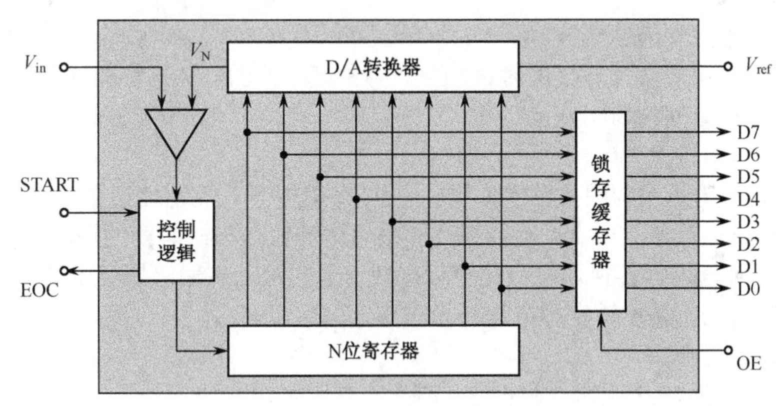

图5-2　逐次逼近式A/D转换

双积分式A/D转换器的主要优点是转换精度高，抗干扰性能好，价格便宜，但转换速度较慢，其转换公式 $V_{ref}/V_{in}=T_2/T_1$，其中 V_{ref} 为参考电压，V_{in} 为输入电压，T_2、T_1 为积分器的两次积分时间。因此这种转换器主要用于转换速度要求不高的场合。常用的这种产品有ICL7106/ICL7107/ICL7126系列、MC1443以及ICL7135等。

（2）A/D转换器的主要技术指标

① 分辨率。分辨率是指输出数字量变化一个数码所需输入的模拟电压的变化量。常用输出二进制的位数表示分辨率。例如12位ADC的分辨率就是12位；或者说分辨率为满刻度的 $1/2^{12}$。一个满刻度为5V的ADC，分辨率是12位，那么它能分辨输入电压变化最小值是 $5\times1/2^{12}=1.2\text{mV}$

位数越多，分辨率越高，转换精度越高。

② 量化误差。A/D 转换器把模拟量转化为数字量，用数字量近似表示模拟量，这个过程称为量化。量化误差是 A/D 转换器的有限位数对模拟量进行量化而引起的误差。

实际上要准确表示模拟量，A/D 转换的位数需很大甚至无穷大。一个具有有限分辨率的 A/D 转换的转换特性曲线与具有无限分辨率的 A/D 转换特性曲线之间的最大偏差即是量化误差。

③ 转换速度。转换速度是指每秒转换完成的次数，是完成一次转换所需的时间的倒数。转换时间是指由启动转换命令到转换结束信号开始有效的时间间隔。例如 ADC0809 的转换时间为 100μs。

2．ADC0809

（1）简介

ADC0809 是典型的 8 位逐次逼近式并行 A/D 转换器，采用 CMOS 工艺，片内有 8 个通道，可对 8 路模拟电压量实现分时转换。ADC0809 的主要特性介绍如下。

① 分辨率为 8 位。

② 精度：ADC0809 小于±1LSB（ADC0808 小于±1/2LSB）。

③ 单电源+5V 供电，参考电压由外部提供，模拟输入电压范围为 0～+5V。

④ 具有锁存控制的 8 路输入模拟选通开关。

⑤ 具有可锁存三态输出，输出电平与 TTL 电平兼容。

⑥ 功耗为 15mW。

⑦ 不必进行零点和满度调整。

⑧ 转换速度取决于芯片外接的时钟频率。时钟频率范围：10～1280kHz。典型值为时钟频率 640kHz，转换时间约为 100μs。

（2）内部逻辑结构

ADC0809 内部逻辑结构图如图 5-3 所示，由 8 路模拟开关及地址锁存与译码器、8 位 A/D 转换器、三态输出锁存器组成。8 路模拟开关根据地址锁存与译码器的输出选择模拟量分时输入，供 A/D 转换器进行转换。转换结束后，数字量送给三态输出锁存器锁存。当 OE 为高电平时，才可以从三态输出锁存器取走转换结束的数字量。

（3）ADC0809 引脚

ADC0809 芯片有 28 个引脚，如图 5-4 所示，其引脚定义如下。

IN7～IN0：8 条模拟量输入通道，输入电压范围为 0～5V。

D0～D7：8 位数字量的输出端。有时也标为 2^{-1}MSB～2^{-8}LSB，其中最高位是 MSB，最低位是 LSB。

C、B 和 A：通道号选择输入端。其中 A 是最低位，这三个引脚上所加电平的编码为 000～111，分别对应于选通通道 IN0～IN7。

ALE：通道号锁存控制端。当它为高电平时，将 C、B 和 A 三个输入引脚上的通道号选择码锁存，也就是使相应通道的模拟开关处于闭合状态。实际使用时，常把 ALE 和 START 连在一起，在 START 端加上高电平启动信号的同时，将通道号锁存起来。

START：启动转换信号输入端。当给 START 一个正脉冲时，启动转换。

CLK：外部时钟输入。输入范围为 500kHz～1MHz，典型值为 640kHz，转换时间为 100μs。时钟信号有时可由单片机 ALE 经分频得到。

$V_{ref(+)}$、$V_{ref(-)}$：两个参考电压输入端。一般情况下 $V_{ref(+)}$ 与 V_{CC} 相连接，$V_{ref(-)}$ 与 GND 相连接。

EOC：转换结束指示端。平时它为高电平，在转换开始后及转换过程中为低电平，转换结束，它又变为高电平。此端可作查询或取反后作中断请求信号。

OE：输出使能端。此脚为高电平时，即打开输出缓冲器三态门，可以读出转换后的数字量数据。

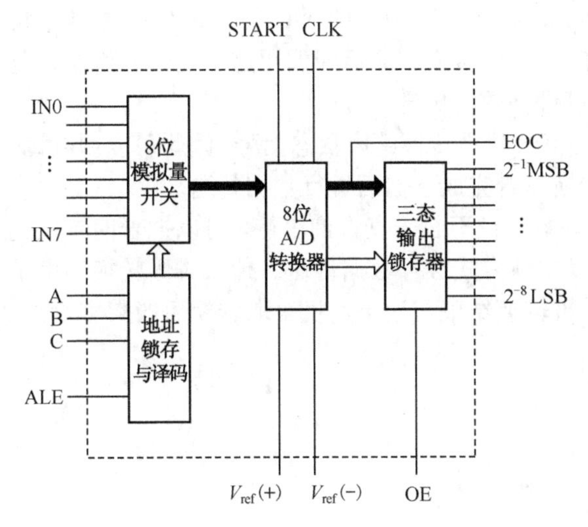

图 5-3　ADC0809 内部逻辑结构图

引脚	名称	名称	引脚
1	IN3	IN2	28
2	IN4	IN1	27
3	IN5	IN0	26
4	IN6	A	25
5	IN7	B	24
6	START	C	23
7	EOC	ALE	22
8	D3	D7	21
9	OE	D6	20
10	CLK	D5	19
11	V_{CC}	D4	18
12	$V_{ref}(+)$	D0	17
13	GND	$V_{ref}(-)$	16
14	D1	D2	15

图 5-4　ADC0809 引脚图

（4）ADC0809 的工作过程

ADC0809 的工作时序图如图 5-5 所示，其工作过程介绍如下。

① 首先确定 A、B、C 三位地址，从而选择模拟信号由哪一路输入。

② ALE 端接收正脉冲信号，使选择的模拟信号 V_{in} 进入比较器的输入端。

③ CLK 端接收 500kHz～1MHz 的脉冲信号；START 端接收正脉冲信号，START 的上升沿将逐次逼近寄存器复位，下降沿启动 A/D 转换。

④ EOC 输出信号变低，表示转换正在进行。

⑤ A/D 转换结束，EOC 变为高电平，表示 A/D 转换结束。此时，数据已保存到 8 位三态输出锁存器中。CPU 可以通过使 OE 信号为高电平，打开 ADC0809 三态输出，将转换后的数字量送至 CPU。

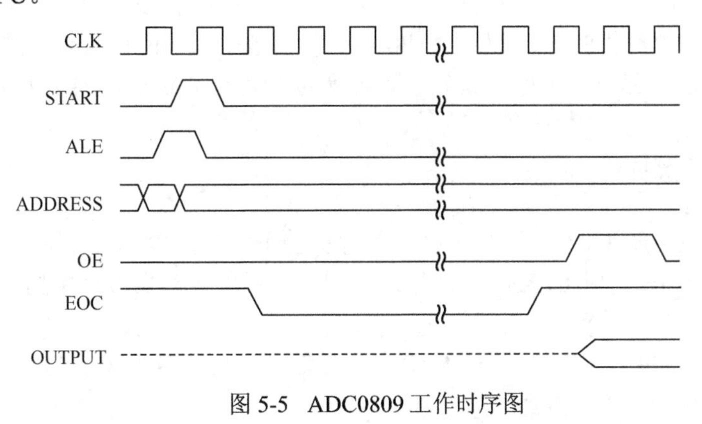

图 5-5　ADC0809 工作时序图

（5）ADC0809 与单片机的接口

A/D 转换后得到的是数字量的数据，这些数据应传送给单片机进行处理。数据传送的关键问题是如何确认 A/D 转换完成，因为只有确认数据转换完成后，才能进行传送。为此可采用下述三种接口方式。

① 等待延时方式。对于一种 A/D 转换器来说，转换时间作为一项技术指标是已知的和固定的。

例如，若 ADC0809 转换时间为 128μs，相当于 6MHz 的 MCS-51 单片机的 64 个机器周期。根据这个时间可设计一个延时子程序，A/D 转换启动后即调用这个延时子程序，延迟时间一到，转换肯定已经完成了，接着就可进行数据传送。

② 查询方式。ADC0809 的 EOC 端的信号就是转换结束状态信号。因此可以用查询方式，软件测试 EOC 的电平状态，即可确知转换是否完成，然后进行数据传送。

③ 中断方式。若转换速度较慢的话，单片机不必一直查询等待，可以把表明转换完成的状态信号（EOC）作为中断请求信号，以中断方式进行数据传送。什么时候转换结束了，即通过 EOC 向单片机提出中断，告诉单片机转换结束，让单片机来取转换后的数字量。

5.3 项目实现

5.3.1 设计思路

本项目需要设计一个数字电压表，用来测量 0～5V 的电压，并且显示出来。单片机只能处理数字量，0～5V 的电压是模拟量，所以要用到 A/D 转换器，根据题意，选择 ADC0809 即可。0～5V 的电压送给 ADC0809 转换，转换后的数字量送给单片机处理，利用数码管动态显示。

5.3.2 硬件电路设计

根据题意，设计的数字电压表的硬件电路图如图 5-6 所示。用滑动变阻器的调整端模拟 0～5V 的输入电压，ADC0809 的 ADDA、ADDB、ADDC 都输入低电平，所以输入电压从 ADC0809 通道 0 输入。ADC0809 的 ALE 和 START 连接在一起，和单片机的 P2.1 相连，CLK 和单片机的 P2.2 相连，EOC 和单片机的 P2.0 相连，OE 和单片机的 P2.3 相连。经过 ADC0809 转换后的数字量和单片机的 P0 口相连，P0 口外接上拉电阻。两位数码管的位选端和单片机的 P3.4、P3.5 相连，利用三极管作驱动，数码管的段值端和单片机 P1 口相连。

5.3.3 程序设计

根据题意以及 ADC0809 的工作过程，单片机整个工作流程介绍如下。

（1）给 ADC0809 提供 CLK 时钟信号：利用单片机的定时器 0 产生周期 2μs 方波信号作为 CLK。

（2）给 ADC0809 提供有效的 START、ALE 信号，启动转换 V_{in}。START、ALE 需要正脉冲，单片机通过置 1 或 0 得到脉冲信号。

（3）转换过程中，EOC=0；当转换结束时，EOC=1（转换时间大概 100μs 左右）：单片机利用查询等待方式，检测 EOC 的电平信号。

（4）转换结束后，设置 OE=1 后，单片机才可以读取转换后的数字量：OE=1；m=P0。

（5）数字量送数码管显示。

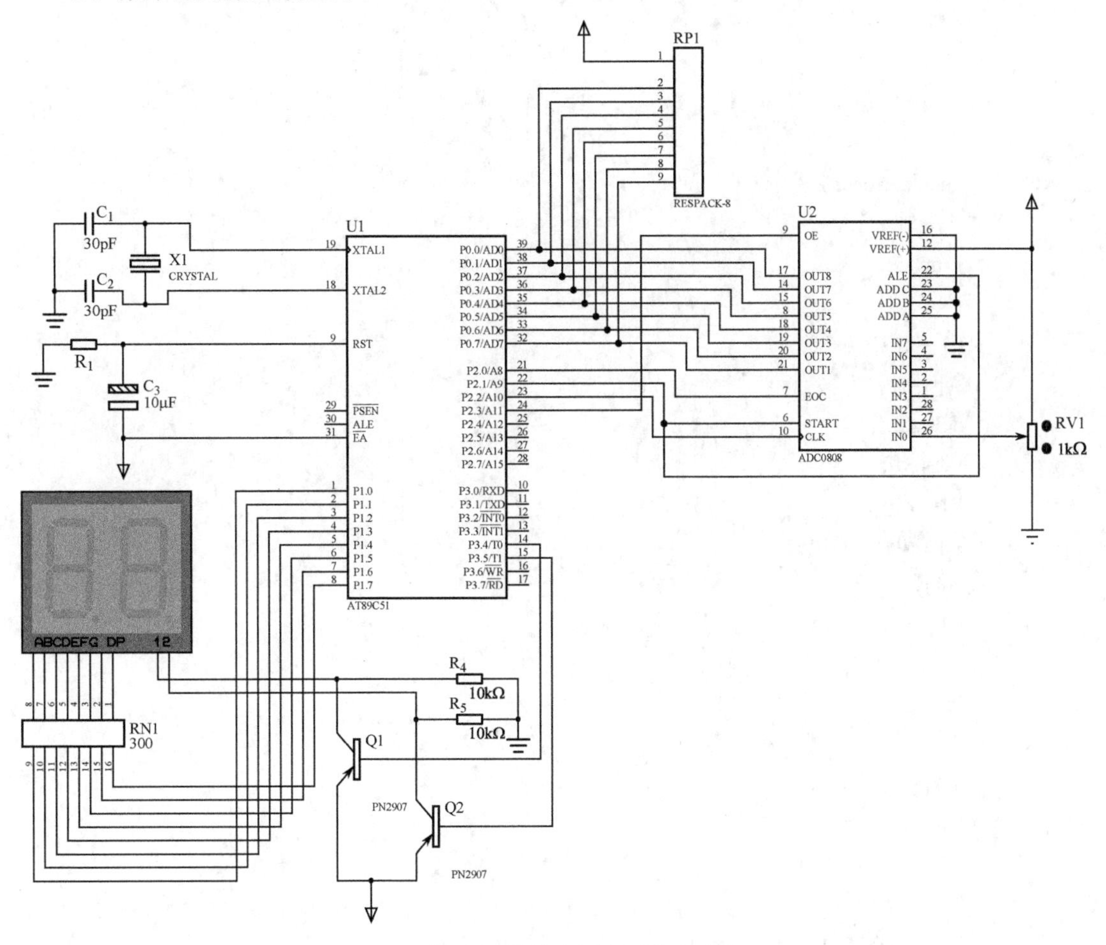

图 5-6　数字电压表硬件电路图

程序清单如下：

```
/*****************************************************************************/
#include <REG51.h>
unsigned char code sz2[]={0xc0,0xf9,0xa4,0xb0,0x99,0x92,0x82,0xf8,0x80,0x90};
sbit eoc=P2^0;
sbit start=P2^1;
sbit clock=P2^2;
sbit oe=P2^3;
sbit seg1=P3^4;
sbit seg2=P3^5;
void delay(unsigned int a)
{
```

```
unsigned char b;
while(- -a!= 0)
 {
 for(b=0;b<125;b++);
 }
}
void disp(unsigned char m)
{
  unsigned char i,j;
  i=m/51;
  j=m%51;
  j=j/5;
  P1=sz1[i] -0x80;
  seg1=0;
  delay(2);
  P3=0xff;
  P1=sz2[j];
  seg2=0;
  delay(2);
  P3=0xff;
 }
void main()
{
  unsigned char m;
  EA=1;
  ET0=1;
  TMOD=0x01;
  TH0=(65536-1)/256;
  TL0=(65536-1)%256;
  TR0=1;
  while(1)
  {
   start=0;
   delay(1);
   start=1;
   delay(1);
   start=0;
   delay(1);
   while(eoc==0);
   oe=1;
   m=P0;
```

```
    disp(m);
    oe=0;
  }
}
void lsd() interrupt 1
{
  TH0=(65536-1)/256;
  TL0=(65536-1)%256;
  clock=~clock;
}
/*******************************************************************************/
```

程序说明：

- ADC0809 编程的要点是掌握它的工作过程，按照工作过程编程即可。
- ADC0809 的 CLK 引脚，需要 500kHz～1MHz 的脉冲信号，可以把单片机的锁存地址允许信号作为 CLK 信号，也可用单片机来产生此脉冲信号，本题属于后者。用单片机的 T0 工作在定时状态，定时 1μs 后取反信号，产生周期为 2μs 的脉冲信号。
- ADC0809 的 START、ALE 引脚需要正脉冲信号，程序中采用置低延时后再置高纯软件的方法产生。
- 在程序中，ADC0809 与单片机采用查询方式来检测 A/D 转换是否结束，此方法简单方便。
- ADC0809 转换后的数字量是二进制，要转换为对应的十进制电压的 BCD 码显示出来。因为转换后的数字量是 8 位的，转换的公式为：$V_i = 5D/2^8=D/51$，其中 D 是转换后的 8 位数字量，V_i 是模拟输入电压。程序中转换后含有 1 位小数。
- 在 disp 子程序中，语句“P1=sz1[i] –0x80”，是为了显示数字和小数点。

5.3.4　仿真调试

在计算机上运行 Keil，首先新建一个项目，项目使用的单片机为 AT89C51，这个项目暂且命名为 dyb；然后新建一个文件，并保存为“dyb.c”文件，并添加到工程项目中。直接在 Keil 软件界面中编写程序，也可以先把程序清单形成一个 TXT 文件，然后剪切到 Keil 的程序编辑界面中。当程序设计完成后，通过 Keil 编译并创建 dyb.HEX 目标文件。在 Keil 的应用过程中，由于编译过程产生很多文件，因此新建的项目需在一个目录中建立。

在安装过 Proteus 软件的 PC 上运行 ISIS 文件，即可进入 Proteus 电路原理仿真界面。利用该软件仿真时操作比较简单。其过程是首先构造电路，然后双击单片机加载 HEX 文件，最后执行仿真。把滑动变阻器的中间抽头和 ADC0809 的输入端相连，模拟输入电压，Proteus 界面以及本案例的仿真电路如图 5-7 所示。改变滑动变阻器抽头的位置，数码管显示的电压数值随之改变。滑动变阻器抽头滑到最上面，数码管显示 5.0；滑动变阻器抽头滑到最下面，数码管显示 0.0。

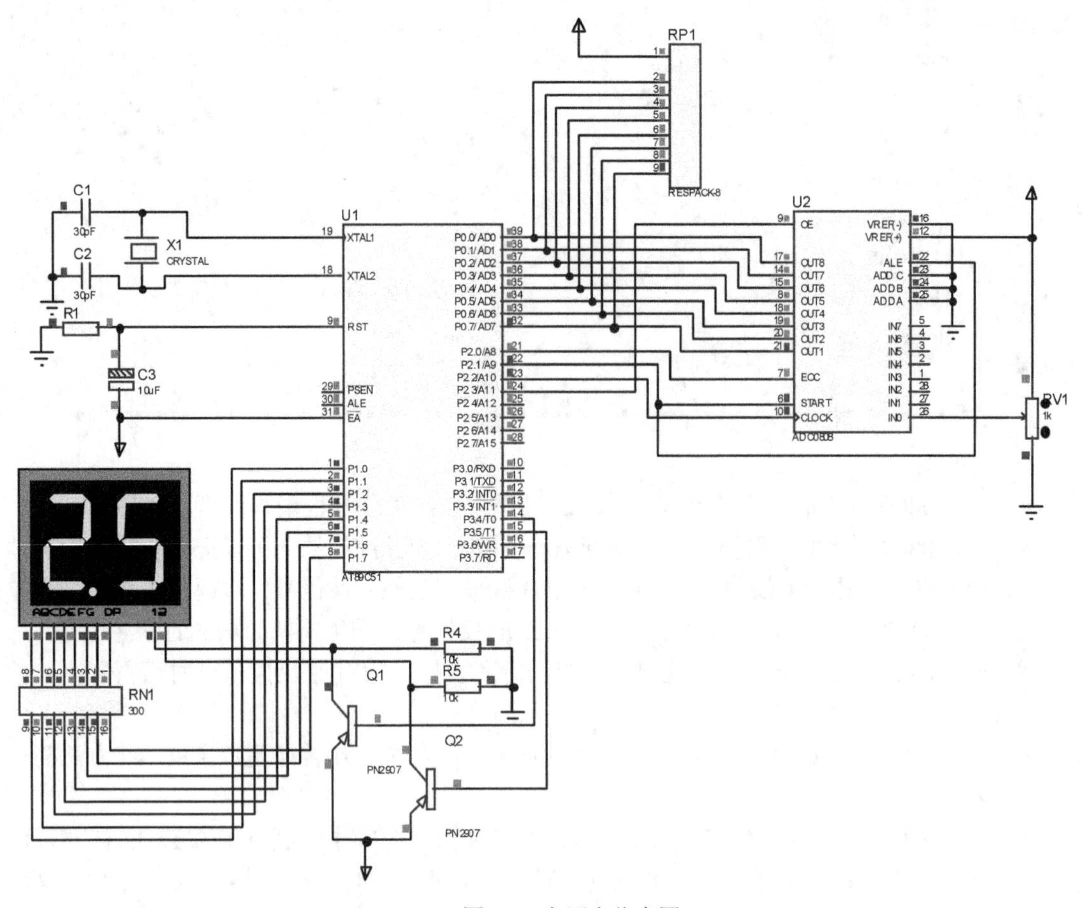

图 5-7 电压表仿真图

【项目总结】

1. A/D 转换就是把模拟量转化为数字量，实现 A/D 转换的芯片很多，有并行的、串行的，有 8 位的、12 位的，有积分式的、逐次逼近式的。

2. ADC0809 是一种把输入的模拟电压（0～5V）转化为 8 位数字量的转换器，转换公式为 $V_i = 5D/2^8$，其中 V_i 是输入的模拟电压，D 是输出的 8 位字量。

3. 单片机与 ADC0809 的接口方式有：查询方式、中断方式、等待方式。

思考与练习

1. 试述 ADC0809 的特性。
2. ADC0809 的时钟如何提供？通常采用的频率是多少？
3. 决定 ADC0809 模拟电压输入路数的引脚是哪几条？
4. 如果输入电压较小，数字电压表的电路和程序如何修改？

项目 6　制作数字温度计

【项目引入】

随着现代信息技术的发展，能够独立工作的温度检测和显示系统应用于诸多领域。传统的温度检测采用热敏电阻，可靠性相对较差。本项目要求设计一种数字温度计，如图 6-1 所示，采用液晶显示，直观准确。

图 6-1　数字温度计

【知识目标】

- 掌握 DS18B20 的应用方法;
- 掌握 LCD 的应用方法。

【技能目标】

- 会设计 DS18B20 的编程流程;
- 会应用 DS18B20 的引脚;
- 会应用 LCD1602 的引脚和编程流程。

6.1　任务描述

利用单片机和其他外围器件设计一个数字温度计，测量范围 0～100℃，要求用 LCD 显示温度值。

6.2　准备知识

6.2.1　DS18B20

单片机系统除了可以对电信号进行测量外，还可以通过外接传感器对温度信号进行测量。传统的温度检测大多以热敏电阻为传感器，但热敏电阻可靠性差、测量的温度不够准确，且必须经专门的接口电路将其转成数字信号后才能被单片机处理。DS18B20 是一种集成数字温度传感器，采用单总线与单片机连接即可实现温度的测量。本节内容主要介绍 DS18B20 的工作原理、工作时序和指令及编程流程。

1. DS18B20 工作原理

DS18B20 是美国 DALLAS 半导体公司推出的支持“一线总线”接口的温度传感器，它具有微型化、低功耗、高性能、抗干扰能力强、易配微处理器等优点，可直接将温度转化成串行数字信号供单片机处理，可实现温度的精度测量与控制。DS18B20 性能特点如表 6-1 所示。

表 6-1 DS18B20 性能指标

性　能	参　数	备　注
电源	电压范围在 3.0～5.5V，在寄生电源方式下可由数据线供电	
测温范围	–55℃～+125℃，在–10℃～+85℃时精度为±0.5℃	
分辨率	9～12 位，分别有 0.5℃，0.25℃，0.125℃和 0.0625℃	编程控制
转换速度	分辨率在 9 位时，小于 93.75ms；12 位分辨率时，小于 750ms	
总线连接点	理论值为 2^{48}，实际受延时、距离和干扰限制，最多几十个	

（1）封装外形

根据应用领域不同，DS18B20 常见有 TO-92、SOP8 等封装外形，如图 6-2 所示，表 6-2 给出了 TO-92 封装的引脚功能，其中 DQ 引脚是该传感器的数据输入/输出端（I/O），该引脚为漏极开路输出，常态下呈高电平。DQ 引脚是该器件与单片机连接进行数据传输单一总线，单总线技术是 DS18B20 的一个特点。

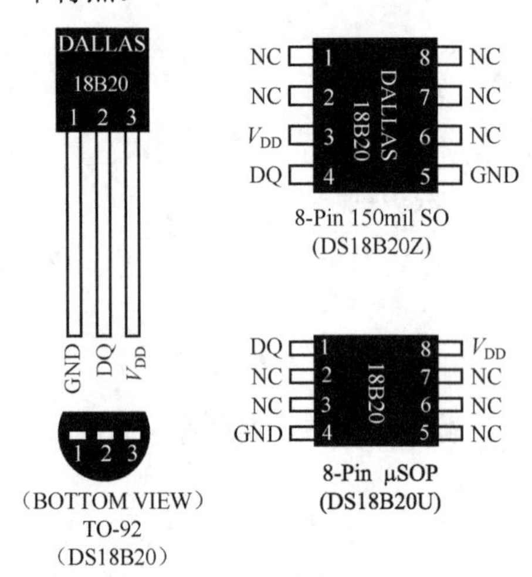

图 6-2 DS18B20 的外形及引脚排列

表 6-2 DS18B20 引脚功能描述

引 脚 序 号	名　称	描　述
1	GND	地信号
2	DQ	数据输入/输出（I/O）引脚
3	V_{DD}	电源输入引脚，当工作于寄生电源模式时，此引脚必须接地

（2）工作原理

DS18B20 的内部主要包括寄生电源、温度传感器、64 位激光 ROM 单线接口、存放中间数据的高速存储器、用于存储用户设定的温度上下限值的触发器、配置寄存器、存储与控制逻辑、8 位循环冗余校验码发生器等部分，如图 6-3 所示。

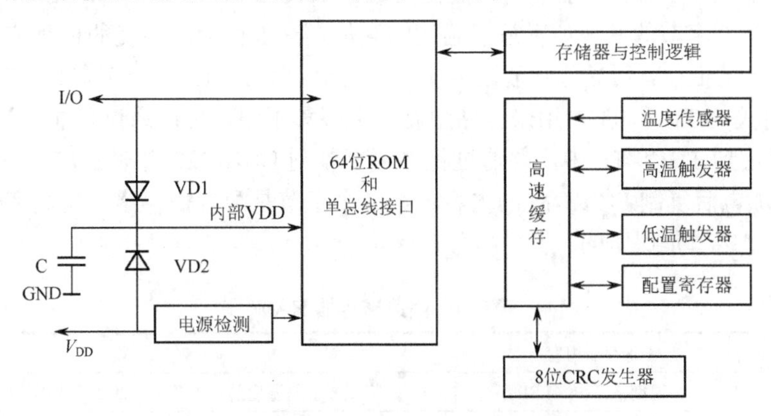

图 6-3　DS18B20 的内部结构图

64 位 ROM 中存储的信息是出厂前被光刻好的，存储的主要是序列号。由于每一个 DS18B20 的 ROM 数据都各不相同，因此单片机就可以通过单总线对多个 DS18B20 进行寻址，从而实现一根总线上挂接多个 DS18B20 的目的。

DS18B20 中的温度传感器完成对温度的测量，用 16 位符号扩展的二进制补码形式表示，如图 6-4 所示，数据格式以 0.0625℃/LSB 形式表达，其中 S 为符号位。以 12 位为例，如果测得的温度大于 0，这 5 位为 0，只要将测到的数字量数值乘于 0.0625 即可得到实际温度；如果温度小于 0，这 5 位为 1，测到的数字量数值需要取反加 1 再乘以 0.0625 即可得到实际温度。例如+125℃的数字输出为 07D0H，+25.0625℃的数字输出为 0191H，−25.0625℃的数字输出为 FF6FH，−55℃的数字输出为 FC90H。温度值与相应数字量的对应如表 6-3 所示。

	bit7	bit6	bit5	bit4	bit3	bit2	bit1	bit0
LS Byte	2^3	2^2	2^1	2^0	2^{-1}	2^{-2}	2^{-3}	2^{-4}

	bit15	bit14	bit13	bit12	bit11	bit10	bit9	bit8
MS Byte	S	S	S	S	S	2^6	2^5	2^4

图 6-4　16 位符号扩展的二进制补码形式

表 6-3　二进制与温度值的对应

温　　度/℃	二进制表示	十六进制表示
+125	00000111 11010000	07D0H
+25.0625	00000001 10010001	0191H
+10.125	00000000 10100010	00A2H
+0.5	00000000 00001000	0008H
0	00000000 00000000	0000H
−0.5	11111111 11111000	FFF8H
−10.125	11111111 01011110	FF5EH
−25.0625	11111110 01101111	FE6FH
−55	11111100 10010000	FC90H

配置寄存器主要用来设置 DS18B20 在工作模式还是在测试模式、温度计分辨率和最大转换时间，一般在出厂时已设定好，即设为工作模式、温度计分辨率为 12 位、最大转换时间 750ms，用户可以不要去改动，直接使用。

高速寄存器 RAM 由 9 个字节的存储器组成，如表 6-4 所示。其中，第 0、1 字节是温度转换有效位，第 0 字节的低 3 位存放了温度的高位，高 5 位存放温度的正负值；第 1 字节的高 4 位存放温度的低位，后 4 位存放温度的小数部分；第 2 和第 3 个字节是 DS18B20 的与内部 E^2PROM 有关的 TH 和 TL，用来存储温度的上限和下限，可以通过程序设计把温度的上、下限从单片机读到 TH 和 TL 中，并通过程序再复制到 DS18B20 内部 E^2PROM 中，同时 TH 和 TL 在器件加电后复制 E^2PROM 的内容；第 4 个字节是配置寄存器，其数字也可以更新；第 5，6，7 三个字节是保留的。

表 6-4　高速寄存器 RAM

字节地址编号	寄存器内容	功　能
0	温度值低位（LSB）	高 5 位是温度的正正负号，低 3 位为温度的高位
1	温度值高位（MSB）	高 4 位为温度的低位，低 4 位为温度小数部分
2	高温度值（TH）	设置温度上限
3	低温度值（TL）	设置温度下限
4	配置寄存器	
5	保留	
6	保留	
7	保留	
8	CRC 校验值	

（3）硬件连接

DS18B20 是单片机外设，单片机为主器件，DS18B20 为从器件。图 6-5 所示的接法用于单片机与一个 DS18B20 通信，单片机只需要一个 I/O 口就可以控制 DS18B20。为了增加单片机 I/O 口驱动的可靠性，总线上接有上拉电阻。如果要控制多个 DS18B20 进行温度采集，则只要将所有 DS18B20 的 DQ 全部连接到总线上就可以了，在操作时，通过读取每个 DS18B20 内部芯片的序列号来识别。

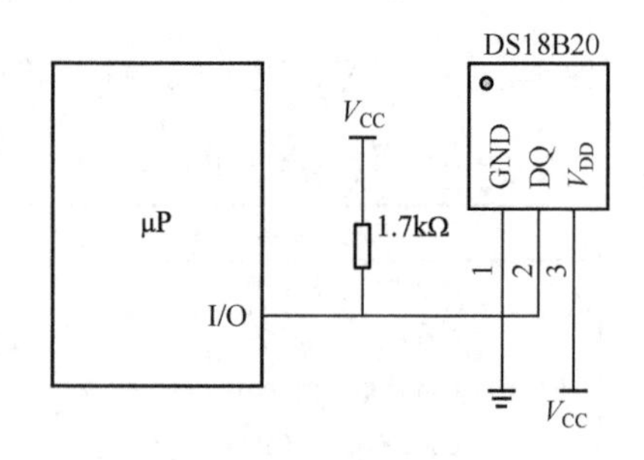

图 6-5　单片机与一个 DS18B20 通信

2．DS18B20 工作时序

单总线协议规定一条数据线传输串行数据，时序有严格的控制。对于 DS18B20 的程序设

计，必须遵守单总线协议。DS18B20 操作主要分初始化、写数据、读数据。下面分别介绍操作步骤。

（1）初始化

初始化是单片机对 DS18B20 的基本操作，时序如图 6-6 所示，主要目的是单片机感知 DS18B20 存在并为下一步操作做准备，同时启动 DS18B20，程序设计则根据时序进行。DS18B20 初始化操作步骤为如下。

① 先将数据线置高电平 1，然后延时（可有可无）。

② 数据线拉到低电平 0，然后延时 750μs（该时间范围可以在 480～960μs），调用延时函数决定。

③ 数据线拉到高电平 1。如果单片机 P1.0 接 DS18B20 的 DQ 引脚，则 P1.0 此时设置为高电平，称为单片机对总线电平管理权释放。此时，P1.0 的电平高低由 DS18B20 的 DQ 输出决定。

④ 延时等待。如果初始化成功则在 15～60μs 时间总线上产生一个由 DS18B20 返回的低电平 0，该状态可以确定 DS18B20 的存在。但是应注意，不能无限地等待，不然会使程序进入死循环，所以要进行超时判断。

⑤ 若单片机读到数据线上的低电平 0 后，说明 DS18B20 存在并相应进行延时，其延时的时间从发出高电平算起（第⑤步的时间算起）最少要 480μs。

⑥ 将数据线再次拉到高电平 1，结束初始化步骤。

从单片机对 DS18B20 的初始化过程来看，单片机与 DS18B20 之间的关系如同人与人之间对话，单片机要对 DS18B20 操作，必须先证实 DS18B20 的存在，当 DS18B2 响应后，单片机才能进行下面的操作。

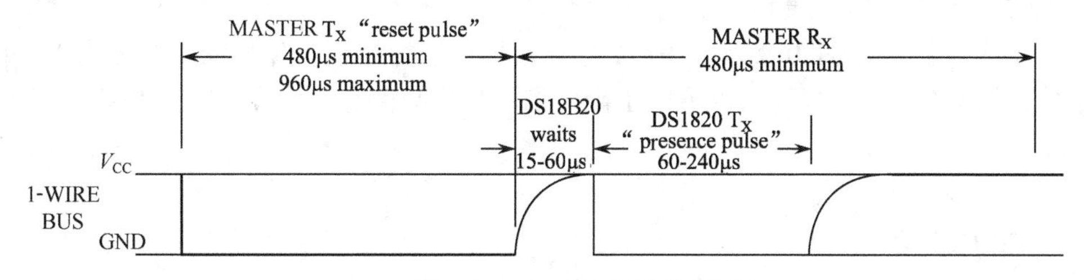

图 6-6　DS18B20 初始化时序

（2）对 DS18B20 写数据

① 数据线先置低电平 0，数据发送的起始信号，时序如图 6-7 所示。

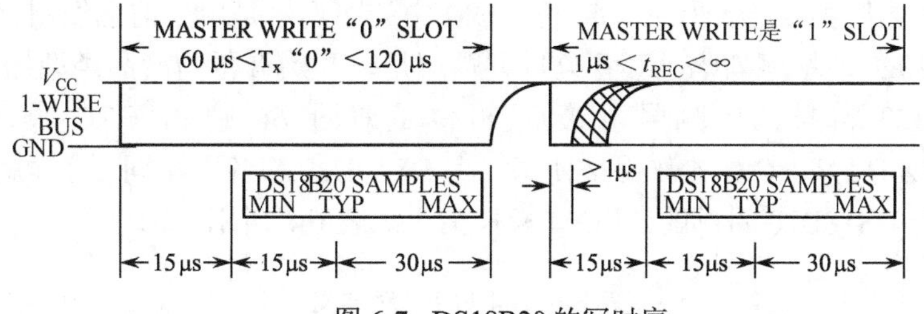

图 6-7　DS18B20 的写时序

② 延时确定的时间为 15μs。

③ 按低位到高位顺序发送数据（一次只发送一位）。

④ 延时时间为 45μs，等待 DS18B20 接收。

⑤ 将数据线拉到高电平 1，单片机释放总线。

⑥ 重复①～⑤步骤，直到发送完整个字节。

⑦ 最后将数据线拉高，单片机释放总线。

（3）DS18B20 读数据

① 将数据线拉高，时序图如图 6-8 所示。

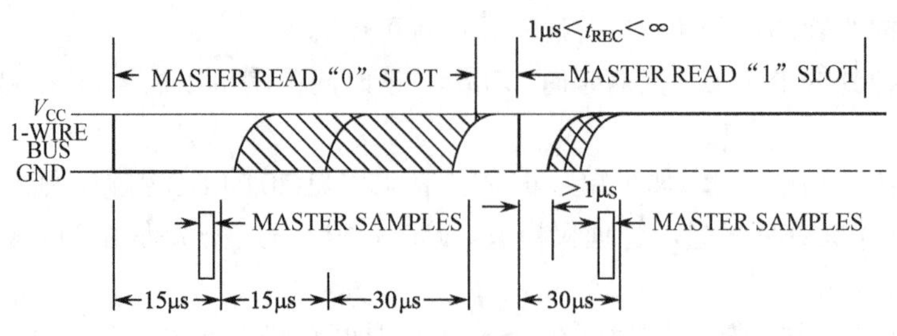

图 6-8 DS18B20 的读时序

② 延时 2μs。

③ 将数据线拉低到 0。

④ 延时 6μs，延时时比写数据时间短。

⑤ 将数据线拉高到 1，释放总线。

⑥ 延时 4μs。

⑦ 读数据线的状态得到一个状态位，并进行数据处理。

⑧ 延时 30μs。

⑨ 重复①～⑦步骤，直到读取完一个字节。

只有在熟悉了 DS18B20 操作时序后，才能对器件进行编程。由于 DS18B20 有器件编号、温度数据有低位高位，另外还有温度的上限，读取的数据较多，所以 DS18B20 提供了自己的指令。

3．DS18B20 指令

（1）ROM 操作指令

DS18B20 指令主要有 ROM 操作指令、温度操作指令两类。ROM 操作指令主要针对 DS18B20 的内部 ROM。每一个 DS18B20 都有自己独立的编号，存放在 DS18B20 内部 64 位 ROM 中，ROM 内容如表 6-5 所示。64 位 ROM 中的序列号是出厂前已经固化好的，它可以看做该 DS18B20 的地址序列码。其各位排列顺序是，开始 8 位为产品类型标号，接下来 48 位是该 DS18B20 自身的序列号，最后 8 位是前面 56 位的 CRC 循环冗余校验码（CRC=X8+X5+X4+1）。ROM 的作用是使每一个 DS18B20 都各不相同，这样就可以实现一条总线上挂接多个 DS18B20 的目的。ROM 操作指令如表 6-6 所示。

表 6-5　64 位 ROM 定义

8 位 CRC 码	48 位序列号	8 位产品类型标号

表 6-6　ROM 操作指令

指令代码	作　用
33H	读 ROM。读 DS18B20 温度传感器 ROM 中的编码（即 64 位地址）
55H	匹配 ROM。发出此命令之后，接着发出 64 位 ROM 编码，访问单总线上与该编码相对应的 DS18B20 并使之做出响应，为下一步对该 DS18B20 的读/写做准备
F0H	搜索 ROM。用于确定挂接在同一总线上 DS18B20 的个数，识别 64 位 ROM 地址，为操作各器件做好准备
CCH	跳过 ROM。忽略 64 位 ROM 地址，直接向 DS18B20 发温度变换命令，适用于一个从机工作
ECH	告警搜索命令。执行后只有温度超过设定值上限或下限的芯片才做出响应

在实际应用中，单片机需要总线上的多个 DS18B20 中的某一个进行操作时，事前应将每个 DS18B20 分别与总线连接，先读出其序列号；然后将所有的 DS18B20 连接到总线上，当单片机发出匹配 ROM 命令（55H），紧接着主机提供的 64 位序列找到对应的 DS18B20，之后的操作才是针对该器件的。

如果总线上只存在一个 DS18B20，就不需要读取 ROM 编码以及匹配 ROM 编码了，只要跳过 ROM(CCH)命令，就可进行温度转换和读取操作。

（2）RAM 操作指令

RAM 操作指令如表 6-7 所示，DS18B20 在出厂时温度数值默认为 12 位，其中最高位为符号位，即温度值共 11 位。单片机在读取数据时，依次从高速寄存器第 0、1 地址读 2 字节共 16 位，读完后将低 11 位的二进制数转换为实际温度值。0 地址对应的 1 个字节的前 5 个数字为符号位，这 5 位同时变化，前 5 位为 1 时，读取的温度为负值；前 5 位为 0 时，读取的温度为正值。若温度为正值，则只要将测得的数值乘以 0.0625 即可得到实际温度值。

表 6-7　RAM 操作指令

指令代码	作　用
44H	启动 DS18B20 进行温度转换，12 位转换时最长为 750ms（9 位为 93.75ms），结果存入内部 9 字节的 RAM 中
BEH	读暂存器。读内部 RAM 中 9 字节的温度数据
4EH	写暂存器。发出向内部 RAM 的第 2，3 字节写上限、下限温度数据命令，紧跟该命令之后的是传送两字节的数据
48H	复制暂存器。将 RAM 中第 2，3 字节的内容复制到 E^2PROM 中
B8H	重调 E^2PROM。将 E^2PROM 中内容恢复到 RAM 中的第 3，4 字节
B4H	读供电方式。读 DS18B20 的供电模式。寄生供电时，DS18B20 发送 0；外接电源供电时，DS18B20 发送 1

4．具体流程

DS18B20 单线通信功能是分时完成的，它有严格的时隙概念。如果出现序列混乱，1-WIRE 器件将不响应主机，因此读/写时序很重要。系统对 DS18B20 的各种操作必须按协议进行。根据 DS18B20 的通信协议，单片机每次访问 DS18B20 都必须遵循以下顺序。

① 对 DS18B20 进行复位初始化。

② 发送 ROM 指令。

③ 发送 RAM 操作指令。

④ 预定操作。

（1）温度的转换流程

DS18B20 进行一次温度的转换，时序图如图 6-9 所示，具体的操作如下。

① 对 DS18B20 进行复位操作。

② 发送 ROM 指令：跳过 ROM 的操作（CCH）。

③ 发送 RAM 操作指令：转换温度的操作命令（44H），后面释放总线至少 1 秒，让 DS18B20 完成转换的操作。

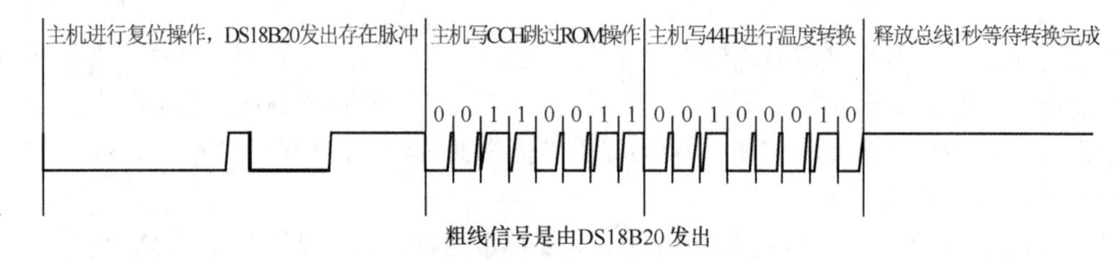

图 6-9　温度的转换流程时序

在这里要注意的是每个命令字节在写的时候都是低字节先写，例如 CCH 的二进制为 11001100，在写到总线上时要从低位开始写，写的顺序是“0、0、1、1、0、0、1、1”。

（2）读取 RAM 内的温度数据流程

读取 RAM 内的温度数据，时序图如图 6-10 所示，具体的操作如下。

① 对 DS18B20 进行复位操作并接收 DS18B20 的应答（存在）脉冲。

② 发送 ROM 指令：跳过 ROM 的操作（CCH）。

③ 发送 RAM 操作指令：读内部 RAM 中 9 字节的温度数据（BEH），随后主机依次读取 DS18B20 发出的第 0～第 8，共 9 个字节的数据。同样读取数据也是低位在前的。

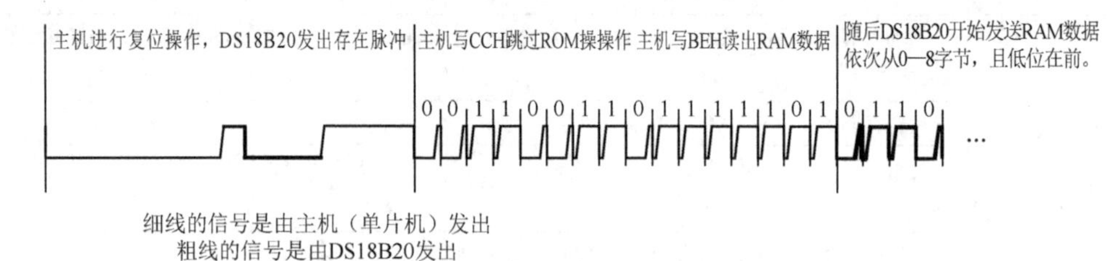

图 6-10　读取 RAM 内的温度数据流程时序

5. DS18B20 的编程

在对 DS18B20 的编程中，反复用到 DS18B20 的初始化程序、写数据程序、读数据程序。为了编程方便，可以根据它们的时序图写出这 3 个程序，要求读者读懂它以便以后调用。

（1）DS18B20 初始化程序

```
unsigned char presence;
void delay_8us(unsigned int t)                //延时函数
{
  while(t--);
```

```
}
init_ds18b02(void)                    //DS18B20 初始化
{
    DQ=1;
    delay_8us(3);                     //延时约 25 微秒
    DQ=0;
    delay_8us(80);                    //延时约 650 微秒
    DQ=1;
    delay_8us(2);
    presence = DQ;
    delay_8us(20);                    //延时约 170 微秒
    DQ = 1;
    return(presence);
}
```

（2）向 DS18B20 写入一个字节数据

```
void write_byte(unsigned char dat)
{
    unsigned char i;
    for(i=0;i<8;i++)
    {
        DQ=0;
        DQ=dat&0x01;
        delay_8us(4);                 //延时约 52μs，给 DS18B20 采样
        DQ=1;
        dat>>=1;
    }
}
```

（3）从 DS18B20 读出一个字节数据

```
unsigned char read_byte(void)
{
    unsigned char i,dat;
    for(i=0;i<8;i++)
    {
        DQ=0;
        dat>>=1;
        DQ=1;
        if(DQ)                        //采样
        dat|=0x80;
        delay_8us(4);
    }
    return dat;
}
```

6.2.2 LCD 液晶显示

液晶显示模块是一种将液晶显示器件、连接件、集成电路、PCB 线路板、背光源、结构件装配在一起的组件。英文名称叫“LCD Module”，简称“LCM”，中文一般称为液晶显示器。其在便携式仪表中有着广泛的应用，如万用表、转速表等，液晶显示器也是单片机系统常用的显示器件。

根据显示方式和内容的不同，液晶显示模块可以分为数显液晶模块、液晶点阵字符模块和点阵图形液晶模块 3 种。数显液晶模块是一种由段型液晶显示器件与专用的集成电路组装成一体的功能部分，只能显示数字和一些标识符号。液晶点阵字符模块是由点阵字符液晶显示器件和专用的行、列驱动器，控制器及必要的连接件、结构件装配而成的，可以显示数字和西文字符，但不能显示图形。点阵图形液晶模块的点阵像素连续排列，行和列在排布中均没有空隔。因此不仅可以显示字符，而且可以显示连续、完整的图形。

本项目介绍的字符显示器型号为 1602，该器件是单片机常用的低成本字符液晶显示部件，通过学习该器件的工作原理和相关指令，要求掌握 1602 的基本工作原理和程序设计方法。

1. 1602 字符型 LCD 简介

字符型液晶显示模块采用点阵式液晶显示，简称 LCD，是一种专门用于显示字母、数字、符号等 ASCII 码符号的显示器件。目前常用的字符 LCD 有很多类型，1602 是一种常用的 16×2 字符型液晶显示器，实物如图 6-11 所示。该显示器件采用软封装，控制器大部分为 HD44780，接口为标准的 SIP16 引脚，分电源、通信数据和控制三部分。1602 芯片和背光电路工作电压与单片机兼容，可以很方便地与单片机进行连接，各引脚接口说明如表 6-8 所示。

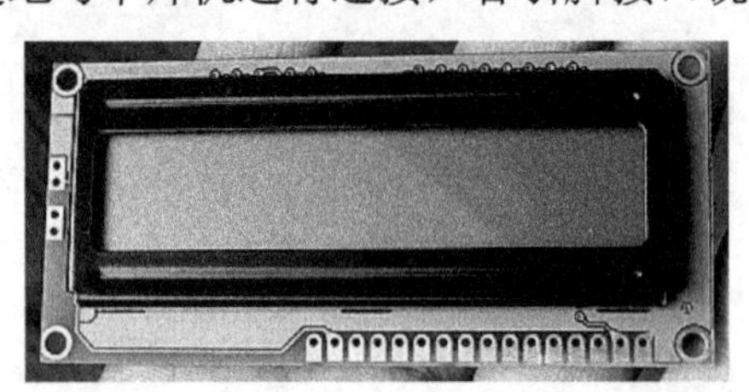

图 6-11 1602 字符型液晶显示器实物图

表 6-8 1602 接口引脚

编　号	符　号	引 脚 说 明	编　号	符　号	引 脚 说 明
1	V_{SS}	电源地	9	D2	数据(I/O)
2	V_{DD}	电源正极	10	D3	数据(I/O)
3	V_{EE}	液晶显示器对比度调整端	11	D4	数据(I/O)
4	RS	数据命令选择端(H/L)	12	D5	数据(I/O)
5	R/W	读/写选择端(H/L)	13	D6	数据(I/O)
6	E	使能信号	14	D7	数据(I/O)
7	D0	数据(I/O)	15	BLA	背光源正极
8	D1	数据(I/O)	16	BLK	背光源负极

其中电源引脚值为 V_{SS}、V_{DD}，BLA、BLK 为指光电源引脚。V_{EE} 为液晶显示器对比度调整端，接正时对比度最弱，接地时对比度最高。一般接 10kΩ的可变电阻，可以调整对比度。控制引脚指 RS、R/W、E 引脚。RS 为数据命令寄存器选择端，高电平 1 时选择数据寄存器，低电平 0 时选择指令寄存器。R/W 为读/写选择端，高电平（1）时进行读操作，低电平（0）时进行写操作。E 为使能信号，下降沿时，液晶模块执行命令。通信数据引脚是指 D0～D7 引脚。

2．LCD1602 的指令

（1）基本操作

LCD1602 是单片机外部器件，基本操作以单片机为主器件进行。这些操作包括读状态、写指令、读数据、写数据等。数据的传输通过 LCD1602 的数据端口 D0～D7，操作类型由 3 个控制端电平组合控制。详细的操作如表 6-9 所示。在数据或指令的读/写过程中，控制端外加电平有一定的时序要求，图 6-12 和图 6-13 分别为该器件的读/写操作时序图，时序图说明了三个控制端口与数据之间的时间对应关系，这是基本操作的程序设计的基础。

表 6-9　LCD1602 基本读/写操作控制

信 号 电 平	操　作
RS＝0，R/W＝1，E＝1	读忙碌标志 BF（读得到的数据的最高位 D7 即为忙碌标志）
RS＝0，R/W＝0，D0～D7=指令码,E=下降沿脉冲	把指令写入指令寄存器（发命令）
RS＝1，R/W＝1，E＝1	从数据寄存器读取数据
RS＝1，R/W= 0，D0～D7=数据，E 为下降沿脉冲	把数据写入数据寄存器 DR(写入要显示的数据)

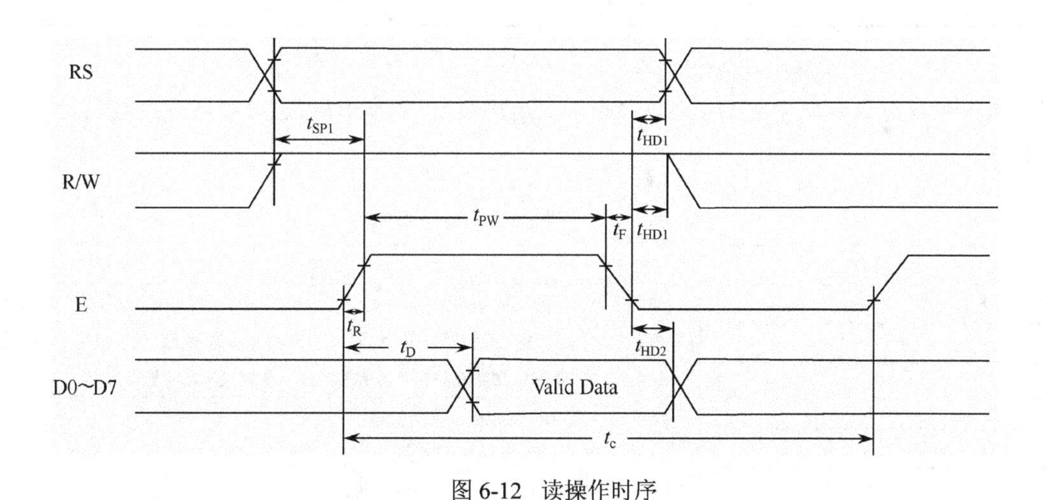

图 6-12　读操作时序

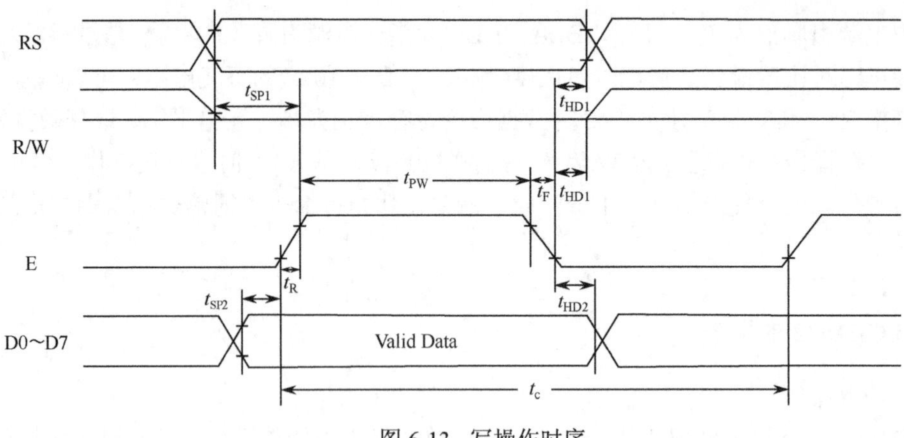

图 6-13 写操作时序

3. LCD1602 指令集

LCD1602 液晶模块内部的控制器的操作受控制指令指挥，各指令利用 1 字节十六进制代码表示，在单片机向 1602 写指令期间，要求 RS = 0，R/W = 0。

（1）初始化设置指令

初始化设置指令主要用于设置 LCD1602 的显示模式，指令格式如表 6-10 所示。如：指令代码为 0x38 时，设置 1602 为 16×2 个字符，5×7 点阵，8 位数据接口。

表 6-10 初始化设置指令

指令码格式	功 能
0 | 0 | 1 | DL | N | F | × | ×	DL = 0，数据总线为 4 位，DL = 1，数据总线为 8 位； N = 0，显示 1 行，N = 1，显示 2 行； F = 0，显示的字符为 5×7 点阵，F = 1 时为 5×10 点阵；

（2）屏显示开/关及光标设置指令

该指令有很多，如表 6-11 所示。如指令码 0x0C，设置为显示功能开，无光标，光标不闪烁。

表 6-11 显示开/关及光标设置指令

指令码格式	功 能
0 | 0 | 0 | 0 | 0 | 0 | 0 | 1	清屏指令，单片机向 1602 的数据端口写入 0x01 后，1602 自动将本身 DDRAM 的内容全部填入“空白”的 ASCII 码 20H，并将地址计数器 AC 的值设为 0，同时光标归位，即将光标撤回液晶显示屏的左上方。此时显示器无显示
0 | 0 | 0 | 0 | 1 | D | C | B	D = 1，开显示；D = 0，关显示。 C = 1，显示光标；C = 0，不显示光标。 B = 1，闪烁光标；B = 0，不闪烁光标
0 | 0 | 0 | 0 | 0 | 1 | N | S	N = 1，当读或写 1 个字符后，地址指针加 1，且光标加 1。 N = 0，当读或写 1 个字符后，地址指针减 1，且光标减 1。 S = 1，当写 1 个字符后，整屏显示左移（N = 1），整屏显示右移（N = 0），以得到光标不移动屏幕移动效果。 S = 0，当写 1 个字符，整屏显示不移动

（3）设定字符发生器 RAM（CGRAM）/显示 RAM（DDRAM）地址指令

设定 CGRAM 地址指令是 0x40 + 地址，设定 DDRAM 地址指令是 0x80 + 地址。0x40 是设定 CGRAM 地址命令，CGRAM 是用以存放 LCD 内置 100 个常用字符以及用户自定义的字符，地址是指要设置 CGRAM 的地址；0x80 是设定 DDRAM 地址命令，DDRAM 是用以存放要显示的字符码（ASII 码），地址是指要写入的 DDRAM 地址。指令格式如表 6-12 所示。

表 6-12　设定 CGRAM/DDRAM 指令格式

指令功能	指令编码									
	RS	R/W	DB7	DB6	DB5	DB4	DB3	DB2	DB1	DB0
设定 CGRAM	0	0	0	1	CGRAM 地址（6 位）					
设定 DDRAM	0	0	1	DDRAM 地址（7 位）						

通常，LCD1602 两行显示字符的地址为：

第一行：80H，81H，82H，83H，…，8FH（16 个字符）

第二行：C0H，C1H，C2H，C3H，…，CFH（16 个字符）

（4）读取忙信号或 AC 地址指令

当 RS = 0、R/W = 1 时，单片机读取忙碌信号 BF 的内容，BF=1 表示液晶显示器忙，暂时无法接收单片机送来的数据或指令；当 BF=0 时，液晶显示器可以接收单片机送来的数据或指令；同时单片机读取地址计数器（AC）的内容。指令格式如表 6-13 所示。

表 6-13　读取忙信号或 AC 地址指令格式

指令功能	指令编码									
	RS	R/W	DB7	DB6	DB5	DB4	DB3	DB2	DB1	DB0
读取忙信号或 AC 地址	0	1	BF	AC 内容（7 位）						

（5）写入 CGRAM/DDRAM 数据操作

当 RS = 1、R/W = 0 时，单片机可以将字符码写入 DDRAM，以使液晶显示屏显示出相对应的字符，也可以将用户自己设计的图形存入 CGRAM。操作格式如表 6-14 所示。

表 6-14　写入 CGRAM/DDRAM 数据操作格式

指令功能	指令编码									
	RS	R/W	DB7	DB6	DB5	DB4	DB3	DB2	DB1	DB0
数据写入 CGRAM/DDRAM 中	1	0	写入的数据（7 位）							

（6）从 CGRAM/DDRAM 读数据指令

当 RS=1、R/W=1 时，单片机读取 DDRAM 或 CGRAM 中的内容。操作格式如表 6-15 所示。

表 6-15　从 CGRAM/DDRAM 读数据指令操作格式

指令功能	指令编码									
	RS	R/W	DB7	DB6	DB5	DB4	DB3	DB2	DB1	DB0
从 CGRAM/DDRAM 读数据	1	1	读出的数据（7 位）							

4．LCD1602 的标准字库表

液晶显示模块是一个慢显示器件，所以在执行每条指令之前一定要确认模块的忙标志为低电平（即表示不忙），否则此指令失效。显示字符时要先输入显示字符地址，也就是告诉模块在哪里显示字符。

LCD1602 液晶模块内部的字符发生存储器（CGROM）已经存储了 160 个不同的点阵字符图形，如表 6-16 所示，这些字符有：阿拉伯数字、英文字母的大小写、常用的符号和日文假名等，每一个字符都有一个固定的代码，比如大写的英文字母“A”的代码是 01000001B（41H），显示时模块把地址 41H 中的点阵字符图形显示出来，我们就能看到字母“A”。

表 6-16　CGROM 和 CGRAM 中字符代码与字符图形对应关系

低位＼高位	0000	0010	0011	0100	0101	0110	0111	1010	1011	1100	1101	1110	1111
××××0000	CGRAM (1)		0	@	P	\	p		ー	タ	ミ	α	P
××××0001	(2)	!	1	A	Q	a	q	ロ	ア	チ	ム	ä	q
××××0010	(3)	"	2	B	R	b	r	r	イ	川	メ	β	θ
××××0011	(4)	#	3	C	S	c	s	」	ウ	ラ	モ	ε	∞
××××0100	(5)	$	4	D	T	d	t	\	エ	ト	セ	μ	Ω
××××0101	(6)	%	5	E	U	e	u	ロ	オ	ナ	ユ	B	0
××××0110	(7)	&	6	F	V	f	v	テ	カ	ニ	ヨ	P	Σ
××××0111	(8)	>	7	G	W	g	w	ア	キ	ヌ	ラ	g	π
××××1000	(1)	(	8	H	X	h	x	イ	ク	ネ	リ	∫	X̄
××××1001	(2)	)	9	I	Y	i	y	ウ	ケ	」	ル	−1	y
××××1010	(3)	*	:	J	Z	j	z	エ	コ	リ	レ	j	千
××××1011	(4)	+	;	K	[	k	{	オ	サ	ヒ	ロ	x	万
××××1100	(5)	フ	<	L	¥	l	|	セ	シ	フ	ワ	¢	円
××××1101	(6)	−	=	M	]	m	}	ユ	ス	ヘ	ソ	₤	+
××××1110	(7)	.	>	N	^	n	→	ヨ	セ	ホ	ハ	n̄	
××××1111	(8)	/	?	O	−	o	←	ツ	ソ	マ	ロ	ö	█

5．LCD 编程流程

根据 LCD1602 的原理及指令，LCD 两行显示的编程流程如下。

① 发命令，设定 LCD 的各种工作显示方式，即初始化。

② 发命令，设定第一行显示起始地址。

③ 送数据到数据端口，显示数据。

④ 发命令，设定第二行显示起始地址。

⑤ 送数据到数据端口，显示数据。

下面举一例子加以说明。

例 1：用 LCD1602 两行显示，第一行显示“The number is”，第二行显示任意一个 1 位变量的值。

根据题意，设计硬件电路如图 6-14 所示，LCD1602 用的是 8 位数据线模式，具体接法为使能端 E 接 P2.2，R/W 端接 P2.1，RS 端接 P2.0，D0～D7 接单片机的 P0 端口。

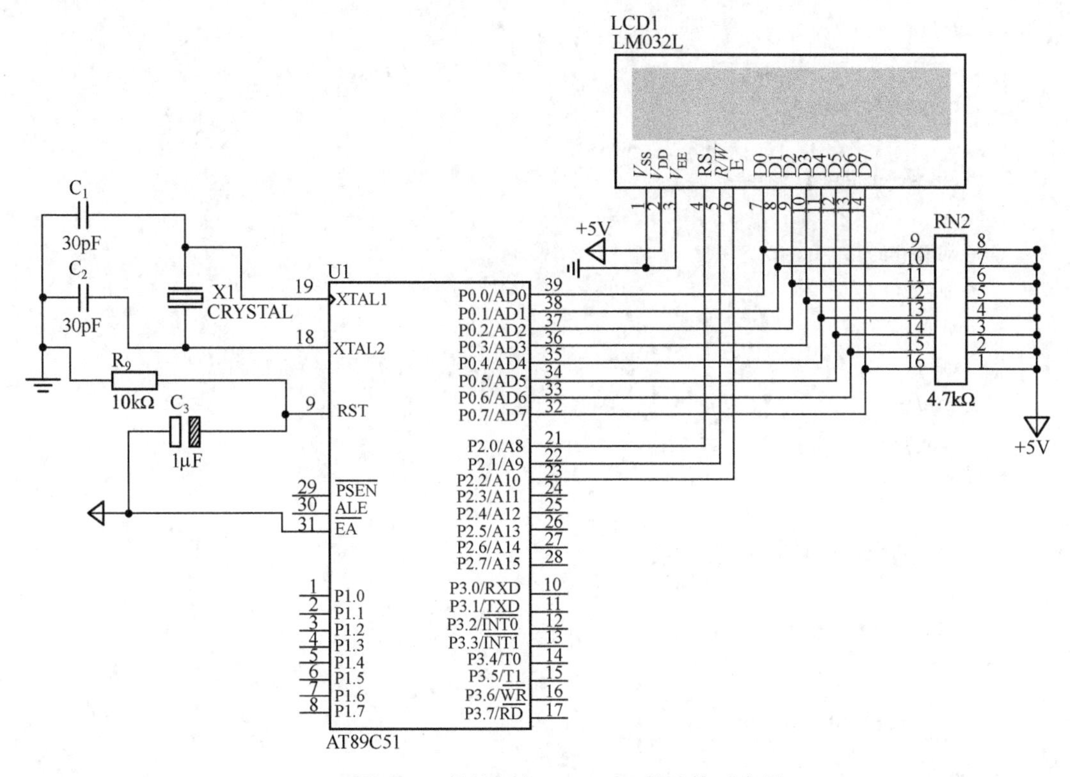

图 6-14 单片机和 LCD1602 的连接示意图

编制的程序清单如下：

```
/*************************************************************************/
#include <reg51.h>
unsigned char hy[]={"The number is:"};
sbit rs=P2^0;
sbit rw=P2^1;
sbit en=P2^2;
unsigned char busy1;
void delay(unsigned char t)
{
 unsigned char i;
 while(t--)
```

```
  for(i=0;i<120;i++);
}
void busy()
{
  unsigned char f;
  rs=0;
  rw=1;
  en=1;
  delay(1);
  f=P0;
  en=0;
  busy1=f&0x80;
}
void wc(unsigned char a)
{
  while(busy1==0x80);
  rs=0;
rw=0;
  P0=a;
  en=1;
  delay(1);
  en=0;
}
void wd(unsigned char b)
{
  while(busy1==0x80);
  rs=1;
  rw=0;
  P0=b;
  en=1;
  delay(1);
  en=0;
}
void chsh()
{
  wc(0x38);
  delay(1);
  wc(0x01);
  delay(1);
  wc(0x0c);
  delay(1);
  wc(0x06);
  delay(1);
}
```

```
void dispd(unsigned char c)
{
 if(c<0x0a)
 c=c+0x30;
 else
 c=c+0x37;
 wd(c);
}
void main()
{
    unsigned char j,e=0x9;
    chsh();
    while(1)
    {
    wc(0x83);
    for(j=0;j<14;j++)
    {
     wd(hy[j]);
    }
   wc(0xc8);
   dispd(e);
 }
}
/************************************************************************/
```

程序运行仿真图如图 6-15 所示，第一行显示“The number is”，第二行显示程序中变量 e 的值。

程序说明：

- 在使用 LCD 的程序中，经常用到写命令程序、写数据程序、忙检测程序、初始化程序，本程序中就编制了这 4 个子程序。写命令程序、写数据程序、忙检测程序的编写依据是 LCD1602 的读/写操作时序图，见图 6-12、图 6-13。其中写命令程序 wc()带形参 a，a 为要写的命令代码；写数据程序 wd()带形参 b，b 是要显示字符的 ASCII 码；而在忙检测程序中，使用了全局变量 busy1（忙状态标志）。
- LCD 显示字符串时，需要在程序一开始定义存放字符串的数组，在显示时逐个取出显示即可，只不过取出的是这个字符的 ASCII 码，而 LCD 显示字符时就需要传送给 LCD 这个字符的 ASCII 码。
- 初始化程序是通过向 LCD 写各种初始化命令来完成对 LCD 的初始工作状态的设置。
- 对于 LCD 程序，在编写时要按照 LCD 的编程流程，首先初始化，然后合理地设定所在行的地址以及逐个传送要显示字符的 ASCII 码。

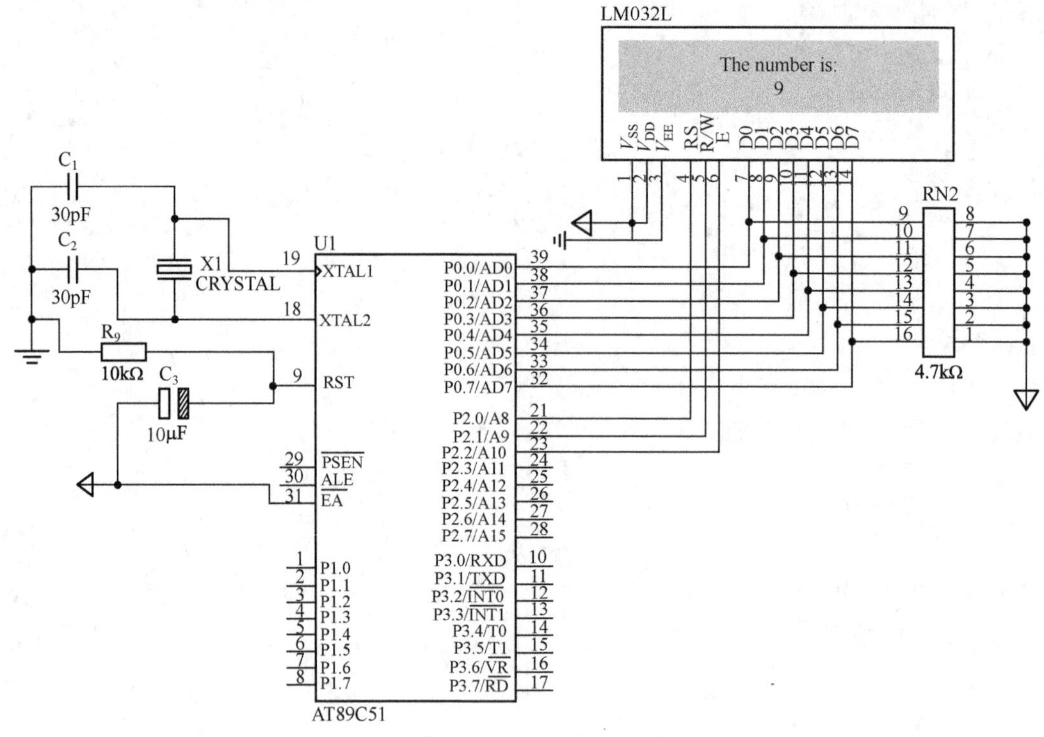

图 6-15 LCD1602 仿真图

6.3 项目实现

6.3.1 设计思路

本项目要求设计 LCD 显示的数字温度计，可以采用 DS18B20 检测现场温度，并能把温度信号转化为数字量，送给单片机。单片机接收到信号后，对数字量进行数据转换，并输送给 LCD 的数据端，进行显示。

6.3.2 硬件电路设计

根据题意，设计的 LCD 显示的数字温度计的硬件电路如图 6-16 所示。LCD 的数据端和 P0 口相连，控制端 RS、R/W、E 分别和单片机的 P2.0、P2.1、P2.2 相连。DS18B20 的数据端 DQ 和单片机的 P3.3 相连传输数据。

6.3.3 程序设计

编程思路为：首先单片机调用初始化函数 Init_DS18B20( )，对 DS18B20 按照初始化时序进行初始化，然后启动温度的转换，再将转换后的数字传给单片机，单片机通过计算将数字温度转换成实际的温度值，并通过 LCD 显示出来。应用程序清单如下：

```
/*****************************************************************
#include <reg51.h>
```

```
sbit DQ=P3^3;                                                    //定义 DS18B20 端口 DQ
sbit rs=P2^0;
sbit rw=P2^1;
sbit en=P2^2;
unsigned char presence,busy1;
unsigned char data   disp[]={0x00,0x00,0x00,0x00,0x00};          //存储温度符号、十、个、小数位数组
unsigned char data   temp[]={0x00,0x00};                         //存储读出温度高字节、低字节数组
unsigned char code   di[]={0x00,0x01,0x01,0x02,0x03,0x03,0x04,0x04,0x05,0x06,0x06,0x07,
0x08,0x08,0x09,0x09}                                             //小数点位四舍五入后对应数值
unsigned char hy[]={"The temp is:"};
bit   good=1;                                                    //显示 DS18B20 是否正常标志
void delay(unsigned int u)                                       //LCD1602 使用的延时程序
{
  unsigned char v;
  while(u--)
  {
     for(v=0;v<120;v++);
  }
}

void delay_8us(unsigned int t)                                   //DS18B20 使用的延时函数
{
  while(t--);
}

void busy()                                                      //LCD1602 的忙检测函数
{
  unsigned char f;
  rs=0;
  rw=1;
  en=1;
  delay(1);
  f=P0;
  en=0;
  busy1=f&0x80;
}

void wc(unsigned char a)                                         //LCD1602 的写命令函数
 {
  while(busy1==0x80);
```

```
    rs=0;
    rw=0;
    P0=a;
    en=1;
    delay(1);
    en=0;
  }

void wd(unsigned char b)                          //LCD1602 的写数据函数
  {
    while(busy1==0x80);
    rs=1;
    rw=0;
    P0=b;
    en=1;
    delay(1);
    en=0;
  }

void chsh()                                       //LCD1602 的初始化函数
  {
    wc(0x38);
    delay(1);
    wc(0x01);
    delay(1);
    wc(0x0c);
    delay(1);
    wc(0x06);
    delay(1);
  }

void dispd(unsigned char c)                       //LCD1602 的显示单个字符函数
{
  if(c<0x0a)
  c=c+0x30;
  else
  c=c+0x37;
  wd(c);
}

init_ds18b02(void)                                  //DS18B20 初始化函数
```

```
{
    DQ=1;
    delay_8us(3);                                   //延时约 25 微秒
    DQ=0;
    delay_8us(80);                                  //延时约 650 微秒
    DQ=1;
    delay_8us(2);
    presence=DQ;
    delay_8us(20);                                  //延时约 170 微秒
    DQ = 1;
    return(presence);
  }

  void write_byte(unsigned char dat)                //向 DS18B20 写入一个字节数据
  {
  unsigned char i;
  for(i=0;i<8;i++)
  {
    DQ=0;
    DQ=dat&0x01;
    delay_8us(4);                                   //延时约 52 微秒，给 DS18B20 采样
    DQ=1;
    dat>>=1;
  }
}

unsigned char read_byte(void)                       //从 DS18B20 读出一个字节数据
{
  unsigned char i,dat;
  for(i=0;i<8;i++)
  {
    DQ=0;
    dat>>=1;
    DQ=1;
    if(DQ)                                          //采样
    dat|=0x80;
    delay_8us(4);
  }
  return dat;
}
```

```
void read_tem(void)                         //DS18B20 读取温度函数
{
  init_ds18b02();
  if(presence==1)
   {
    good=0;
   }                                        //DS18B20 不正常，蜂鸣器报警
  else
   {
    good=1;
    write_byte(0xcc);                       //跳过 ROM
    write_byte(0x44);                       //开始温度测量
    delay_8us(500);                         //等待转换结束
    init_ds18b02();
    write_byte(0xcc);                       //跳过 ROM
    write_byte(0xbe);                       //跳过暂存
    temp[0]=read_byte();                    //按顺序读出温度低 8 位
    temp[1]=read_byte();                    //温度高 8 位
   }
 }

  void Disp_Temp()                          //DS18B20 显示温度函数
  {
    unsigned char m,n;
    if((temp[1]&0xf8)==0xf8)
     {
       disp[0]=0x2d;
       temp[1]=~temp[1];
       temp[0]=~temp[0]+1;
     }
   else
   disp[0]=0x20;
   m=temp[0]&0x0f;
   disp[3]=di[m];                           //查表得小数位的值
   n=((temp[0]&0xf0)>>4)|((temp[1]&0x0f)<<4);
   disp[1]=n/10;
   disp[2]=n%10;
   wd(disp[0]);
   dispd(disp[1]);
   dispd(disp[2]);
   wd(0x2e);
```

```
    dispd(disp[3]);
}

void main(void)
{
    unsigned char j;
    chsh();
    while(1)
    {
     read_tem();
     wc(0x80);
     for(j=0;j<12;j++)
     {
       wd(hy[j]);
     }
     Disp_Temp();
     }
}

/***********************************************************/
```

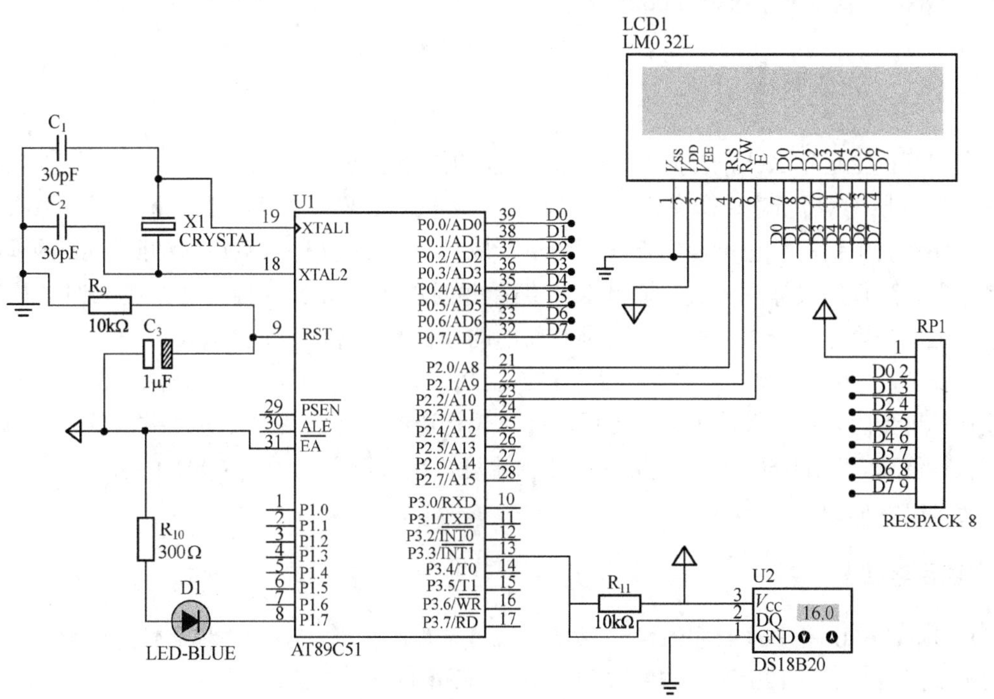

图 6-16　LCD 显示的数字温度计的电路图

程序说明：

- 本例中子函数较多，但可分为两部分：LCD1602 的子函数、DS18B20 的子函数。

LCD1602 的子函数包括忙检测函数、写命令函数、写数据函数、初始化函数等，DS18B20 的子函数包括初始化函数、写一个字节函数、读一个字节函数等，这些函数的编写都是严格按照各自的操作时序图来编写的，所以掌握 LCD1602 和 DS18B20 的时序很重要。

- DS18B20 的各种操作均有固定的流程，即：初始化、ROM 命令、RAM 命令、传输数据。所以在程序中 read_tem(void) DS18B20 读取温度函数中，启动温度转换和读取温度都是按照这个流程进行的。
- 程序中多次使用到数组，用来存放各种数据。数组 temp[]用来存放读出的温度的数字量的高字节、低字节，disp[]用来存放读出温度的符号、十、个、小数位，di[]用来存放转化为小数的对应表格。
- 程序中 DS18B20 显示温度函数的数据处理是个难点，重点是清楚 DS18B20 把温度转化为 12 位的数字量的格式，如图 6-4 所示。12 位的数字量符号扩展为 16 位二进制补码形式，数据格式以 0.0625℃/LSB 形式表达。数据的处理分为三部分：符号、整数、小数。首先是符号的处理，在程序开始判断温度数字量的高 5 位，这 5 位为 11111，说明是负温度，否则是正温度。如果是负温度要取反加 1 才能得到温度的绝对值。整数的处理，是要得到对应的整数部分，把温度数字量的高字节的低 4 位和低字节的高 4 位合并即可得到。小数的处理就是得到温度数字量的低字节的低 4 位，再乘以 0.0625 即可得到。为了方便，设置了一个 di[]数组，通过查表把数字量转化为小数值，就省去了乘以 0.0625。

6.3.4 仿真调试

在计算机上运行 Keil，首先新建一个项目，项目使用的单片机为 AT89C51，这个项目暂且命名为 wdj；然后新建一个文件，并保存为“wdj.c”文件，并添加到工程项目中。直接在 Keil 软件界面中编写，也可以先把程序清单形成一个 TXT 文件，然后剪切到 Keil 的程序编辑界面中。当程序设计完成后，通过 Keil 编译并创建 wdj.HEX 目标文件。在 Keil 的应用过程中，由于编译过程产生很多文件，因此新建的项目需在一个目录中建立。

在安装过 Proteus 软件的 PC 上运行 ISIS 文件，即可进入 Proteus 电路原理仿真界面，利用该软件仿真时操作比较简单，其过程是：首先构造电路，然后双击单片机加载 HEX 文件，最后执行仿真。LCD1602 可以实时显示当前温度，也可以通过对 DS18B20 编辑属性设定温度。仿真电路如图 6-17 所示。

【项目总结】

1. DS18B20 是单线数字温度传感器，采用单总线技术，与单片机通信只需要一根 I/O 线。测温范围−55 ~ +125℃，分辨率通过编程可设置为 9 ~ 12 位。

2. 使用 DS18B20 要严格遵循它的通信协议：复位初始化、发送 ROM 命令、发送 RAM 操作命令、预定操作。DS18B20 有 5 个 ROM 命令、6 个 RAM 操作命令。另外对 DS18B20 进行读/写操作、初始化都要严格按照它的时序图进行。

3. LCD1602 是一种可以实现两行显示、每行 16 个字符的液晶显示器，它的内部有字符发生存储器（CGROM）已经存储了 160 个不同的点阵字符图形，这些字符有：阿拉伯数字、英文字母的大小写、常用的符号、日文假名等，每一个字符都有一个固定的代码。

4，对 LCD1602 的读/写操作要严格按照它的时序图进行。另外 LCD1602 有自己的指令集，需要 LCD1602 做某种操作只需要对它发出相应的指令即可。在使用 LCD1602 之前，首先要对 LCD1602 进行初始化设置，然后设定显示的位置，最后把显示代码送给 LCD1602 的数据线显示即可。

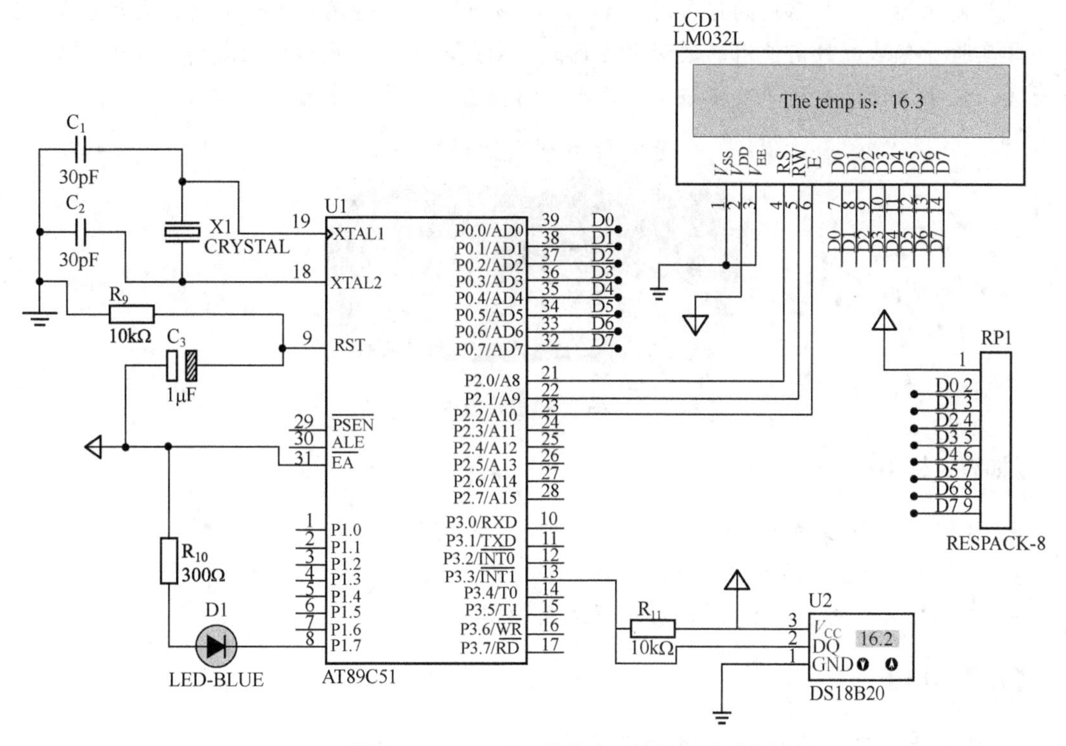

图 6-17　LCD 显示的数字温度计的仿真图

思考与练习

1．简述 DS18B20 内部结构及各部分的功能。
2．简述 DS18B20 的通信协议。
3．简述 DS18B20 温度转换和读取温度值的操作流程。
4．对于 DS18B20，若转换后的 12 位数字量为 110111000011，请换算出转换前的温度值。
5．如果在本项目中加入报警功能，该如何修改程序？
6．说明 LCD1602 程序中忙检测的方法和作用？
7．说明 LCD1602 各个引脚的作用。

项目 7　制作简易波形发生器

【项目引入】

波形发生器是一种常用的信号源，如图 7-1 所示，广泛地用在电子电路、自动控制系统和教学实验等领域。目前使用的波形发生器大部分是利用分立元器件组成的，其体积大、可靠性差。本项目设计利用单片机技术，设计一种简易的波形发生器。

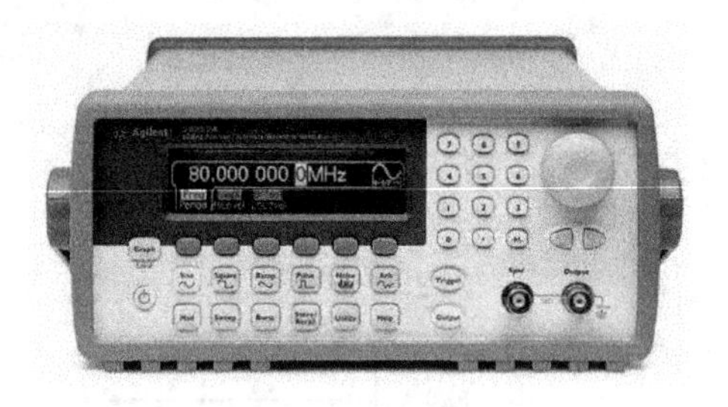

图 7-1　波形发生器

【知识目标】

- 了解 D/A 转换的基本知识；
- 掌握 DAC0832 的工作原理、转换性能；
- 掌握单片机与 DAC0832 的接口原理及控制方式。

【技能目标】

- 学会单片机与 DAC0832 的接口连接；
- 学会 DAC0832 直通方式、单缓冲器方式、双缓冲器方式的编程。

7.1　任务描述

利用单片机技术，设计一种可以产生锯齿波、三角波、方波、正弦波等多种波形的波形发生器，利用按键实现多个波形的切换。

7.2　准备知识

在实施项目前先介绍 D/A 转换相关知识。

单片机处理的是数字量，实际应用中常常需要将数字量转换成模拟量来推动或控制外设。D/A 转换器就是一种将数字量转换成模拟量（电流、电压……）的电子器件，是应用广

泛的接口芯片器件。由它组成的电路加上相应的软件，便可解决单片机和受控外设之间的连接问题，即 D/A 转换接口技术。显然，该技术是单片机应用系统后向通道的重要接口技术。

1．基础知识

（1）D/A 转换器的基本原理分类

T 形电阻网络 D/A 转换器，各支路的电流信号经过电阻网络加权后，由运算放大器求和并变换成电压信号，作为 D/A 转换器的输出。目前常用的数/模转换器是 T 形电阻网络构成的，如图 7-2 所示。

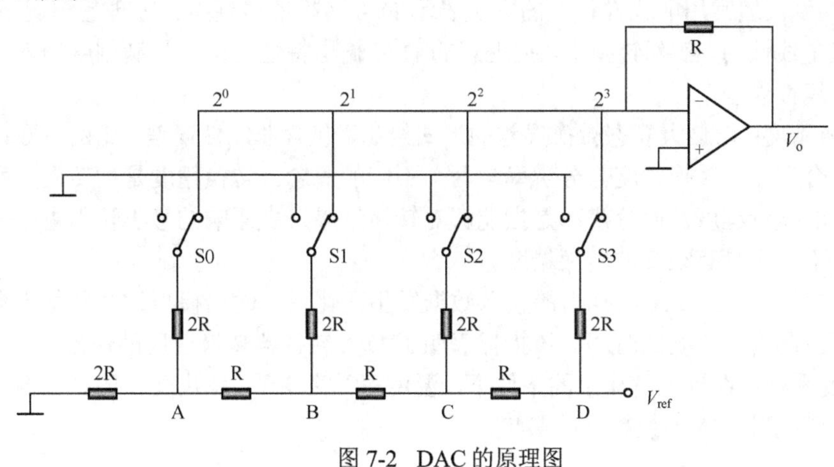

图 7-2 DAC 的原理图

开关 S3，S2，S1，S0 分别代表对应的 1 位二进制数。某一数字量位 Di=1，表示开关 Si 倒向右边；Di=0，表示开关 Si 倒向左边，接虚地，无电流。当右边第一条支路的开关 S3 倒向右边时，运算放大器得到的输入电流为$-V_{ref}/$（$2R$），同理，开关 S2，S1，S0 倒向右边时，输入电流分别为$-V_{ref}/$（$4R$），$-V_{ref}/$（$8R$），$-V_{ref}/$（$16R$）。

如果一个二进制数据为 1111，运算放大器的输入电流：

$$I=-V_{ref}/(2R)-V_{ref}/(4R)-V_{ref}/(8R)-V_{ref}/(16R)$$
$$=-(2^3+2^2+2^1+2^0)\ V_{ref}/(2^4R)$$
$$V_0=IR_f=-(2^3+2^2+2^1+2^0)\ V_{ref}\times R_f/(2^4R)$$

将数字量推广到 n 位，输出模拟量与输入数字量之间关系的一般表达式为：

$$V_o=-(D_{n-1}2^{n-1}+D_{n-2}\,2^{n-2}+\cdots+D_12^1+D_02^0)\ V_{ref}\times R_f/(2^nR)$$
$$V_o=-D\ V_{ref}\times R_f/(2^nR)$$

若 $R_f=R$，则：

$$V_o=-D\times V_{ref}/2^n$$

D 为数字量，V_{ref} 为基准电压，n 为数字量的位数，由此可见，输出电压 V_o 的大小与数字量 D 具有对应的关系。这样就完成了数字量到模拟量的转换。输出 V_o 的正负极性由 V_{ref} 的极性确定。当 V_{ref} 的极性为正时，V_o 为负；当 V_{ref} 的极性为负时，V_o 为正。

（2）D/A 转换器的分类

D/A 转换器的种类很多，依数字量的位数分，有 8 位、10 位、12 位、16 位 D/A 转换器；依数字量的数码形式分，有二进制码和 BCD 码 D/A 转换器；依数字量的传送方式分，有并行和串行 D/A 转换器；依 D/A 转换器输出方式分，有电流输出型和电压输出型 D/A 转换器。

早期的 D/A 转换器芯片有 DAC0800 系列、AD7520 系列等；中期的 D/A 转换器芯片有 DAC0830 系列、AD7524 等；近期的 D/A 转换器芯片有 AD558、DAC82、DAC811 等。

（3）D/A 转换器的主要性能指标

① 分辨率：分辨率是输出数字量变化一个相邻数码所需模拟电压的变化量。一个 N 位的 D/A 转换器的分辨率定义为满刻度电压与 2^N 之比值，其中 N 为 ADC 的位数。习惯上以输入数字量的位数表示。满量程为 10V 的 8 位 D/A 转换器（例 DAC0832）的分辨率等于 $10\text{V}\times2^{-8}\approx39\text{mV}$；满量程为 10V 的 10 位 D/A 转换器（例 DAC1208）的分辨率等于 $10\text{V}\times2^{-10}\approx2.4\text{mV}$。

② 线性度：通常用非线性误差的大小表示 D/A 转换的线性度。在理想情况下，DAC 的转换特性应是线性的，实际转换中，把理想的输入/输出特性的偏差与满刻度输入之比的百分数，称为非线性误差。

③ 转换精度：以最大静态转换误差的形式给出，包含非线性误差、比例系数误差以及漂移误差等综合误差。转换精度与分辨率是两个不同的概念。转换精度是指转换后所得的实际值与理论值的接近程度。而分辨率是指能够对转换结果发生影响的最小输入量。分辨率很高的转换器并不一定具有很高的转换精度。

④ 建立时间：当 D/A 转换器的输入数据发生变化后，输出模拟量达到稳定数值即进入规定的精度范围内所需要的时间。该指标表明了 D/A 转换器转换速度的快慢。

⑤ 温度系数：在满刻度输出的条件下，温度每升高 1℃，输出变化的百分数。该项指标表明了温度变化对 D/A 转换精度的影响。

2．D/A 转换芯片 DAC0832

DAC0832 是具有 8 位分辨率的 D/A 转换集成芯片，以其价廉、接口简单、转换控制容易等优点，在单片机应用系统中得到了广泛的应用。属于该系列的芯片还有 DAC0830、DAC0831。并行 D/A（DAC0832）是使用非常普遍的 8 位 D/A 转换器，由于其片内有输入数据寄存器，故可以直接与单片机接口。DAC0832 以电流形式输出，当需要转换为电压输出时，可外接运算放大器。

（1）D/A 转换 IC DAC0832 的主要特性

① 分辨率为 8 位，转换电流建立时间为 1μs。

② 直通、单缓冲、双缓冲工作方式。

③ 非线性误差：0.20% FSR，（Full Scale Range，满刻度）。

④ 逻辑电平输入与 TTL 兼容。

⑤ 单一电源供电（+5～+15V）。

⑥ 低功耗（20mW）。

（2）DAC0832 的内部结构

图 7-3 为 DAC0832 内部原理结构框图，DAC0832 由 8 位输入锁存器、8 位 DAC 寄存器、8 位 D/A 转换器及转换控制电路构成。输入锁存器、DAC 寄存器构成对输入数据的两级锁存，能够实现多通道 D/A 的同步转换输出。用户可通过改变控制引脚来改变输入数据的锁存方式。

（3）DAC0832 引脚功能

DAC0832 转换器芯片有 20 个引脚，双列直插式封装，其引脚排列如图 7-4 所示。

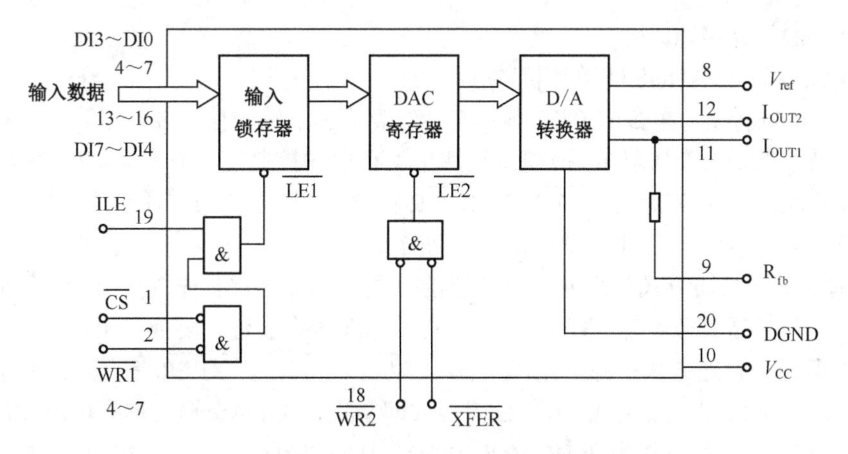

图 7-3　DAC0832 内部原理结构框图

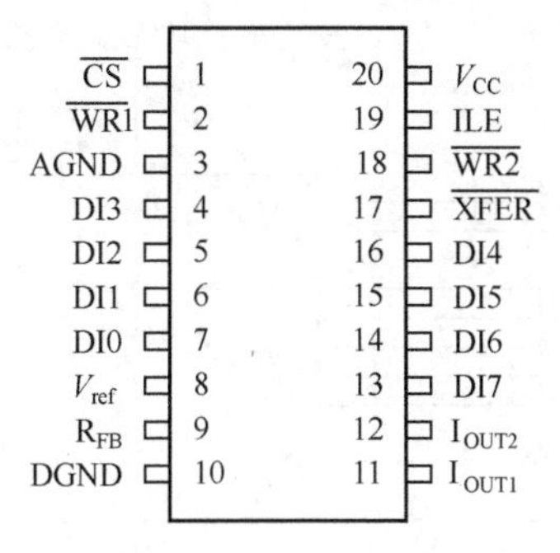

图 7-4　DAC0832 引脚图

- DI0～DI7：8 位数据输入总线，其中，DI0 为最低位，DI7 为最高位。
- ILE：输入数据的锁存允许信号，高电平有效。
- $\overline{CS}$：片选信号，低电平有效。
- $\overline{WR1}$：输入寄存器写选通信号，低电平有效。
- $\overline{XFER}$：数据传送控制信号，低电平有效。
- $\overline{WR2}$：DAC 寄存器的写选通信号，低电平有效。
- V_{ref}：参考电压输入端，此端可接一个正电压，也可接一个负电压，它决定 0 至 255 的数字量转化出来的模拟量电压值的幅度，V_{ref} 范围为(+10～−10)V。V_{ref} 端与 D/A 内部 T 形电阻网络相连。
- R_{fb}：反馈电阻引出端，反馈电阻在芯片内部。DAC0832 输出的是电流，为了取得电压输出，需在电压输出端接运算放大器。DAC0832 内部已经有反馈电阻，所以 R_{fb} 端可以直接接到外部运算放大器的输出端，这样相当于将一个反馈电阻接在运算放大器的输出端和输入端之间。
- I_{OUT1}：电流输出端 1，当输入数字量为全 0 时输出电流等于 0，全 1 时输出电流为最大值。
- I_{OUT2}：电流输出端 2，$I_{OUT1}+I_{OUT2}$=常数（固定的参考电压下满刻度值）。
- V_{CC}：电源输入端。
- AGND：模拟地。

- DGND：数字地。

（4）DAC0832 与 AT89S51 单片机的接口方法

从图 7-3 可以看出，在 DAC0832 内部有两个寄存器，输入信号要经过这两个寄存器，才能进入 D/A 转换器进行 D/A 转换。而控制这两个寄存器的控制信号有 5 个：输入寄存器由 ILE、$\overline{\text{CS}}$、$\overline{\text{WR1}}$ 控制；DAC 寄存器由 $\overline{\text{WR2}}$、$\overline{\text{XFER}}$ 控制。因此，只要编程时用指令控制这 5 个控制端，就可以实现它的三种工作方式：直通方式、单缓冲方式和双缓冲同步方式。

① 直通方式。直通方式是指两个寄存器的有关控制信号都预先置为有效，两个寄存器都开通。只要数字量送到数据输入端，就立即进入 D/A 转换器进行转换输出。

图 7-5 所示为直通方式电路，ILE、$\overline{\text{CS}}$、$\overline{\text{WR1}}$、$\overline{\text{WR2}}$、$\overline{\text{XFER}}$ 都有效，两个寄存器都打开。因此，只要 P0 上有数字量，DAC 就会立即转换，在 DAC 输出端有电流输出。如果向 DAC0832 传送的 8 位数据量为 40H(01000000B)，则输出电压 V_o=–（64/256）×5V=–1.25V。

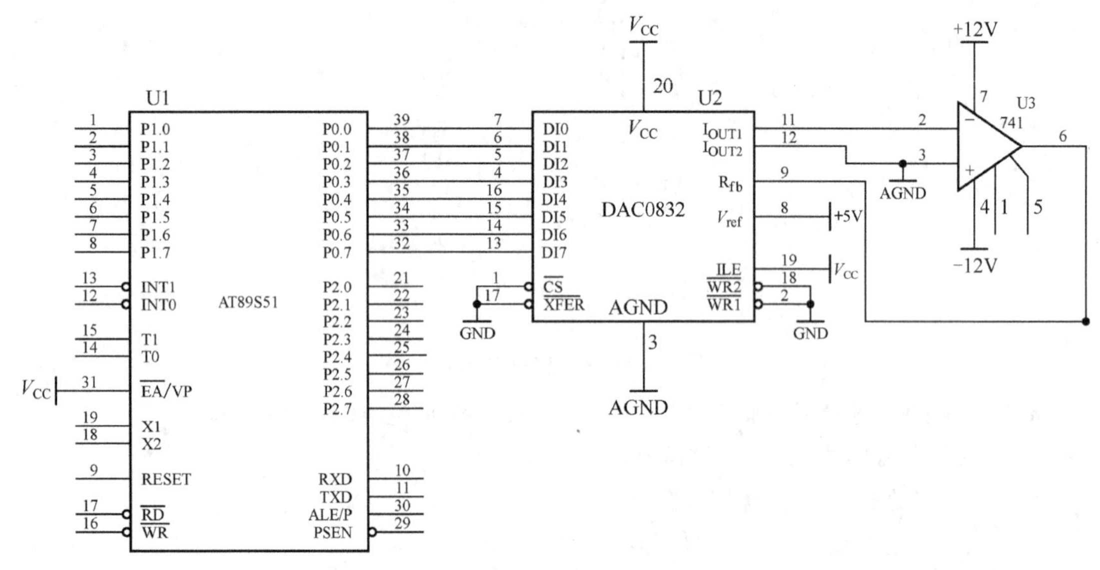

图 7-5 直通方式电路

② 单缓冲器方式。单缓冲器方式指只有一个寄存器受到控制。这时将另一个寄存器的有关控制信号预置为有效，使之开通；或者将两个寄存器的控制信号连在一起，两个寄存器合为一个使用，如图 7-6 所示。若应用系统中只有一路 D/A 转换或虽然是多路转换，但并不要求同步输出时，则采用单缓冲器方式接口，两级寄存器的写信号都由单片机的 $\overline{\text{WR2}}$ 端控制。当地址线选择好 DAC0832 后，只要输出 $\overline{\text{WR2}}$ 控制信号，DAC0832 就能一步完成数字量的输入锁存和 D/A 输出。

图 7-6 所示为单极性 1 路模拟量输出的 DAC0832 与 89S51 单片机接口电路。图中 ILE 接+5V，I_{OUT2} 接地，I_{OUT1} 输出电流经运算放大器变换后输出单极性电压，范围为 0～+5V。片选信号 $\overline{\text{CS}}$ 和数据传送控制信号 $\overline{\text{XFER}}$ 都与 89S51 的地址线相连（图中为 P2.7），因此输入锁存器和 DAC 寄存器的地址都为 7FFFH。$\overline{\text{WR1}}$、$\overline{\text{WR2}}$ 均与 89S51 的写信号 $\overline{\text{WR}}$ 相连。CPU 对 DAC0832 执行一次写操作，则将一个数据直接写入 DAC 寄存器，DAC0832 的输出模拟量随之变化。由于 DAC0832 具有数字量的输入锁存功能，故数字量可以直接从 89S51 的 P0 口送入。

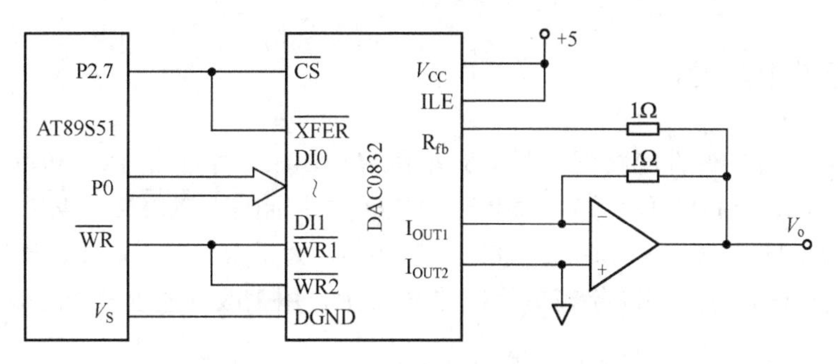

图 7-6　DAC0832 单缓冲方式接口

③ 双缓冲器同步方式。双缓冲器同步方式指两个寄存器分别受到控制，如图 7-7 所示。当 ILE、$\overline{CS}$ 和 $\overline{WR1}$ 信号均有效时，8 位数字量被写入输入寄存器，此时并不进行 D/A 转换。当 $\overline{WR2}$ 和 $\overline{XFER}$ 信号均有效时，原存在输入寄存器中的数据被写入 DAC 寄存器，并进行 D/A 转换。在一次转换完成后到下次转换开始之前，由于寄存器的锁存作用，数据保持不变，因此 D/A 转换的输出也保持不变。对于多路 D/A 转换接口，要求同步进行 D/A 转换输出时，必须采用双缓冲器同步方式。

DAC0832 采用双缓冲时，数字量的输入锁存和 D/A 转换输出是分两步完成的，即 CPU 的数据总线分时地向各路 D/A 转换器输入要转换的数字量并锁存在各自的输入寄存器中，然后 CPU 对所有的 D/A 转换器发出控制信号，使各个 D/A 转换器输入寄存器的数据打入 DAC 寄存器，实现同步转换输出。与单缓冲线路不同的是，仅将 $\overline{CS}$ 和 $\overline{XFER}$ 分别独立由单片机控制即可。

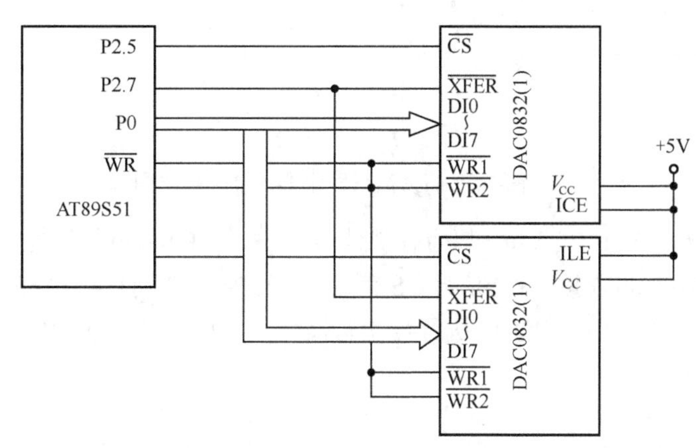

图 7-7　DAC0832 双缓冲同步方式接口电路

7.3　项目实现

7.3.1　设计思路

本项目要求设计一个产生各种波形的简易波形发生器。各种波形属于模拟量，要产生各种不同的波形，可以利用单片机输出各种有规律的数字量，送到 DAC0832 进行 D/A 转换，从而得到需要的模拟量波形。

7.3.2 硬件电路设计

根据题意，设计的硬件电路图如图 7-8 所示。DAC0832 片选信号 $\overline{\text{CS}}$ 和单片机的 P2.7 相连，$\overline{\text{WR1}}$ 均与 AT89C51 的写信号 $\overline{\text{WR}}$ 相连，数据传送控制信号 $\overline{\text{XFER}}$、$\overline{\text{WR2}}$ 都接地，且都为有效信号。DAC0832 数据端和单片机的 P0 口相连。为了得到输出电压，DAC0832 的输出端接有运放。波形切换开关 K1 接在单片机的 P3.2 上，用来改变输出信号的波形。

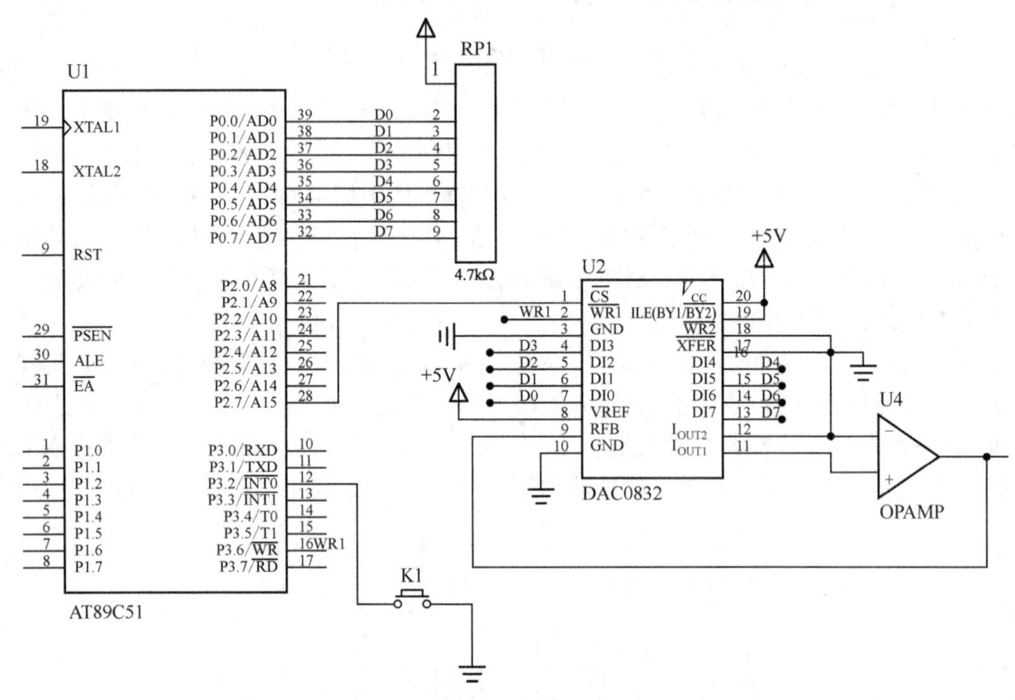

图 7-8 简易波形发生器的硬件电路图

由于 DAC0832 的 $\overline{\text{XFER}}$、$\overline{\text{WR2}}$ 都为有效信号，$\overline{\text{CS}}$、$\overline{\text{WR1}}$ 由单片机控制，所以 DAC0832 采用单缓冲方式和单片机连接。片选信号 $\overline{\text{CS}}$ 有效，即 P2.7=0，得到 DAC0832 地址应为 7FFFH。$\overline{\text{WR1}}$ 有效，只要单片机对 DAC0832 执行一次写操作即可以启动一次 D/A 转换。

7.3.3 程序设计

在程序中，单片机如何把数字量传给 DAC0832 呢？DAC0832 对于单片机来讲，属于扩展的 I/O 接口，我们要先定义 I/O 端口的地址。在 C51 程序中包含 absacc.h 绝对地址访问头文件，可以使用 XBYTE 关键字来定义 I/O 端口的地址。

DAC0832 有了地址后，单片机就可以对其执行一次写操作。执行写操作的同时，则将一个数据直接写入 DAC 寄存器，DAC0832 的输出模拟量随之变化。

根据锯齿波特点，按照一定斜线线性上升，当达到最大值后又下降到 0 重新开始。可以使送给 DAC0832 的二进制数持续自加 1，当加到设定值时，让其从 0 开始再进行前面的操作，这样通过放大电路后就可以输出周期性的锯齿波。

三角波的产生原理和锯齿波类似，它相当于由一个上升的锯齿波和一个下降的锯齿波组

成。它按照一定斜线线性上升，当达到最大值后又按照一定斜线线性下降到 0，再重复刚才的过程。可以使送给 DAC0832 的二进制数持续自加 1，当加到设定值时，再让送给 DAC0832 的二进制数持续自减 1，下降到 0 时再重复刚才的过程。这样通过放大电路后就可以输出周期性的三角波。

方波的产生原理很简单，产生一段时间的高电平，再产生相同时间的低电平即可。可以使送给 DAC0832 的最小二进制数，持续一段时间；再送给 DAC0832 的最大二进制数，持续相同的时间；再重复刚才的过程。这样通过放大电路后就可以输出周期性的方波。

由于正弦波没有什么特定的规律，所以可以采取取点法来产生波形。从正弦波上等间隔的取 100 个点，换算出对应的数字量，存放在数组中。当需要给 DAC0832 送二进制数时，只要按顺序从数组中取即可，100 个数取完了之后再重复刚才的过程。这样通过放大电路后就可以输出周期性的正弦波。

程序清单如下：

```
/*****************************************************************************/
#include <reg51.h>
#include <absacc.h>
#define dac0832 XBYTE[0x7fff]
unsigned char m=0;
unsigned char code zhx[]={64,67,70,73,76,79,82,85,88,91,94,96,99,102,104,106,109,111,113,115,
117,118,120,121,123,124,125,126,126,127,127,127,127,127,127,127,126,126,125,124,123,121,
120,118,117,115,113,111,109,106,104,102,99,96,94,91,88,85,82,79,76,73,70,67,64,60,57,54,51,48,45,
42,39,36,33,31,28,25,23,21,18,16,14,12,10,9,7,6,4,3,2,1,1,0,0,0,0,0,0,0,1,1,2,3,4,6,7,9,10,12,14,16,18,21,
23,25,28,31,33,36,39,42,45,48,51,54,57,60};
void delay( )
{
 unsigned char i;
 for(i=0;i<255;i++);
}
void juchi(void)    //锯齿波
{
 unsigned char i;
 for(i=0;i<255;i++)
 dac0832=i;
}
void sanjiao()
{
 unsigned char i;
 for(i=0;i<255;i++)
 dac0832=i;
 for(i=255;i>0;i—)
 dac0832=i;
```

```
    }
    void zhxi()
    {
     unsigned char i;
     for(i=0;i<128;i++)
      {
       dac0832=zhx[i];
      }
    }
    void fangbo()
    {
       dac0832=0x00;
       delay();
       dac0832=0xff;
       delay();
    }
    void lsd() interrupt 0
    {
     if(m<4)
     m++;
     else
     m=1;
    }
    void main()
    {
     EA=1;
     EX0=1;
     IT0=1;
     while(1)
      {
       switch(m)
        {
         case 1:juchi();
                 break;
         case 2:sanjiao();
                 break;
         case 3:fangbo();
                 break;
         case 4:zhxi();
                 break;
    }
  }
 }
/*****************************************************************************/
```

7.3.4　仿真调试

在计算机上运行 Keil，首先新建一个项目，项目使用的单片机为 AT89C51，这个项目暂且命名为 xh；然后新建一个文件，并保存为“xh.c”文件，并添加到工程项目中。直接在 Keil 软件界面中编写。当程序设计完成后，通过 Keil 编译并创建 xh.HEX 目标文件。

在安装过 Proteus 软件的 PC 上运行 ISIS 文件，即可进入 Proteus 电路原理仿真界面。利用该软件仿真时操作比较简单，其过程是首先构造电路，然后双击单片机加载 HEX 文件，最后执行仿真。为了能够看到输出波形效果，在输出端接了虚拟的示波器。

根据程序，第一次按下按键 K1，示波器的输出如图 7-9 所示，产生锯齿波；第二次按下按键 K1，示波器的输出如图 7-10 所示，产生三角波；第三次按下按键 K1，示波器的输出如图 7-11 所示，产生方波；第四次按下按键 K1，示波器的输出如图 7-12 所示，产生正弦波。

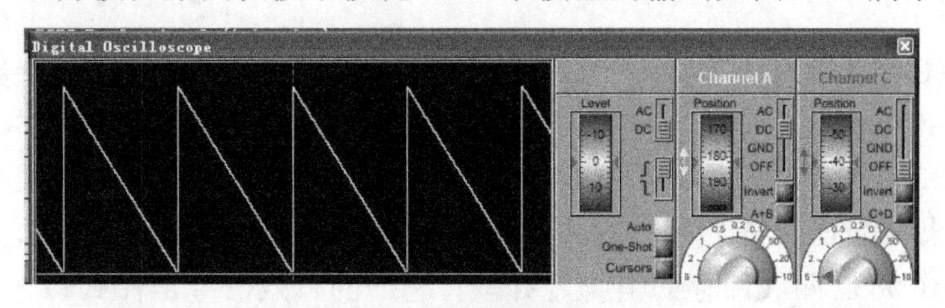

图 7-9　产生锯齿波波形图

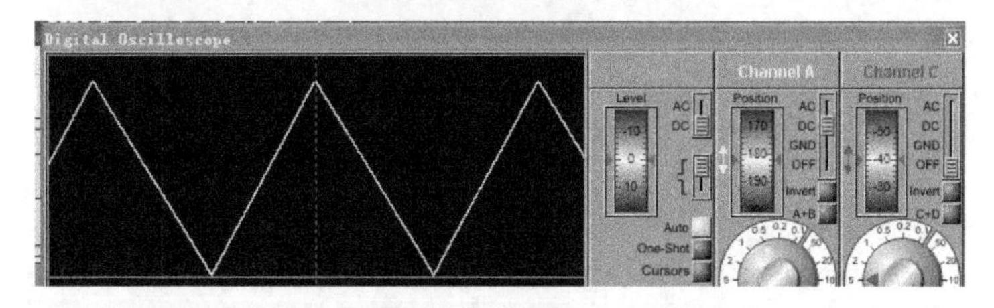

图 7-10　产生三角波波形图

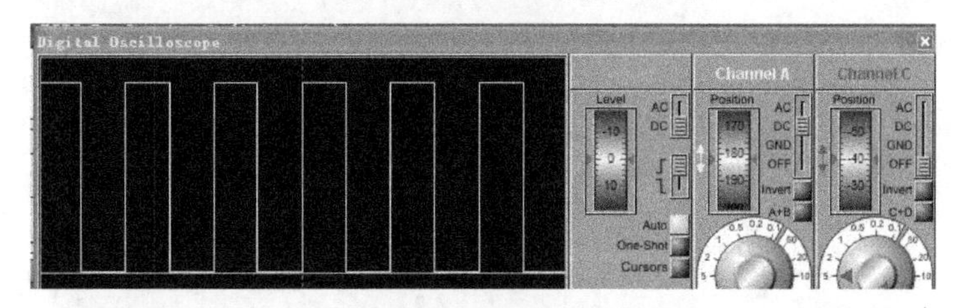

图 7-11　产生方波波形图

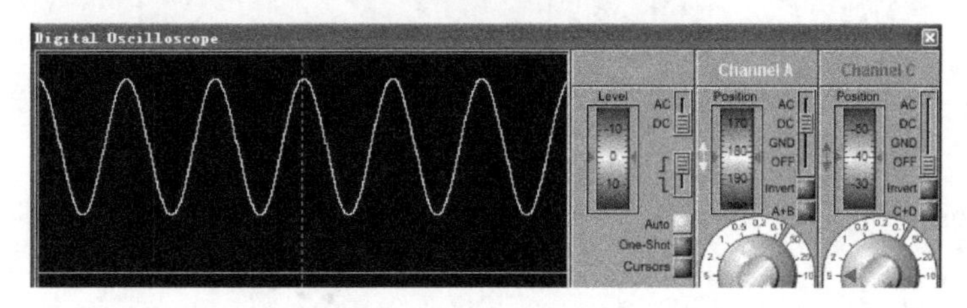

图 7-12　产生正弦波波形图

【项目总结】

1. D/A 转换就是把数字量转化为模拟量，实现 D/A 转换的芯片的原理是基于权电阻网络。

2. DAC0832 是一种把数字量转化为电流的转换器，为了便于得到信号，通常在 DAC0832 的输出端加上运放，输出电压信号，转换公式为 $V_O=-D\times V_{ref}/256$，D 为数字量，V_O 为转换后的输出电压。

3. DAC0832 的内部有两级锁存：输入锁存器、DAC 寄存器，分别靠一些引脚来控制有效。根据选用的锁存的个数，DAC0832 有 3 种工作方式：直通方式、单缓冲方式、双缓冲方式。

思考与练习

1．设某 DAC 是 14 位的，满量程输出电压 10V，试问它的分辨率和转换精度各是多少？

2．简述 DAC0832 的特性和用途。

3．DAC0832 与单片机有哪几种接口方式？各有什么特点？适合在什么方式下？

4．编程输出 10kHz 的方波和三角波。

5．控制 DAC0832 两级锁存的引脚是哪些？它们的有效信号是什么？

项目 8　设计玩具小车调速系统

【项目引入】

玩具小车，可以实现加速、减速及转向控制，深得孩子们的喜爱，如图 8-1 所示。能够实现这些功能主要是靠电动机和 PWM 波，它在自动控制系统的应用非常广泛，如阀门的开关、机械手的运动控制等。本项目要求设计 1 个玩具小车的控制系统。

图 8-1　玩具小车

【知识目标】

- 掌握 PWM 控制技术及方法；
- 了解步进电动机、直流电动机控制电路的组成与工作原理。

【技能目标】

- 学会步进电动机的调速控制；
- 学会直流电动机的调速控制。

8.1　任务描述

利用单片机技术，自行设计一个玩具小车的控制系统，可以实现小车的加速、减速及转向的控制。

8.2　准备知识

8.2.1　步进电动机

在工业控制系统中，通常要控制机械部件的平移和转动，这些机械部件的驱动大部分都采用交流电动机、直流电动机、步进电动机。在这三种电动机中，步进电动机最适合数字控制，是工业过程控制与仪表中常用的控制元件之一，在数控机床、家用电器、精密仪器中得到了广泛应用。步进电动机可以直接接收数字信号，不必进行数/模转换，用起来非常方便。

步进电动机还具有快速启停、精确步进和定位等特点，因而在数控机床、绘图仪、打印机及仪表中得到广泛的应用。

1. 步进电动机概述

一般电动机（直流电动机）都是连续运转的，而步进电动机却是一步一步地转动，故称为步进电动机。步进电动机是纯粹的数字控制的电动机，如图 8-2 所示。它将电脉冲信号转变成电动机转子的角位移，即每当步进电动机的驱动器接收到一个驱动脉冲后，步进电动机将会按照设定的方向转动一个固定的角度。所以说步进电动机是一种将电脉冲转化为角度的转换器。

通过控制脉冲个数来控制角度，从而达到准确定位的目的；通过控制脉冲频率来控制电动机转动的速度和加速度，从而达调速的目的。因此在需要准确定位或调速控制时均可考虑使用步进电动机。步进电动机的这些特性非常适合单片机控制，控制信号由单片机产生，步进电动机则根据控制信号来动作。

2. 步进电动机的结构、工作原理

（1）步进电动机的结构

步进电动机主要由由转子（转子铁芯、永磁体、转轴、滚珠轴承），定子（绕组、定子铁芯）组成，如图 8-3 所示。按照转子结构及材料的不同，步进电动机分为反应式、永磁式和混合式三类。其中，反应式步进电动机因其性价比高，应用非常广泛，在单片机系统中应用较多。下面的内容均以反应式步进电动机为例加以说明。步进电动机的励磁绕组可以制成各种相数，常见的有单相、三相、四相和五相等多种。

图 8-2 步进电动机实物

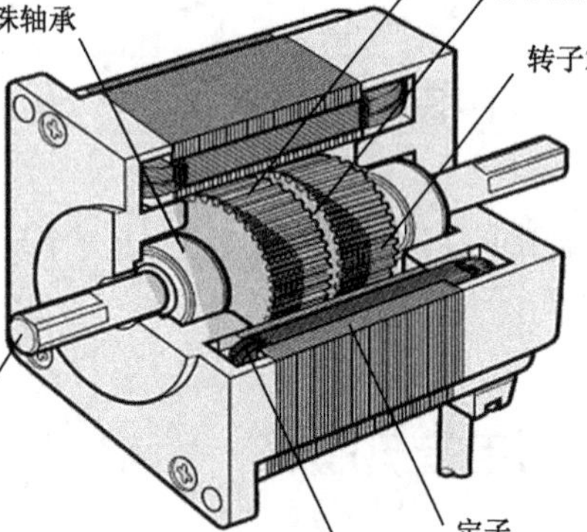

转子1
永久磁钢
滚珠轴承
转子2
转轴
定子
线圈

图 8-3 步进电动机内部结构图

（2）步进电动机的工作原理

三相步进电动机的结构原理和步进过程如图 8-4 所示。定子由有 6 个等分的磁极组成，相对的两个磁极组成一对，共有三对。每对磁极上都绕有同一绕组，也就形成了一相。这样，三对磁极有三个绕组，形成三相。每个磁极的内表面分布着大小相同、间距相同的多个小齿。

转子圆周表面也均匀分布着与定子小齿形状相似、齿间距相同的小齿。若转子齿数 Z 为 40 个，齿距角 θ_z 为相邻两齿中心线间的夹角，则齿距角为

$$\theta_z=360^\circ/Z=360^\circ/40=9^\circ$$

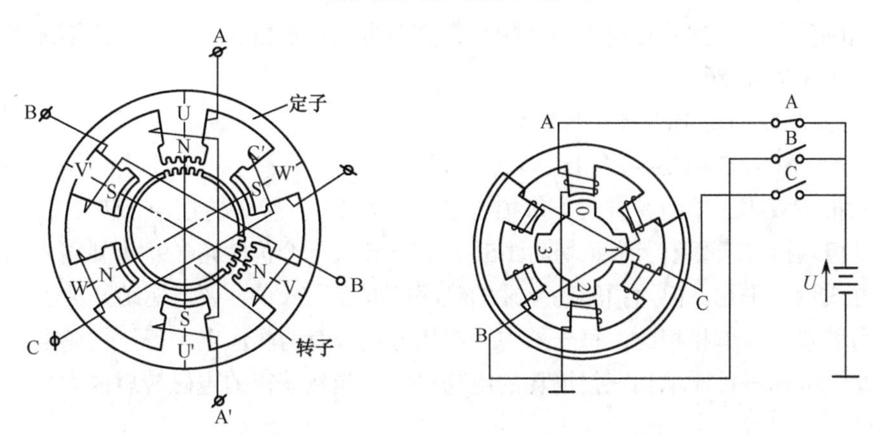

（a）反应式步进电动机结构原理　　（b）步时电动机步进过程原理

图 8-4　反应式步进电动机结构与步进过程原理

当某一相定子绕组通电时，其对应的磁极就产生了磁场，并与转子形成磁路。如果这时该相定子的小齿与转子的小齿没有对齐，即处于错齿状态，则在磁场的作用下转子将转过一定的角度，使转子与该相定子的小齿相互对齐，处于对齿状态。对齿时，定子转子磁阻最小。而错齿时磁阻较大，步进电动机就是磁路由较大磁阻向最小磁阻转变中转过一定的角度的。给处于错齿状态的相通电，则转子在电磁力的作用下，将向磁阻最小的位置移动，即趋向于对齿状态转动，向前转过一定角度。转到对齿状态后，若再给另一错齿状态相通电，则转子又向前转过一定角度。这就是步进电动机的转动原理。由此可见，某相绕组在通电前必须处于错齿状态，而通电后则处于对齿状态，这样转子才可能向前转动。错齿的存在是步进电动机能够旋转的前提。

3．步进电动机的控制方式

为了控制步进电动机的转动，使其实现数字到角度的转换，可以由单片机按顺序给电动机绕组施加有序的脉冲电流。步进电动机转过的角度数正比于脉冲个数，转动的速度正比于脉冲频率，转动的方向则与脉冲顺序有关。

定子的通电方式称为励磁方式，对三相步进电机施加电流脉冲可有如下三种励磁方式。

（1）单相励磁方式

单相三拍励磁方式，按单相绕组顺序施加电流脉冲，一周期加电 3 次，顺序如下。

正转：A→B→C→（A）；

反转：C→B→A→（C）。

（2）双相励磁方式

双相三拍励磁方式，双相即每次对两相绕组同时通电。按双相绕组顺序施加电流脉冲，一周期加电 3 次，顺序如下。

正转：AB→BC→CA→（AB）；

反转：BA→AC→CB→（BA）。

（3）单双相励磁方式

单双相励磁方式，按单相绕组与双相绕组交替方式施加电流脉冲，一周期加电 6 次（单相 3 次、双相 3 次），顺序如下。

正转：A→AB→B→BC→C→CA→（A）；

反转：A→AC→C→CB→B→BA→（A）。

单相三拍或双相三拍两种方式，每拍步进角均为 3°，转子转过一个齿距角（9°）要用三拍；单双相六拍方式每拍步进角均为 1.5°，转子转过一个齿距角（9°）要用六拍。六拍方式比三拍方式运行平稳，但六拍驱动脉冲的频率需要提高一倍，要求驱动开关管有更好的开关特性。另外双相与单相相比，每一拍中，双相方式都有两相通电，每一相通电时间都持续两拍，因此，双相三拍比单相三拍消耗的电功率大，当然获得的电磁转矩也大。

4．步进电动机主要参数

（1）步进电动机的相数

步进电动机的相数是指步进电动机内部的线圈组数，目前常用的有两相、三相、五相步进电动机。

（2）拍数

拍数是指完成一个磁场周期性变化所需脉冲数，用 m 表示，或指电动机转过一个齿距角所需脉冲数。

（3）步进角

步进角是指每当步进电动机的驱动器接收到一个驱动脉冲后，电动机转子转过的角度。

（4）电压

电压有 5VDC 或 12VDC。

（5）减速比

内部转子转的周数与外部转轴转的周数之比称为减速比。例如减速比为 1/64，是指内部转子转 64 圈，外部转 1 圈。例如图 8-2 为 28BYJ48 型 5 线四相八拍步进电动机。

5．步进电动机的驱动

一般来说，驱动步进电动机需要较大的驱动电流。AT89S51 单片机的 I/O 口不能直接驱动，所以要加驱动芯片。ULN2003 是较常用的驱动芯片，高压大电流达林顿晶体管阵列系列产品，具有电流增益高（大于 1000）、工作电压高（大于 50V）、温度范围宽、带负载能力强等特点，适应于各类要求高速大功率驱动的系统。它的每个引脚的驱动电流可达 50mA。图 8-5 是 ULN2003 芯片引脚图和内部逻辑图。

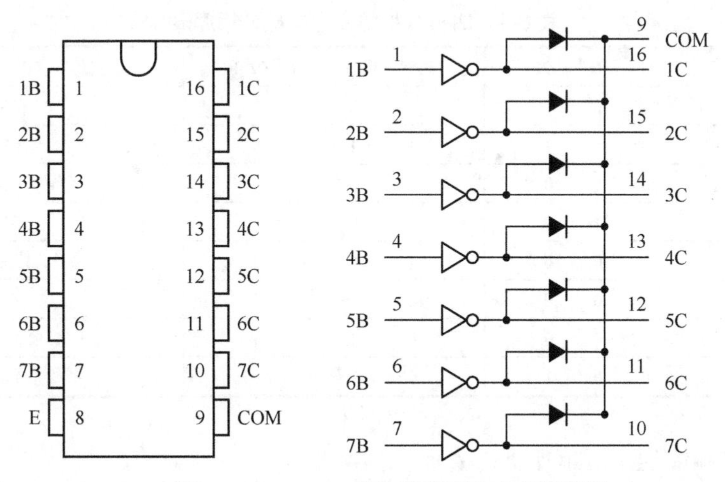

图 8-5　ULN2003 芯片引脚图和内部逻辑图

6．步进电动机的应用

例 1：如图 8-6 所示，电动机为 4 相步进电动机，要求通过按键，控制步进电动机的正转、反转、停止。

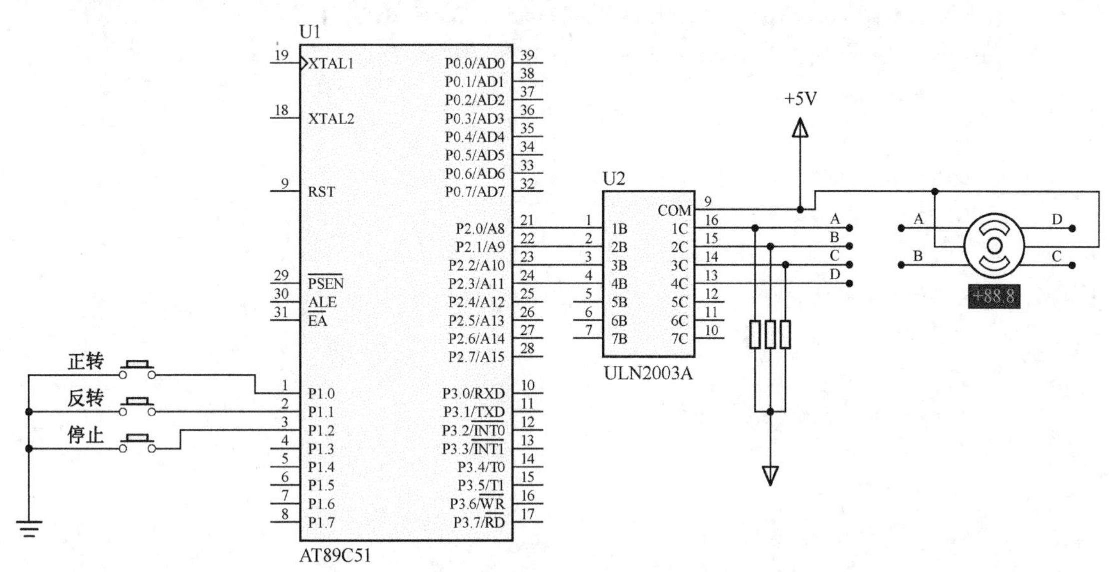

图 8-6　步进电动机与单片机控制电路

单片机的 P2.0～P2.3 经过 ULN2003 反向驱动后和步进电动机的四相 A、B、C、D 相连，三个按键分别控制步进电动机的正转、反转、停止。假设步进电动机按 8 拍实现步进，步进角为 5.625°，每给一个脉冲，电动机内部的转子转过一个步进角 5.625°，当给 8 个脉冲，电动机内部转子转过一个齿距角 5.625×8=45°。

选用单双相励磁式，步进电动机按正转时 8 拍为：A→AB→B→BC→C→CD→D→DA→（A），从而得出四相八拍的步进电动机的相序表如表 8-1 所示。反转时 8 拍为：A→AD→D→DC→C→CB→B→BA→（A），同理也可得出其控制字。

表 8-1　四相八拍的步进电机的相序表

步序	D　C　B　A	P2.3　P2.2　P2.1　P2.0	控制字（P2 口输出值）
1	0　0　0　1	1　1　1　0	FE
2	0　0　1　1	1　1　0　0	FC
3	0　0　1　0	1　1　0　1	FD
4	0　1　1　0	1　0　0　1	F9
5	0　1　0　0	1　0　1　1	FB
6	1　1　0　0	0　0　1　1	F3
7	1　0　0　0	0　1　1　1	F7
8	1　0　0　1	0　1　1　0	F6

按照题意，编制程序清单如下：

```
/*****************************************************************************/
#include <reg51.h>
sbit k1=P1^0;
sbit k2=P1^1;
sbit k3=P1^2;
unsigned char code zz1[]={0xfe,0xfc,0xfd,0xf9,0xfb,0xf3,0xf7,0xf6};
unsigned char code fz1[]={0xfe,0xf6,0xf7,0xf3,0xfb,0xf9,0xfd,0xfc};
void delay(unsigned int a)
{
  unsigned char b;
  while(--a!= 0)
   {
     for(b=0;b<125;b++);
     }
}
void zhengzh(unsigned char m)
{
  unsigned char i,j;
  for(i=0;i<8*m;i++)
   {
     for(j=0;j<8;j++)
      {
       P2=zz1[j];
       delay(50);
       if(k3==0)
        {
         delay(5);
         if(k3==0)
          {
```

```
                while(k3==0);
                break;
              }
           }
         }
       }
     }

     void fanzh(unsigned char m)
     {
      unsigned char i,j;
      for(i=0;i<8*m;i++)
        {
         for(j=0;j<8;j++)
          {
            P2=fz1[j];
            delay(50);
            if(k3==0)
             {
              delay(5);
              if(k3==0)
               {
                while(k3==0);
                break;
               }
             }
          }
       }
     }
      void main()
     {
       while(1)
       {
        if(k1==0)
          {
           delay(5);
           if(k1==0)
            {
             while(k1==0);
             zhengzh(1);
            }
```

```
                }
            if(k2==0)
                {
                 delay(5);
                  if(k2==0)
                    {
                     while(k2==0);
                     fanzh(1);
                    }
                }
          }
    }
/******************************************************************************/
```

程序说明：

- 从程序中看出，步进电动机角度的调节是通过脉冲个数来实现的。每给一个脉冲，电动机内部的转子转过一个步进角。所以用户可以根据自己需要的角度通过控制脉冲个数来控制角度，从而达到准确定位的目的。
- 步进电动机反转、正转的区别就在于施加的脉冲顺序不同。
- 步进电动机转速的调节可通过调节脉冲周期来实现。程序中，可设置延时子程序，改变每个脉冲期间调用延时子程序的次数或改变延时时间可实现转速控制。

8.2.2 直流电动机调速

1. 直流电动机概述

由于直流电动机具有优良的调速性能，长期以来，应用比较广泛，如图 8-7 所示。在直流电动机的两电刷端加上直流电压，将电能输入电枢，机械能就从电动机轴上输出，拖动生产机械，将电能转换成机械能而成为电动机。

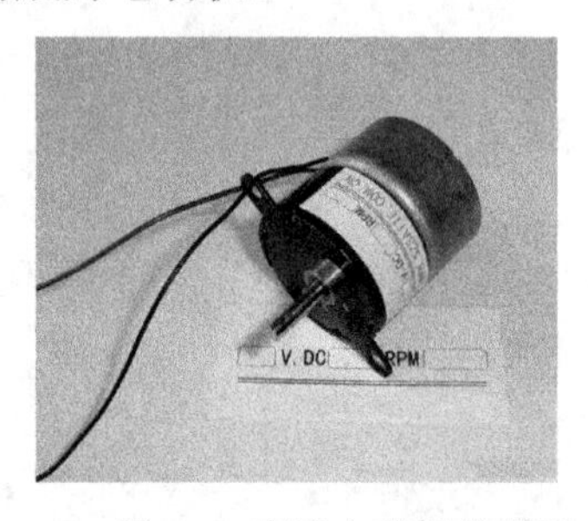

图 8-7　直流电动机外观图

直流电动机主要由定子（主磁极、换向极、机座、电刷装置）、转子（电枢铁芯、电枢绕组、换向器、）两部分组成。定子的作用是产生磁场，转子在定子磁场作用下得到转矩而旋转起来。直流电动机的转速由电枢电压决定。电枢电压越高，电动机转速就越快；电枢电压为 0V 时，直流电动机就停转。改变电枢电压的极性，电动机就反转。因此改变电枢电压的大小和极性可以改变直流电动机的转速和转向。

2．直流电动机的 PWM 调速

（1）什么是 PWM

PWM，是 Pulse Width Modulation 的缩写，是指脉冲宽度调制，是通过控制固定电压的直流电源的开关频率，改变负载两端的电压，从而达到控制要求的一种电压调整方法。也就是利用半导体器件的导通与关断，把直流电压变成电压脉冲序列，通过控制电压脉冲宽度或周期达到变压的目的。PWM 可以应用在许多方面，比如：电动机调速、温度控制、压力控制等。

在 PWM 驱动控制的调整系统中，按一个固定的频率来接通和断开电源，并且根据需要改变一个周期内“接通”和“断开”时间的长短。也正因为如此，PWM 又被称为“开关驱动装置”。

（2）直流电动机的 PWM 调速

对于中小功率直流电动机调速系统，使用微机或单片机控制是极为方便的，常用的方法就是 PWM 调速。

在直流电动机调速系统中，实际上就是对电枢（即转子线圈）电压进行控制，通过改变一个周期内“接通”和“断开”时间来改变直流电动机电枢上电压的“占空比”，从而达到改变平均电压大小的目的，最终控制电动机的转速。在脉冲作用下，当电动机通电时，速度增加；电动机断电时，速度逐渐减小。只要按一定规律，改变通、断电的时间，即可让电动机转速得到控制。

设电动机始终接通电源时，电动机转速最大为 V_{max}，设占空比为 D，则电动机的平均速度为

$$V_a=V_{max}\times D$$

式中，V_a 为电动机的平均速度；

V_{max} 为电动机全通电时的最大速度；

$D=t_1 / T$ 占空比，t_1 为接通时间，T 为一个周期，如图 8-8 所示。

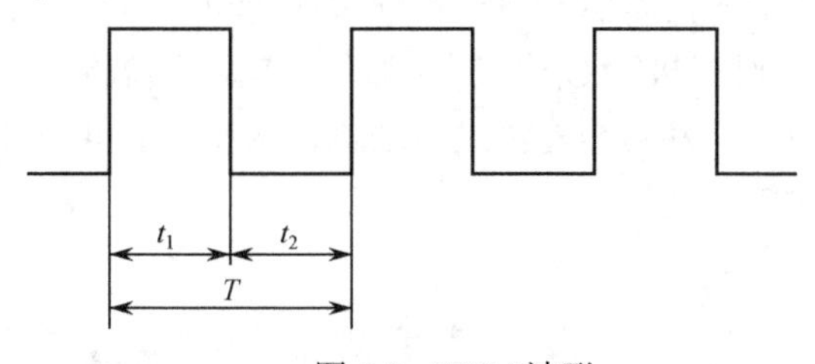

图 8-8　PWM 波形

由公式可见，当改变占空比 $D=t_1/T$ 时，就可以得到不同的电动机平均速度，从而达到调速的目的。严格地讲，平均速度与占空比 D 并不是严格的线性关系，但在一般的应用中，可以将其近似地看成线性关系。

若周期不变只要改变 t_1 就可以改变占空比。AT89S51 单片机无 PWM 波形输出功能，可以采用定时器配合软件的方法实现 PWM 输出。

3．直流电动机的驱动电路

直流电动机的驱动主要完成直流电动机的方向控制以及 I/O 端口的驱动，直流电动机的

转子转动方向可由直流电动机上所加电压的极性来控制。直流电动机的驱动可以采用分立元件组成的 H 桥控制电路，也可采用集成芯片，例如 ULN2003、L298 等。

（1）H 桥控制电路

基于三极管的使用机理和特性，在驱动电动机中采用 H 桥功率驱动电路，H 桥功率驱动电路可应用于步进电动机、交流电动机及直流电动机等的驱动。

图 8-9 所示的 H 桥式电机驱动电路包括 4 个三极管和一个电动机，电路得名于“H 桥驱动电路”是因为它的形状酷似字母 H。要使电动机运转，必须导通对角线上的一对三极管。根据不同三极管对的导通情况，电流可能会从左至右或从右至左流过电机，从而控制电动机的转向。

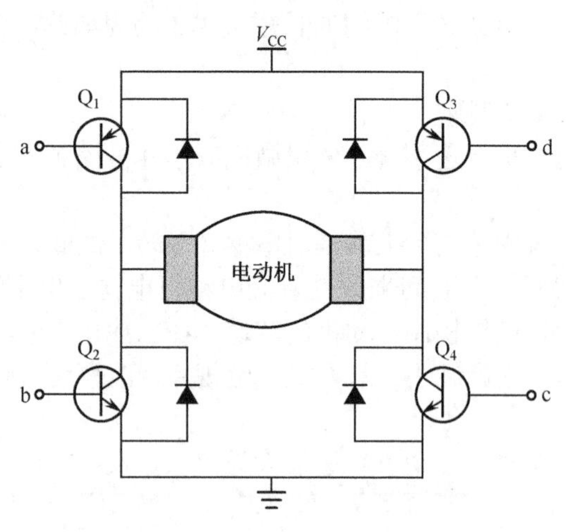

图 8-9　4 管 H 桥控制电路

要使电动机运转，必须使对角线上的一对三极管导通。如图 8-10 所示，当 Q_1 管和 Q_4 管导通时，电流就从电源正极经 Q_1 从左至右穿过电动机，然后再经 Q_4 回到电源负极。按图中电流箭头所示，该流向的电流将驱动电动机顺时针转动。

如图 8-11 所示为另一对三极管 Q_2 和 Q_3 导通的情况，电流将从右至左流过电动机。当三极管 Q_2 和 Q_3 导通时，电流将从右至左流过电动机，从而驱动电动机沿另一方向转动（电动机周围的箭头表示为逆时针方向）。

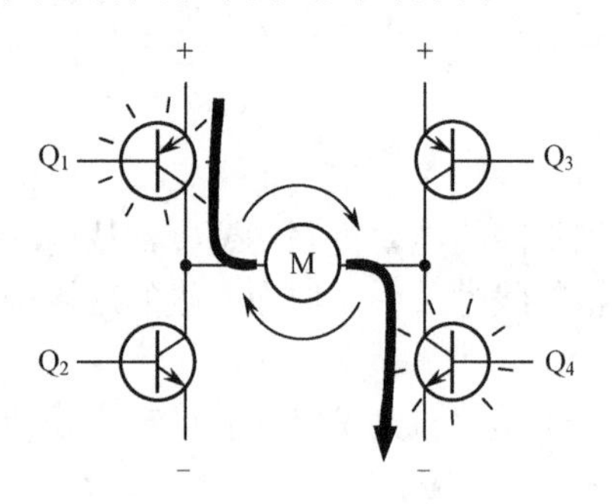

图 8-10　电动机顺时针转

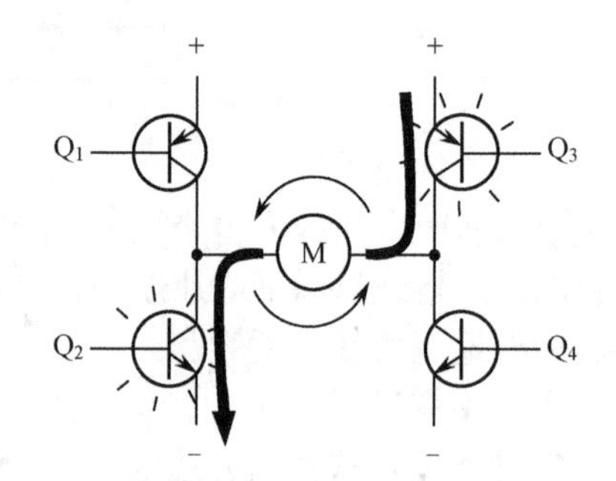

图 8-11　电动机逆时针转

（2）L298 驱动芯片

L298 是双 H 桥高电压大电流功率集成电路，可用来驱动继电器、线圈、直流电动机、步进电动机等电感性负载。它的驱动电压可达 46V，直流电流总和可达 4A，其内部具有 2 个完全相同的 PWM 功率放大回路。

图 8-12 为 L298 驱动直流电动机电路图，L298 可以同时驱动两个直流电动机。OUT1、OUT2、OUT3、OUT4 引脚是 L298 的输出端，这 4 个引脚之间可以接 2 个直流电动机。IN1、IN2、IN3、IN4 引脚通过置高电平和低电平组合实现两个电动机的正反转，如表 8-2 所示。ENA、ENB 为使能端，高电平有效，分别为 IN1 和 IN2、IN3 和 IN4 的使能端。该端口一般和单片机软件产生的 PWM 波输出端相连，实现电动机的调速。其中控制一个电动机的逻辑表如表 8-2 所示。另外 V_{SS} 为芯片电源，V_S 为电动机电源。

表 8-2　一个电动机的逻辑表

IN1	IN2	ENA	电机状态
X	X	0	停止
1	0	1	顺时针
0	1	1	逆时针
0	0	0	停止
1	1	0	停止

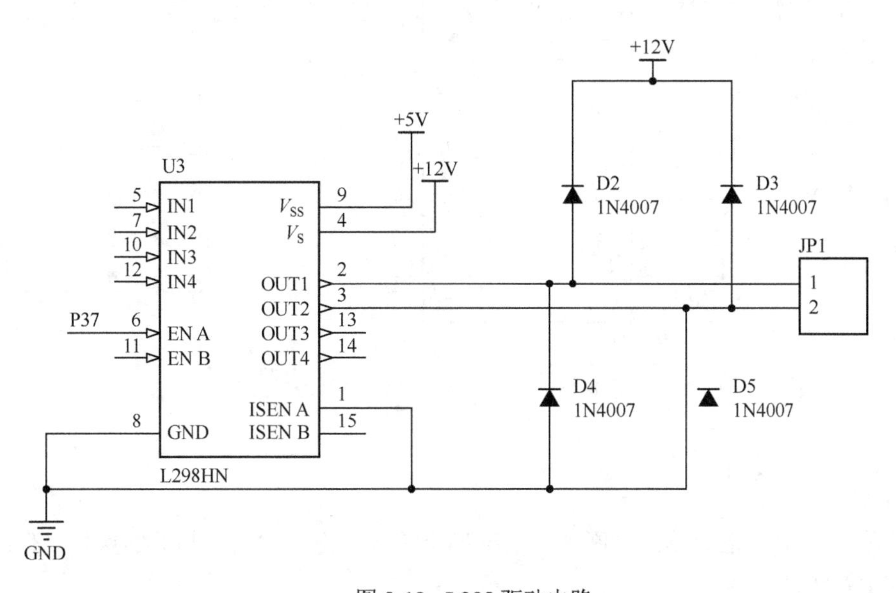

图 8-12　L298 驱动电路

8.3　项目实现

8.3.1　设计思路

本项目要求设计一个可以加速、减速及转向控制的玩具小车的控制系统。因为没有要求小车有精确的定位，所以选用直流电动机。利用 L298 驱动直流电动机即小车，通过 PWM 波对小车调速，配合按键实现加速和减速；另外，单片机通过控制 L298 实现电动机的正转和反转，即小车的前进和后退，配合按键实现小车的前进和后退。

8.3.2 硬件电路设计

根据题意，设计玩具小车的控制系统硬件电路图如图 8-13 所示。电路中，用电动机代替玩具小车，另外配有 5 个按键（开始按键（K0）、加速按键（K1）、减速按键（K2）、前进按键（K3）、后退按键（K4））分别和单片机的 P1.3、P1.4、P1.5、P1.6、P1.7 相连。单片机的 P1.0 和直流电动机的 ENA 相连，用来输出 PWM 波，配合按键 K1、K2 对小车进行调速。单片机的 P1.1、P1.2 和直流电动机的 IN1、IN2 相连，配合按键 K3、K4 对小车进行方向控制。另外还设置了一个按键 K0 用来一开始启动电动机转动。

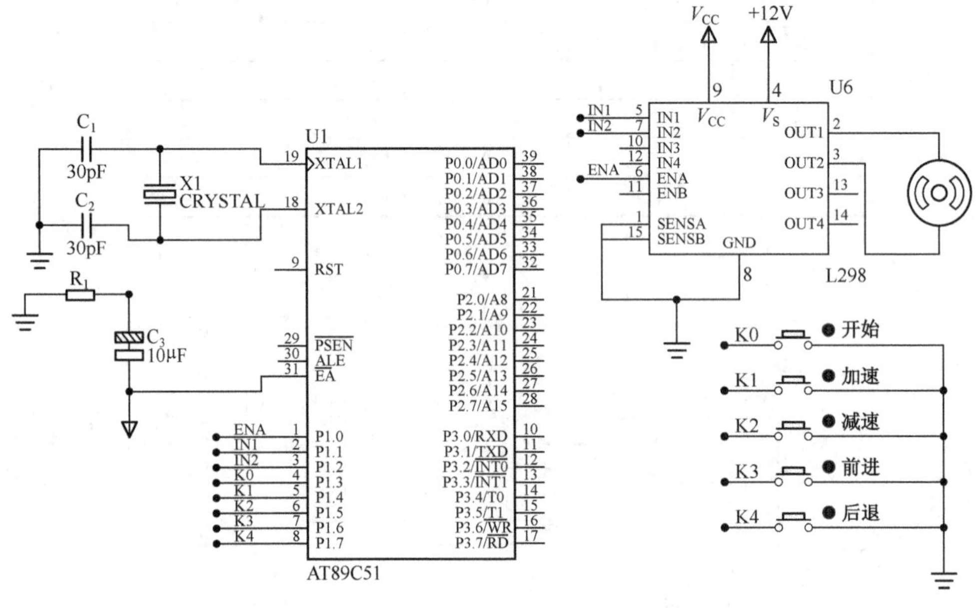

图 8-13 玩具小车的控制系统硬件电路图

8.3.3 程序设计

整个程序的流程很简单：判断 5 个按键哪个按键按下，然后做相关的操作。但编程的关键是产生 PWM 波。

利用单片机的定时器来产生 PWM 波，要清楚以下两个问题：

（1）根据 PWM 波的周期及占空比变化快慢来确定定时器定一次的时间

假定 PWM 信号的周期 T=1ms，f=1kHz，每按一次按键，占空比以 10%比例递增减。那么把整个周期 10 等份，1 等份为 100μs。所以利用定时器的定时时间设定为 100μs，对此定时时间进行统计个数，计满 10 个，即 1 个周期。

（2）通过修改高电平的值修改占空比

以 100μs 为基本单位，假设设定高电平的初始值为 2 个单位（持续时间 200μs），则占空

比为 20%。在周期固定的情况下，通过按键 K1 或 K2 修改高电平的值，即可修改占空比（改为 3，则占空比为 30%）。设计的程序清单如下：

```
/**************************************************************************/
#include<reg52.h>
sbit key0=P1^3;
sbit key1=P1^4;
sbit key2=P1^5;
sbit key3=P1^6;
sbit key4=P1^7;
sbit ENA=P1^0;
sbit IN1=P1^1;
sbit IN2=P1^2;
unsigned char zkb,i;                              //zkb 指高电平的单位数
void delay(unsigned char z)
 {
   unsigned char x,y;
   for(x=z;x>0;x--)
   for(y=110;y>0;y--);
 }
 void init()                                      //初始化函数
 {
   TMOD=0X01;
   TH0=(65536-100)/256;
   TL0=(65536-100)%256;
   EA=1;
   ET0=1;
   TR0=1;
 }
 void keyscan()                                   //键盘扫描
 {
    P3=0XFF;
    if(key0==0)
      {
      delay(5);
       if(key0==0)
       {
        while(!key0);
        IN1=0;IN2=1;
       }
      }
      if(key1==0)
```

```
{
  delay(5);
   if(key1==0)
   {
    while(!key1);
    if(zkb<=9)
     {
       zkb++;
     }
    }
}
if(key2==0)
{
  delay(5);
   if(key2==0)
   {
    while(!key2);
    if(zkb>=0)
     {
       zkb--;
     }
    }
}
if(key3==0)
{
  delay(5);
   if(key3==0)
   {
    while(!key3);
    IN1=0;IN2=1;
   }
}
if(key4==0)
{
  delay(5);
   if(key4==0)
   {
    while(!key4);
    IN1=1;IN2=0;
   }
}
```

```
    }
    void main()                                    //主函数
     {
       zkb=5;
       init();
       while(1)
        {
          keyscan();
        }
     }
    void time0(void) interrupt 1                   //中断函数
    {
       TH0=(65536-100)/256;
       TL0=(65536-100)%256;
       if(i==9)
         {
           i=0;
         }
       if(i<zkb)
        {
        ENA=1;
        }
       else   ENA=0;
       i++;
     }
/*************************************************************************/
```

程序说明：

- 在程序中定义了两个全局变量，一个是存放定时 100μs 的个数的变量 i，当 i=10，即定时 1ms，一个周期到了，把 i 清 0，开始下一个周期。另一个是存放高电平的单位数的变量 zkb，以 100μs 为基本单位，zkb 的初值可以自主修改，这个初值决定了电动机初始转动的转速。zkb/10 即占空比，可以通过按键 K1、K2 来增加或减小 zkb 的值，从而改变占空比，即改变直流电动机的转速。
- 直流电动机的方向控制是单片机通过控制 IN1、IN2 引脚来实现的。
- 在按键扫描子程序 keyscan()中，5 个按键的判断处理程序采用并列结构排列，这是一种常用的独立式键盘的编程结构。

8.3.4　仿真调试

在计算机上运行 Keil，首先新建一个项目，项目使用的单片机为 AT89C51，这个项目暂且命名为 dj；然后新建一个文件，并保存为“dj.c”文件，并添加到工程项目中。直接在 Keil 软件界面中编写。当程序设计完成后，通过 Keil 编译并创建 dj.HEX 目标文件。

在安装过 Proteus 软件的 PC 上运行 ISIS 文件，即可进入 Proteus 电路原理仿真界面，利用该软件仿真时操作比较简单。其过程是首先构造电路，然后双击单片机加载 HEX 文件，最后执行仿真。为了能够看到 PWM 波形效果，在 ENA 端接了虚拟的示波器。

在仿真状态，首先按下“开始”按键，直流电动机以一定的速度逆时针转动，如图 8-14 所示，此时示波器的 PWM 输出波形如图 8-15 所示；此时，多次按下“加速”键，能够看到电动机转速逐渐增加，此时示波器的 PWM 输出波形如图 8-16 所示。此时，再多次按下“减速”键，能够看到电动机转速逐渐减小，此时示波器的 PWM 输出波形如图 8-17 所示；按下“后退”按键，直流电动机立即顺时针转动；再按下“前进”按键，直流电动机又逆时针转动。

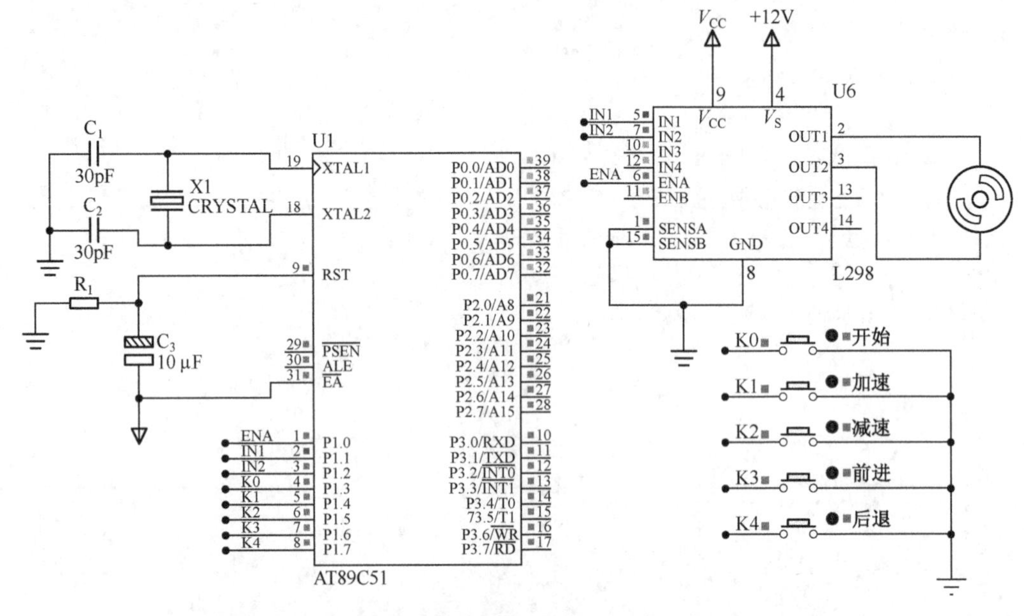

图 8-14　玩具小车的控制系统仿真图

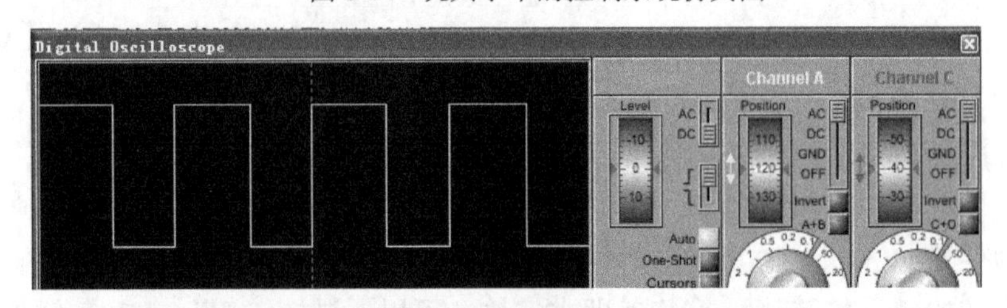

图 8-15　直流电动机初始转动的 PWM 波形

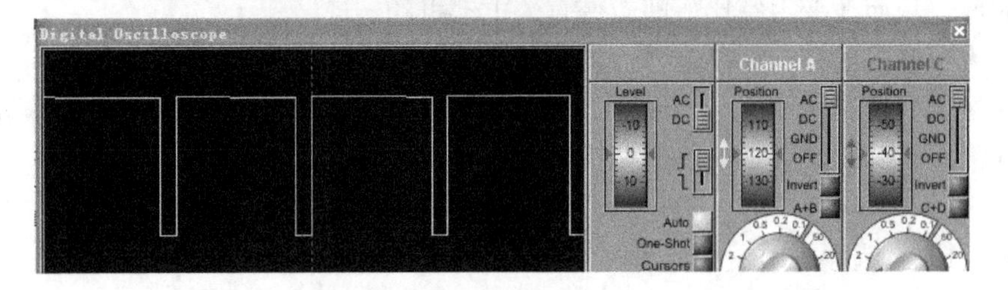

图 8-16　按下“加速”键后直流电动机转动的 PWM 波形

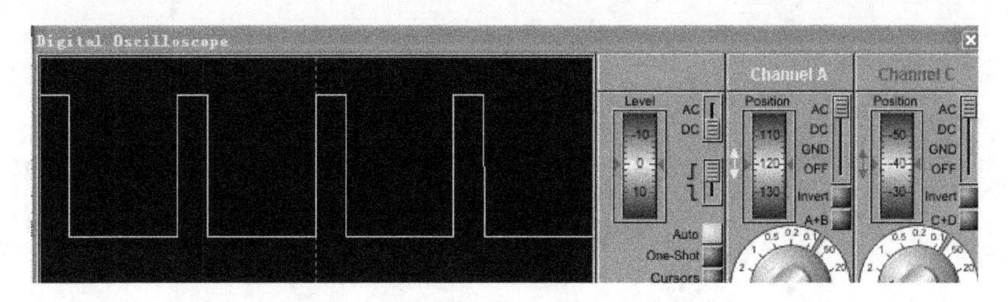

图 8-17　按下“减速”键后直流电动机转动的 PWM 波形

【项目总结】

1．一般电动机（直流电动机）都是连续运转的，而步进电动机却是一步一步地转动。它将电脉冲信号转变成电动机转子的角位移，即每当步进电动机的驱动器接收到一个驱动脉冲后，步进电动机将会按照设定的方向转动一个固定的角度。所以说步进电动机是一种将电脉冲转化为角度的转换器。

2．步进电动机的速度控制是靠改变脉冲信号之间即每步之间的延时时间实现的。延时时间变短，速度提高；延时时间变长，速度减慢。

3．步进电动机的方向控制是靠改变励磁顺序实现的。以 1 相为例，正转时，1 相励磁顺序：A→B→C→（A）；反转时，1 相励磁顺序：C→B→A→（C）。

4．步进电动机常用的驱动芯片是 ULN2003。

5．在直流电动机的两电刷端加上直流电压，将电能输入电枢，机械能就从电动机轴上输出。

6．直流电动机的转速由电枢电压决定。通过改变一个周期内“接通”和“断开”时间来改变直流电动机电枢上电压的“占空比”，从而达到改变平均电压大小的目的，最终控制了电动机的转速。

7．直流电动机的驱动可以采用分立元件组成的 H 桥控制电路，也可采用集成芯片，例如 ULN2003、L298 等。

思考与练习

1．在图 8-6 中，试写出单相励磁方式步进电动机的相序表。

2．简述步进电动机速度、方向控制的原理。

3．说明什么是 PWM 波。

4．说明 H 桥的功能和原理。

5．说明 L298 如何实现电动机的正转和反转的。

项目9　利用PC控制流水灯

【项目引入】

单片机系统设计中，经常要使用串行口进行外部通信，有时需要两个单片机之间进行互相通信。单片机的控制功能强，但运算能力较差，数据存放的RAM也有限，所以有时要借助PC计算机系统，如图9-1所示。因此，单片机与PC间的通信接口技术是重要的实用技术，是实现信息相互传送、相互控制的相互通道接口技术。

图9-1　单片机与PC机串口连接

【知识目标】

- 掌握单片机串行口的基本结构及相关寄存器的设置；
- 掌握单片机串行口的4种工作方式。

【技能目标】

- 会利用C51对串行通信进行简单编程；
- 会运用单片机与PC间的通信接口技术。

9.1　任务描述

利用单片机和PC的串行通信，设计一个可以由PC控制的流水灯，驱动流水灯点亮的数值可以直接由PC输入。另外，PC还可以显示流水灯电路所接的开关的状态值。

9.2　准备知识

9.2.1　单片机串行通信

51单片机的P3.1、P3.2引脚是一个进行串行发送和接收的全双工串行通信接口，根据单片机串行口的工作方式，接口可以作UART（Universal Asynchronous Receiver/Transmitter，通用异步接收和发送器）用，也可以作驱动同步移位寄存器用。应用串行口可以实现单片机

系统之间点对点的串行通信和多机通信，也可以实现单片机与 PC 通信。本节主要讨论 51 单片机串行口的结构、工作原理、应用和扩展等内容。

1．串行通信概述

（1）并行通信和串行通信

计算机与外界进行信息交换称为通信。通信的基本方式分为串行通信和并行通信两种。

① 并行通信。并行通信是指数据的各位同时进行传送（发送或接收）的通信方式。其优点是数据的传送速度快，缺点是传输线多，数据有多少位，就需要多少传输线。并行通信一般适用于高速短距离的应用场合，典型的应用是计算机和打印机之间的连接。

② 串行通信。串行通信是指数据一位一位按顺序传送的通信方式，其突出特点是只需少数几条线就可以在系统间交换信息（电话线即可用做传输线），大大降低了传送成本，尤其适用于远距离通信，但串行通信的速度相对比较低。

（2）串行通信的传送方向

按照传送方向串行通信可分为有单工、半双工和全双工3种。

① 单工方式。单工方式下只允许数据向一个方向传送，要么只能发送，要么只能接收。

② 半双工方式。半双工方式下允许数据往两个相反的方向传送，但不能同时传送，只能交替进行。为了避免双方同时发送，需另加联络线或制定软件协议。

③ 全双工方式。全双工是指数据可以同时往两个相反的方向传送，需要两个独立的数据线分别传送两个相反方向的数据。

（3）异步通信和同步通信

对于串行通信，数据信息和控制信息都要在一条线上实现。为了对数据和控制信息进行区分，收发双方要事先约定共同遵守的通信协议。通信协议约定内容包括：同步方式、数据格式、传输速率、校验方式。依发送与接收时钟的配置方式串行通信可以分为异步通信和同步通信。

① 异步通信。在串行异步通信中，数据按帧传送。用一位起始位（“0”电平）表示一个字符的开始，接着是数据位，低位在前，高位在后，用停止位（“1”电平）表示字符的结束。有时在信息位和停止位之间可以插入一位奇偶校验位，这样构成一个数据帧。因此，在异步串行通信中，通信的每帧数据由 4 部分组成：起始位（1 位）、数据位（8 位）、奇偶校验位（1 位，可无校验位）和停止位（1 位），如图 9-2 所示。

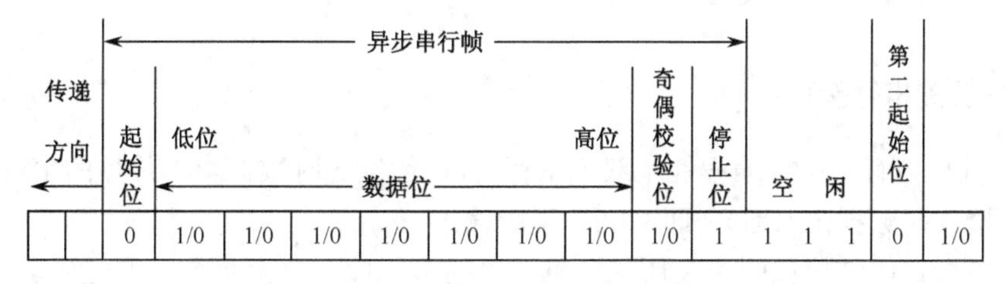

图 9-2　异步通信的数据帧格式

起始位：标志着一个新数据帧的开始。当发送设备要发送数据时，首先发送一个低电平信号，起始位通过通信线传向接收设备，接收设备检测到这个逻辑低电平后就开始准备接收数据信号。

数据位：起始位之后就是 5、6、7 或 8 位数据位，IBM PC 中经常采用 7 位或 8 位数据传送。当数据位为 1 时，收发线为高电平，反之为低电平。

奇偶校验位：用于检查在传送过程中是否发生错误。奇偶校验位可有可无，可奇可偶。若选择奇校验，则各位数据位加上校验位使数据中为“1”的位为奇数；若选择偶校验，其和将是偶数。

停止位：停止位是高电平，表示一个数据帧传送的结束。停止位可以是一位、一位半或两位。

在异步数据传送中，通信双方必须规定数据格式，即数据的编码形式。例如，起始位占 1 位，数据位为 7 位，1 个奇偶校验位，加上停止位，于是一个数据帧就由 10 位构成。接收设备在接收状态时不断地检测传输数据线，看是否有起始位到来。当收到一系列的 1（空闲位和停止位）之后，检测一个 0，说明起始位出现，就开始接收所规定的数据位和奇偶校验位以及停止位。接收完后，串行接口电路将停止位去掉后把数据位拼成一个并行字节，再经校验无误才算正确地接收到一个字符。一个字符接收完毕后，接收设备又继续测试传输线路，监视 0 电平的到来（下一个字符开始），直到全部数据接收完毕。

异步通信的特点是不要求收发双方时钟的严格一致，实现起来容易，设备开销较小，但每个字符要附加 2～3 位用于起止位，各帧之间还有间隔，因此传输效率不高。

② 同步通信。同步通信时要建立发送方时钟对接收方时钟的直接控制，使双方达到完全同步。同步通信传输效率高。

由于51 单片机的串行口属于通用的异步收发器（UART），所以只讨论异步通信。

（4）串行通信的波特率

波特率是指数据的传输速率，表示每秒钟传送的二进制代码的位数，单位是位/秒（bit per second，bps）。假如数据传送的格式是 7 位，加上校验位、1 个起始位以及 1 个停止位，共 10 个数据位，而数据传送的速率是 960 字符/秒，则传送的波特率为

$$10\times960=9600\text{bps}$$

波特率的倒数为每一位的传送时间，即

$$T=1/9600\approx0.104\text{ms}$$

由上述的异步通信原理可知，相互通信的 A、B 站点双方必须具有相同的波特率，否则就无法实现通信。波特率是衡量传输通道频宽的指标，它和传送数据的速率并不一致。异步通信的波特率一般在 50bps 到 19200bps 之间。

2．单片机的串行接口结构

51 单片机片内有一个可编程的全双工串行口，串行发送时数据由单片机的 TXD（即 P3.1）引脚送出，接收时数据由 RXD（即 P3.0）引脚输入。

单片机串行口的结构如图 9-3 所示。单片机的串行口主要由两个数据缓冲器 SBUF、一个输入移位寄存器、一个串行控制寄存器 SCON 和一个波特率发生器 T1 等组成。

串行口数据缓冲器 SBUF 是可以直接寻址的专用寄存器。在物理结构上，一个作发送缓冲器，一个作接收缓冲器。但两个缓冲器共用一个口地址 99H，由读/写信号区分。发送缓冲器只能写入，不能读出，接收缓冲器只能读出，不能写入。CPU 写 SBUF 时为发送缓冲器，

读 SBUF 时为接收缓冲器。接收缓冲器是双缓冲的，以避免在接收下一帧数据之前，CPU 未能及时响应接收器的中断，把上一帧数据读走，而产生两帧数据重叠的问题而设置的双缓冲结构。对于发送缓冲器，为了保持最大的传输速率，一般不需要双缓冲，因为发送时 CPU 是主动的，不会产生写重叠的问题。

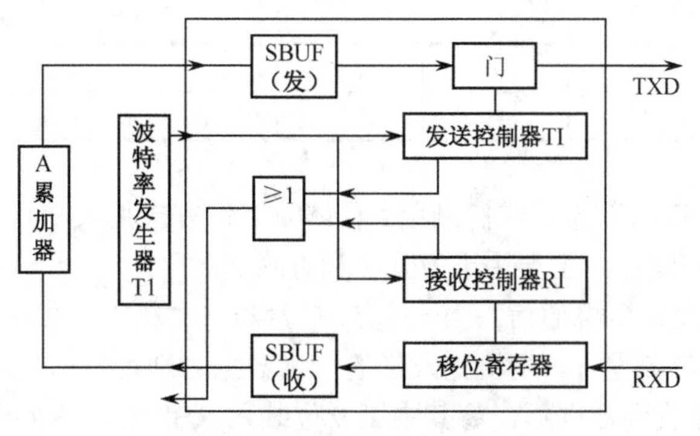

图 9-3　单片机串行口结构

特殊功能寄存器 SCON 用来存放串行口的控制和状态信息。T1 用做串行口的波特率发生器，其波特率是否增倍可由特殊功能寄存器 PCON 的最高位控制。

3．单片机的串行发送、接收原理

（1）发送

单片机串行通信的发送过程如下：

① CPU 由一条写发送缓冲器的语句“SBUF=m”，m 为存放数据的变量，把数据写入串行口的发送缓冲器 SBUF 中。

② 数据（data）从 TXD 端一位一位地向外发送。

③ 发送完毕后，自动把 TI（发送结束中断标志）置 1，用来供用户查询。同时向 CPU 请求中断，请求 CPU 继续发送下一个数据。

④ 在再次发送数据之前，必须用软件将 TI 清零。

（2）接收

单片机串行通信的接收过程如下：

① 在满足 REN（接收允许）=1 和 RI（接收结束中断标志）=0 的条件下，接收端 RXD 一位一位地接收数据。

② 直到一个完整的字符数据送到 SBUF 后，自动把 RI 置 1，用来供用户查询。同时向 CPU 请求中断，请求 CPU 到 SBUF 读取接收的数据。

③ 用一条语句把接收缓冲器 SBUF 的内容读出“m=SBUF”，m 为存放数据的变量。

④ 在下次接收数据之前，必须用软件将 RI 清零。

4．与串行通信有关的寄存器

单片机的串行口是可编程接口，与串行通信有关的寄存器有串行口控制寄存器 SCON、电源控制寄存器 PCON 以及与串行通信中断有关的控制寄存器 IE 和 IP。另外，串行通信的波特率还要用到 T1 的控制寄存器 TMOD 和 TCON。

（1）串行口控制寄存器 SCON

单片机串行通信的方式选择、接收和发送控制以及串行口的状态标志等均由特殊功能寄存器 SCON 控制和指示。SCON 的字节地址是 98H，支持位操作。其控制字格式及具体意义如下。

位序号	D7	D6	D5	D4	D3	D2	D1	D0
位名称	SM0	SM1	SM2	REN	TB8	RB8	TI	RI

SM0、SM1：串行口的工作方式控制位。具体的工作方式见表 9-1，其中 f_{OSC} 是振荡频率。

SM2：多机通信控制位，主要用于方式 2 和方式 3。

若置 SM2=1，则允许多机通信。当一个 51 单片机（主机）与多个 51 单片机（从机）通信时，所有从机的 SM2 都置 1。主机先发送的一帧数据为地址，即某从机的机号，其中第 9 位为 1，所有的从机接收到数据后，将其中第 9 位装入 RB8 中。各个从机根据收到的第 9 位数据（RB8 中）的值来决定从机能否再接收主机的信息。若 RB8=0，说明是数据帧，则使接收中断标志位 RI=0，信息丢失；若 RB8=1，说明是地址帧，数据装入 SBUF 并置 RI=1，中断所有从机，被寻址的目标从机将 SM2 复位，以接收主机发送来的一帧数据。其他从机仍然保持 SM2=1。若 SM2=0，即不属于多机通信的情况，则接收一帧数据后，不管第 9 位数据是 0 还是 1，都置 RI=1，接收到的数据装入 SBUF 中。在方式 1 时，若 SM2=1，则只有接收到有效的停止时，RI 才置 1，以便接收下一帧数据。在方式 0 时，SM2 必须是 0。

表 9-1　串行口的工作方式

SM0	SM1	工 作 方 式	功 能 说 明	波 特 率
0	0	方式 0	同步移位寄存器	$f_{OSC}/12$
0	1	方式 1	10 位异步收发器	波特率可变（T1 溢出率/N）
1	0	方式 2	11 位异步收发器	$f_{OSC}/32$ 或 $f_{OSC}/64$
1	1	方式 3	11 位异步手法器	波特率可变（T1 溢出率/N）

REN：允许接收控制位。由软件置 1 或清零。只有当 REN=1 时才允许接收数据。在串行通信接收控制程序中，如满足 RI=0，REN=1 的条件，就会启动一次接收过程，一帧数据就装入接收缓冲器 SBUF 中。

TB8：方式 2 和方式 3 时，TB8 为发送的第 9 位数据，根据发送数据的需要由软件置位或复位，可作奇偶校验位，也可在多机通信中作为发送地址帧或数据帧的标志位。对于后者，TB8=1 时，说明发送该帧数据为地址；TB8=0，说明发送该帧数据为数据字节。在方式 0 和方式 1 中，该位未用。

RB8：方式 2 和方式 3 时，RB8 为接收的第 9 位数据。SM2=1 时，如果 RB8=1，说明收到的数据为地址帧。RB8 一般是约定的奇偶校验位，或是约定的地址/数据标志位。在方式 1 中，若 SM2=0（即不是多机通信情况），RB8 中存放的是已接收到的停止位。方式 0 中该位未用。

TI：发送中断标志，在一帧数据发送完时被置位。在方式 0 中发送第 8 位数据结束时，或其他方式发送到停止位的开始时由硬件置位，向 CPU 申请中断，同时可用软件查询。TI

置位表示向 CPU 提供“发送缓冲器 SBUF 已空”的信息，CPU 可以准备发送下一帧数据。串行口发送中断被响应后，TI 不会自动复位，必须由软件清零。

RI：接收中断标志，在接收到一帧有效数据后由硬件置位。在方式 0 中接收到第 8 位数据时，或其他方式中接收到停止位中间时，由硬件置位，向 CPU 申请中断，也可用软件查询。RI=1 表示一帧数据接收结束，并已装入接收 SBUF 中，要求 CPU 取走数据。RI 必须由软件清零，以清除中断请求，准备接收下一帧数据。

由于串行发送中断标志 TI 和接收中断标志 RI 共用一个中断源，CPU 并不知道是 TI 还是 RI 产生的中断请求。因此，在进行串行通信时，必须在中断服务程序中用指令来判断。复位后 SCON 的所有位都清零。

（2）电源控制寄存器 PCON

PCON 中的最高位 SMOD 是与串行口的波特率设置有关的选择位，其余 7 位都和串行通信无关。SMOD=1 时，方式 1、2、3 的波特率加倍。其控制字格式为：

位 序 号	D7	D6	D5	D4	D3	D2	D1	D0
位 名 称	SMOD	—	—	—	—	—	—	—

串行通信的波特率是由单片机的定时器 T1 产生的，并且串行通信占用一个单片机的一个中断，因此串行通信要用到的 T1 以及中断有关的寄存器，如 IE、IP、TMOD，在前面对中断和定时器应用做了介绍，利用这些寄存器进行串行通信时会在程序中再次体现。

5. 串行口的工作方式

单片机的串行口有 4 种工作方式：方式 0、1、2、3，由串行控制寄存器 SCON 中 SM0、SM1 决定，分别为 8 位、10 位和 11 位 3 种帧格式。

（1）串行口方式 0

方式 0 为同步移位寄存器输入/输出方式，一般用于扩展 I/O 口，实现移位输入和输出。串行数据通过 RXD 输入或输出，TXD 端用于输出同步移位脉冲，作为外接器件的同步信号。方式 0 以 8 位数据为一帧，不设起始位和停止位，先发送或接收最低位，波特率固定为系统振荡频率 f_{OSC} 的 1/12。

发送时数据从 RXD 引脚串行输出，TXD 引脚输出同步脉冲。当一个数据写入串行口发送缓冲器时，串行口将 8 位数据以 $f_{OSC}/12$ 的固定波特率从 RXD 引脚从低位到高位输出。发送完置中断标志 TI 为 1，请求中断，在再次发送数据之前，必须用软件将 TI 清零。

接收时在满足 REN=1 和 RI=0 的条件下，串行口处于方式 0 输入。此时，RXD 为数据输入端，TXD 为同步信号输出端，接收器也以 $f_{OSC}/12$ 的波特率对 RXD 引脚输入的数据信息采样。当接收器接收完 8 位数据后，置中断标志 RI=1 为请求中断，在再次接收之前，必须用软件将 RI 清零。

方式 0 常用于通过外接移位寄存器来扩展单片机的 I/O 口。例如：外接 74LS165 可以扩展输入口，如图 9-4（a）所示，74LS165 为“并入串出”移位寄存器。外接 74LS164 可以扩展并行输出口，如图 9-4（b）所示，74LS164 为“串入并出”移位寄存器。

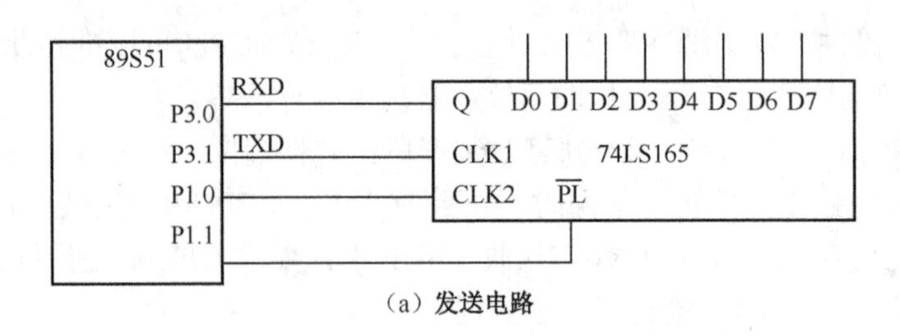

（a）发送电路

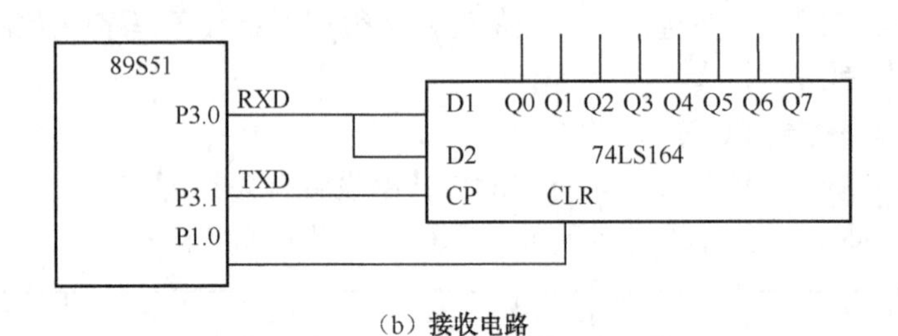

（b）接收电路

图 9-4　方式 0 的发送电路和接收电路

（2）串行口方式 1

工作方式 1 时，串行口被设置为波特率可变的 8 位异步通信接口。方式 1 以 10 位为一帧进行传输，有 1 个起始位“0”，8 个数据位“1”（低位在前）和 1 个停止位“1”，起始位和停止位是在发送时自动插入的。TXD 和 RXD 分别用于发送和接收一位数据。接收时，停止位进入 SCON 的 RB8。

其帧格式为：

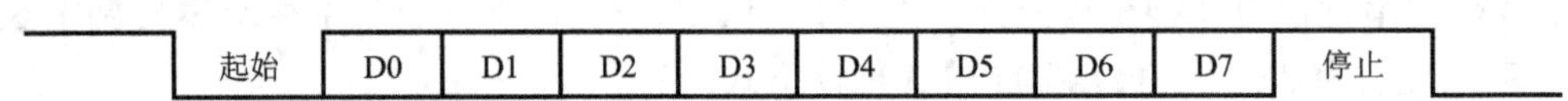

发送时，数据从 TXD 端输出，当执行数据写入发送缓冲器 SBUF 的指令时，就启动发送器开始发送，发送的条件是 TI=0。发送时的定时信号，即发送移位脉冲（TX 时钟），是由定时器 T1 送来的溢出信号经过 16 或 32 分频（取决于 SMOD 的值）而取得的。TX 时钟就是发送的波特率，所以方式 1 的波特率是可变的。发送开始后，每过一个 TX 时钟周期，TXD 端输出 1 个数据位，8 位数据发送完后，置位 TI，并置 TXD 端为“1”作为停止位。

接收时，在 RI=0 的条件下，用软件置 REN 为 1 时，接收器以所选择波特率的 16 倍速率采样 RXD 引脚电平，检测到 RXD 引脚输入电平发生负跳变时，则说明起始位有效，将其移入输入移位寄存器，并开始接收这一帧信息的其余位。接收过程中，数据从输入移位寄存器右边移入，起始位移至输入移位寄存器最左边时，控制电路进行最后一次移位。当 RI=0，且 SM2=0（或接收到的停止位为 1）时，将接收到的 9 位数据的前 8 位数据装入接收 SBUF，第 9 位（停止位）进入 RB8，并置 RI=1，向 CPU 请求中断。

（3）串行口方式 2 和方式 3

方式 2 和方式 3 都是每帧 11 位异步通信格式，由 TXD 和 RXD 发送和接收。其操作过程完全相同，不同的只是波特率。方式 2 的波特率是固定的，为晶振频率的 1/64 或 1/32；方式 3 的波特率是可变的，由定时器 T1 的溢出率决定。方式 2 和方式 3 以 11 位为一帧进行传输，

每一帧数据中包括 1 个起始位“0”，8 个数据位，1 个附加的第 9 位数据 D8（发送时为 SCON 中的 TB8，接收时为 RB8）和 1 个停止位“1”，其帧格式为：

起始	D0	D1	D2	D3	D4	D5	D6	D7	D8	停止

发送时，第 9 位数据位（TB8）可设置为 1 或 0，也可将奇偶校验位装入 TB8 以进行奇偶校验；接收时，第 9 位数据位进入 SCON 的 RB8。

发送前，先根据通信协议由软件设置 TB8（如作奇偶校验位或地址/数据标志位），然后将要发送的数据写入 SBUF，就能启动发送过程。串行口自动把 TB8 取出并装入到第 9 位数据的位置，再逐一发送出去，发送完毕时置位 TI。

接收时，先使 SCON 的 REN=1，允许接收。当检测到 RXD 端有“1”到“0”的跳变（起始位）时，开始接收 9 位数据，送入移位寄存器。当满足 RI=0 且 SM2=0 或接收到的第 9 位数据为 1 时，前 8 位数据送入 SBUF，附加的第 9 位数据送入 SCON 中的 RB8，置位 RI；否则放弃接收结果，也不置位 RI。

6．波特率设定

在串行通信中，收发双方对发送或接收的数据速率要有一定的约定。在应用中通过对单片机串行口编程可约定 4 种工作方式。其中方式 0 和方式 2 的波特率是固定的，而方式 1 和方式 3 的波特率是可变的，由定时器 T1 的溢出率确定。

（1）方式 0 的波特率

方式 0 时，其波特率固定为振荡频率的 1/12，并且不受 PCON 中 SMOD 位的影响。因而，方式 0 的波特率=$f_{OSC}/12$。

（2）方式 2 的波特率

方式2的波特率由系统的振荡频率f_{OSC}和PCON的最高位SMOD确定，即为$2^{SMOD}\times f_{OSC}/64$。在 SMOD=0 时，波特率为$f_{OSC}/64$，SMOD=1 时，波特率=$f_{OSC}/32$。

（3）方式 1 和方式 3 的波特率

方式 1 和方式 3 的通信波特率由定时器 T1 的溢出率和 SMOD 的值共同确定，即：

$$\text{方式 1、3 的波特率}=2^{SMOD}\times（\text{T1 溢出率}）$$

当 SMOD=0 时，波特率为 T1 溢出率/32，SMOD=1 时，波特率为 T1 溢出率/16。其中，T1 的溢出率取决于 T1 的计数速率（计数速率=$f_{OSC}/12$）和 T1 的设定值。若定时器 T1 采用模式 1，波特率公式为：

$$\text{方式 1、3 波特率}=（2^{SMOD}/32）\times（f_{OSC}/12）/（2^{16}-\text{初始值}）$$

定时器 T1 作波特率发生器使用时，通常采用定时器模式 2（自动重装初值的 8 位定时器）比较实用。设置 T1 为定时方式，让 T1 对系统振荡脉冲进行计数，计数速率为$f_{OSC}/12$。应注意禁止 T1 中断，以免溢出而产生不必要的中断。设 T1 的初值为 X，则每过（2^8-X）个机器周期，T1 就会产生一次溢出。即：

$$\text{T1 溢出率}=（f_{OSC}/12）/（2^8-X）$$

从而可以确定串行通信方式 1、3 波特率：

$$\text{方式 1、3 波特率}=（2^{SMOD}/32）f_{OSC}/[12（256-X）]$$

因而可以得出 T1 模式 2 的初始值 X：

$$X=256-(\text{SMOD}+1)f_{\text{OSC}}/(384\times\text{波特率})$$

表 9-2 列出了方式 1、3 的常用波特率及其初值。系统振荡频率选为 11.0592MHz 是为了使初值为整数，从而产生精确的波特率。

表 9-2　常用波特率与其他参数的关系

<table>
<tr><th rowspan="2">串行口工作方式</th><th rowspan="2">波　特　率</th><th rowspan="2">f_{OSC}/MHz</th><th rowspan="2">SMOD</th><th colspan="3">定时器 T1</th></tr>
<tr><th>C/T</th><th>模式</th><th>定时器初值</th></tr>
<tr><td>方式 0</td><td>1MHz</td><td rowspan="4">12</td><td>X</td><td rowspan="3">X</td><td rowspan="3">X</td><td rowspan="3">X</td></tr>
<tr><td rowspan="2">方式 2</td><td>375kHz</td><td>1</td></tr>
<tr><td>187.5kHz</td><td>0</td></tr>
<tr><td rowspan="9">方式 1 或方式 3</td><td>62.5kHz</td><td>1</td><td rowspan="9">0</td><td rowspan="8">2</td><td>FFH</td></tr>
<tr><td>19.2kHz</td><td rowspan="7">11.0592</td><td>1</td><td>FDH</td></tr>
<tr><td>9.6kHz</td><td rowspan="7">0</td><td>FDH</td></tr>
<tr><td>4.8kHz</td><td>FAH</td></tr>
<tr><td>2.4kHz</td><td>FAH</td></tr>
<tr><td>1.2kHz</td><td>E8H</td></tr>
<tr><td>137.5Hz</td><td>1DH</td></tr>
<tr><td>110Hz</td><td>12</td><td>1</td><td>FEEBH</td></tr>
<tr><td>方式 0</td><td>500kHz</td><td rowspan="12">6</td><td>X</td><td rowspan="2">X</td><td rowspan="2">X</td><td rowspan="2">X</td></tr>
<tr><td>方式 2</td><td>187.5kHz</td><td rowspan="3">1</td></tr>
<tr><td rowspan="10">方式 1 或方式 3</td><td>19.2kHz</td><td rowspan="10">0</td><td rowspan="9">2</td><td>FEH</td></tr>
<tr><td>9.6kHz</td><td>FDH</td></tr>
<tr><td>4.8kHz</td><td rowspan="7">0</td><td>FDH</td></tr>
<tr><td>2.4kHz</td><td>FAH</td></tr>
<tr><td>1.2kHz</td><td>F4H</td></tr>
<tr><td>600Hz</td><td>E8H</td></tr>
<tr><td>110Hz</td><td>72H</td></tr>
<tr><td>55Hz</td><td>1</td><td>FEEBH</td></tr>
</table>

如果串行通信选用很低的波特率，可将定时器 T1 置于模式 0 或模式 1，即 13 位或 16 位定时方式。但在这种情况下，T1 溢出时，需用中断服务程序重装初值。中断响应时间和指令执行时间会使波特率产生一定的误差，需要用改变初值的方法加以调整。

7．串行通信程序的编写

（1）串行通信初始化

在用到串行通信之前，要先用指令来设置相关寄存器的初始值，对其进行初始化，设置产生波特率的定时器 1、串行口控制和中断控制。具体步骤如下：

① 确定 T1 的工作方式（编程 TMOD 寄存器）。

② 计算 T1 的初值，装载 TH1、TL1。

③ 启动 T1（编程 TCON 中的 TR1 位）。

④ 确定串行口控制（编程 SCON 寄存器）。

⑤ 串行口在中断方式工作时，要进行中断设置（编程 IE、IP 寄存器）。

（2）程序结构

在串行通信过程中，单片机有两种工作方式，即查询方式、中断方式。这两种方式的程序的结构也不相同。

① 查询方式。查询方式是指 CPU 不断查询检测 TI 或 RI 的值。若 TI 或 RI 为低电平，说明正在发送或接收；若 TI 或 RI 为高电平，则说明这次发送或接收结束。接下来 CPU 就可以做其他相关的操作。

查询方式的程序结构较简单，以发送为例，它的基本结构为：

```
void main()
{
 …
 while(TI==0);
 TI=0;
…
}
```

若检测到 TI 或 RI 为高电平，说明这次发送或接收结束了，要用软件把 TI 或 RI 清 0，为下次发送或接收做好准备。

② 中断方式。中断方式是指当一次发送数据结束或接收数据结束时，系统自动置位 TI 或 RI，且向 CPU 发出中断请求，告诉 CPU 这次发送或接收结束，让 CPU 接下来做其他相关的操作。

串行通信使用的中断方式是单片机的内部中断，所以它的程序结构应包括主程序、中断服务程序两个程序。

主程序是指单片机在响应发送数据结束或接收数据结束中断之前和之后所做的事情。它的结构为：

```
void main()
{
   …
}
```

中断服务程序是当 1 次发送数据结束或接收数据结束后，要求单片机响应中断所做的事情。当中断发生并被接受后，单片机就跳到相对应的中断服务子程序即中断服务函数执行，以处理中断请求。中断服务子程序的编写格式如下：

```
void 中断服务程序的名称 interrupt 4
{
     中断服务子程序的主体
}
```

此处是单片机的串行通信发送数据结束或接收数据结束中断，所以中断编号是 4。

（3）举例

例 1：甲机 U1 与乙机 U2 电路连接如图 9-5 所示，甲机接一个矩阵键盘和一个数码管

SEG1，乙机接一个数码管 SEG2。甲机与乙机要进行串行通信，要求甲机把矩阵键盘按键的键值发送给乙机的数码管 SEG2 显示；乙机将接收的数据加 1 后再发送给甲机的数码管 SEG1 显示。

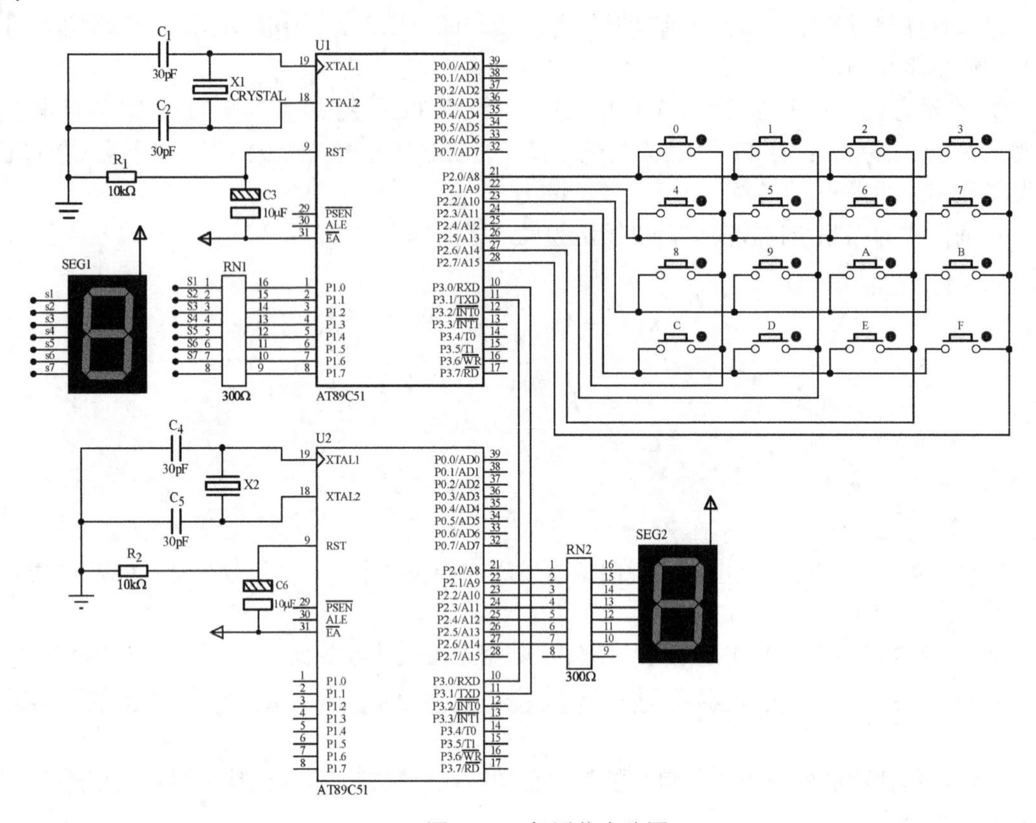

图 9-5　双机通信电路图

根据题意，两块单片机甲机和乙机各自接有数码管，甲机还接有矩阵键盘，两块单片机串口相接，即甲机 P3.0 接乙机 P3.1，甲机 P3.1 接乙机 P3.0。要求甲机把矩阵键盘按键的键值发送给乙机的数码管 SEG2 显示；乙机将接收的数据加 1 后再发送给甲机的数码管 SEG1 显示。

单片机的串行通信有两种工作方式：中断方式、查询方式。考虑到程序结构的简单，本设计采用查询方式实现双机串行口的异步通信。

甲机首先扫描键盘，看是否有键按下。把按下的键号传送至 SBUF 通过 P3.1 发送出去，然后检测 TI 位是否为 1 等待发送完，若发送完，把 TI 清 0；然后进入接收信息状态，接收乙机发来的信息，检测 RI 位是否为 1 等待接收完，若接收完后，把 RI 清 0，并把信息转化为段值送到 P1 口显示。

乙机首先处于接收信息状态，接收甲机发来的信息，检测 RI 位是否为 1 等待接收完，若接收完后，RI 清 0，并把信息转化为段值送到 P2 口显示，另外再把信息自加 1 后传送至 SBUF 通过 P3.1 发送出去，然后检测 TI 位是否为 1 等待发送完，若发送完，TI 清 0。

根据串行通信的发送和接收原理，编程程序清单如下。

甲机：

```
#include <REG51.h>
#include <INTRINS.H>
unsigned char code sz1[]={0xc0,0xf9,0xa4,0xb0,0x99,0x92,0x82,0xf8,0x80,0x90,0x88,
0x83,0xc6,0xa1,0x86,0x8e};
unsigned char code jp[]={0xee,0xde,0xbe,0x7e,0xed,0xdd,0xbd,0x7d,0xeb,0xdb,0xbb,0x7b,
0xe7,0xd7,0xb7,0x77};
unsigned char jz=0;
void delay(unsigned int t)
{
    unsigned char i;
    while(t--)
{
        for(i=0;i<125;i++);
    }
}
void sm()
{   unsigned char k,j,n,a,m=0xfe;
        P2=0xf0;k=P2;k=k&0xf0;
    if(k!=0xf0)
      {
          delay(5);
          if(k!=0xf0)
           {
            for(j=0;j<4;j++)
             {
               P2=m;n=P2;
               for(a=0;a<16;a++)
                {
                  if(jp[a]==n)
                  jz=a;
                  while((P2&0xf0)!=0xf0);
                }
              m=_crol_(m,1);}
             }
           }
      }
}
void main()
{
     SCON=0x50;                          //设定串口工作方式
     PCON=0x00;                          //波特率不倍增
```

```
        TMOD=0x20;                          //定时器 1 工作于 8 位自动重载模式，用于产生波特率
        EA=1;
        ET1=1;                              //允许串口中断
        TL1=0xfd;
        TH1=0xfd;                           //波特率 9600
        TR1=1;
        while(1)
        {
         sm();
         SBUF=c;"
         while(TI==0);
         TI=0;
         while(RI==0);
         RI=0;
         P1=sz1[SBUF];
        }
}
```

乙机：

```
#include <REG51.h>
unsigned char code sz1[]={0xc0,0xf9,0xa4,0xb0,0x99,0x92,0x82,0xf8,0x80,0x90,0x88,
0x83,0xc6,0xa1,0x86,0x8e};
void delay(unsigned int t)
{
        unsigned char i;
        while(t--)
{
                for(i=0;i<125;i++);
        }
}
void main()
{
        unsigned char m;
        SCON=0x50;                          //设定串口工作方式
        PCON=0x00;                          //波特率不倍增
        TMOD=0x20;                          //定时器 1 工作于 8 位自动重载模式，用于产生波特率
        EA=1;
        ET1=1;                              //允许串口中断
        TL1=0xfd;
        TH1=0xfd;                           //波特率 9600
        TR1=1;
        while(1)
```

```
        {
          while(RI==0);
          RI=0;
          m=SBUF;
          P2=sz1[m];
          SBUF=m+1;
          while(TI==0);
          TI=0;
        }
    }
```

利用 Proteus 软件对此设计进行了仿真，仿真的结果如图 9-6 所示。当按下甲机的键盘的键号为 6 的键，甲机显示 7，乙机显示 6，实现了双机通信。

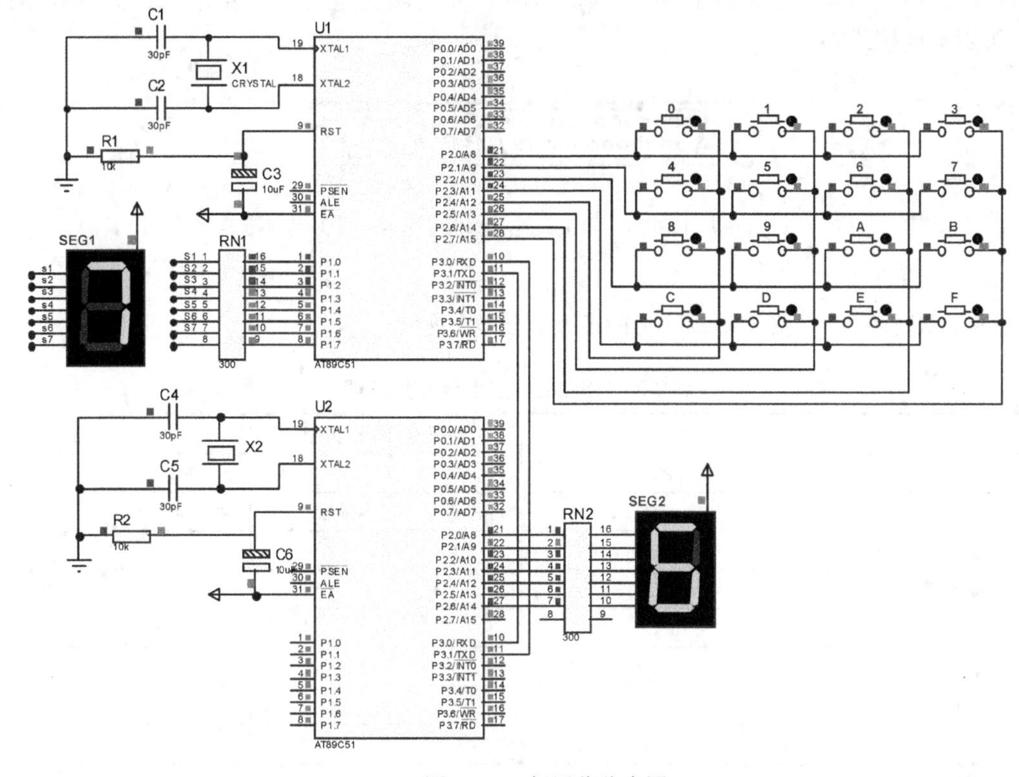

图 9-6　双机通信仿真图

9.2.2　单片机与 PC 之间的串行通信

在单片机系统中，经常需要将单片机的数据交给 PC 来处理，或者将 PC 的一些数据交给单片机来执行，这就需要单片机和 PC 之间进行通信。

单片机和 PC 之间进行串行通信时，常常采用 PC 的 RS-232 的接口。

1．RS-232 的接口

在实现 PC 与单片机之间的串行通信中，RS-232C 是由美国电子工业协会（EIA）公布的应用最广的串行通信标准总线，适用于短距离或带调制解调器的通信场合。EIA 于 1962 年制定的标准为 RS-232，1969 年修订为 RS-232C，后来又多次修订。由于内容修改的不多，所以人们习惯于早期的名字“RS-232C”。RS-232C 定义了数据终端设备（DTE）与数据通信设备（DCE）之间的物理接口标准。它规定了接口的机械特性、功能特性、电气特性和过程特性几方面内容。

（1）机械特性

RS-232C 接口规定使用 25 针连接器，连接器的尺寸及每个插针的排列位置都有明确的定义。一般的应用中并不一定用到 RS-232C 定义的全部信号，常采用 9 针连接器替代 25 针的连接器。连接器引脚的定义如图 9-7 所示。图中所示为阳头定义，通常用于计算机侧，对应的阴头用于连接线侧。

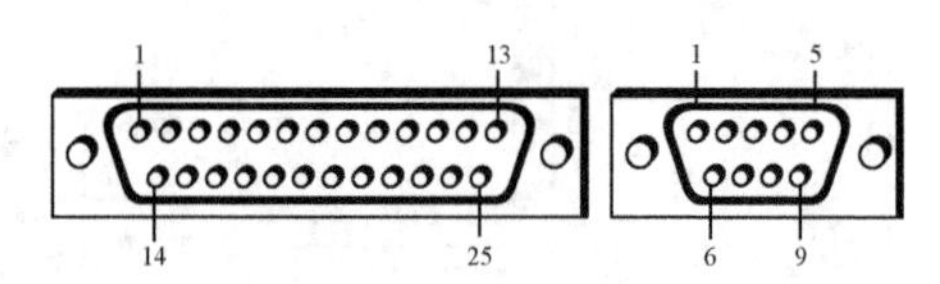

图 9-7　DB-25（阳头）连接器和 DB-9（阳头）连接器

（2）功能特性

RS-232C 接口的主要信号线的功能定义如表 9-3 所示。

表 9-3　RS-232C 连接器主要信号

信　　号	符　　号	25 芯连接器引脚号	9 芯连接器引脚号
请求发送	RTS	4	7
清除发送	CTS	5	8
数据设置准备	DSR	6	6
数据载波探测	DCD	8	1
数据终端准备	DTR	20	4
发送数据	TXD	2	3
接收数据	RXD	3	2
接地	GND	7	5

RTS：请求发送。此脚由计算机来控制，用以通知 MODEM 马上传送数据至计算机；否则，MODEM 将收到的数据暂时放入缓冲区中。

CTS：清除发送。此脚由 MODEM 控制，用以通知计算机将欲传的数据送至 MODEM。

DSR：数据设备就绪。此引脚高电平时，通知计算机 MODEM 已经准备好，可以进行数据通信了。

DCD：载波检测。主要用于 MODEM 通知计算机其处于在线状态，即 MODEM 检测到拨号音，处于在线状态。

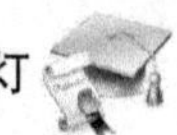

DTR：数据终端就绪。当此引脚高电平时，通知 MODEM 可以进行数据传输，计算机已经准备好。

TXD：此引脚将计算机的数据发送给外部设备。在使用 MODEM 时，会发现 TXD 指示灯在闪烁，说明计算机正在通过 TXD 引脚发送数据。

RXD：此引脚用于接收外部设备送来的数据。在使用 MODEM 时，会发现 RXD 指示灯在闪烁，说明 RXD 引脚上有数据进入。

GND：信号地。

（3）电气特性

RS-232C 标准规定发送数据线 TXD 和接收数据线 RXD 均采用 EIA 电平，采用负逻辑，规定−3～−25V 为逻辑“1”，+3～+25V 为逻辑“0”。−3V～+3V 是未定义的过渡区。TTL 电平与 RS-232C 逻辑电平的比较如图 9-8 所示。由于 RS-232C 逻辑电平与通常的 TTL 电平不兼容，为了实现与 TTL 电路的连线，需要外加电平转换电路，MC1489、MC1488、MAX232 和 ICL232 是常用的电平转换芯片。

TTL电平　　RS-232C电平

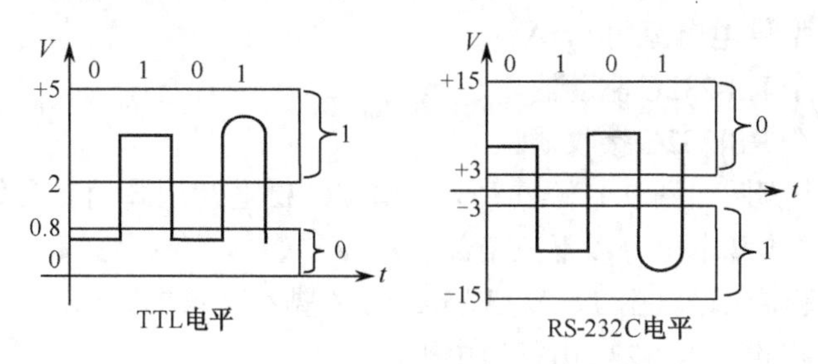

图 9-8　TTL 电平与 RS-232C 逻辑电平

（4）过程特性

过程特性规定了信号之间的时序关系，以便正确地接收和发送数据。如果通信双方均具备 RS-232C 接口（如 PC），它们可以直接连接，不必考虑电平转换问题。

对于单片机与普通的 PC 通过 RS-232C 的连接，就必须考虑电平转换问题，因为 89S51 单片机串行口不是标准的 RS-232C 接口。

远程的 RS-232C 通信需要调制解调器，其连接如图 9-9 所示。近程 RS-232C 通信时（距离<15m），可以不使用调制解调器，如图 9-10 所示。

图 9-9　远程 RS-232C 通信连接

（a）无联络线方式　　（b）联络线短接（伪连接）方式

图 9-10　近程 RS-232C 通信连接

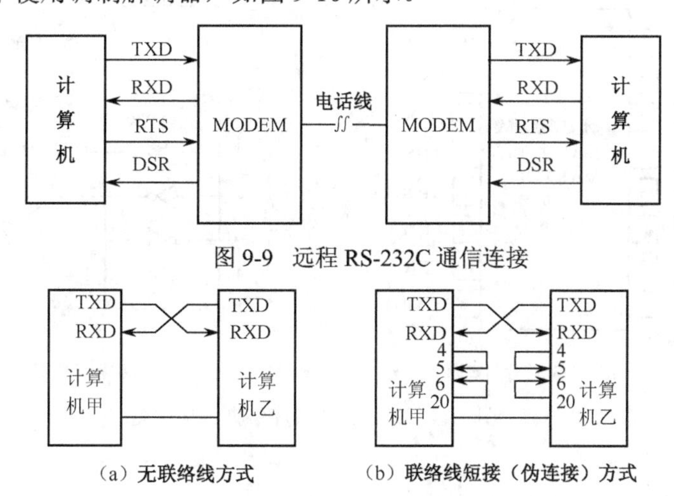

（5）采用 RS-232C 接口存在的问题

① 传输距离短、速率低。

② 有电平偏移。

③ 抗干扰能力差。

2．MAX232 芯片

MAX232 芯片是美信公司专门为计算机的 RS-232 标准串口设计的单电源电平转换芯片，使用+5V 单电源供电，在进行单片机的 TTL 电平和 RS-232 电平转换时常用到此芯片。

MAX232 芯片主要特点有：

① 符合所有的 RS-232C 技术标准。

② 只需要单一+5V 电源供电。

③ 片载电荷泵具有升压、电压极性反转能力，能够产生+10V 和−10V 电压 V+、V−。

④ 功耗低，典型供电电流为 5mA。

⑤ 内部集成 2 个 RS-232C 驱动器。

⑥ 内部集成 2 个 RS-232C 接收器。

MAX232 芯片引脚图如图 9-11（a）所示，MAX232 芯片引脚简化图如图 9-11（b）所示，MAX232 芯片内部结构基本可分以下三个部分。

第一部分是电荷泵电路。由 1、2、3、4、5、6 脚和 4 只电容构成，功能是产生+12V 和−12V 两个电源，以提供给 RS-232 串行口电平。

第二部分是数据转换通道。由 7、8、9、10、11、12、13、14 脚构成两个数据通道。其中 13 脚（R1IN）、12 脚（R1OUT）、11 脚（T1IN）、14 脚（T1OUT）为第一数据通道。8 脚（R2IN）、9 脚（R2OUT）、10 脚（T2IN）、7 脚（T2OUT）为第二数据通道。TTL/CMOS 数据从 T1IN、T2IN 输入转换成 RS-232 数据从 T1OUT、T2OUT 送到计算机 DP9 插头；DP9 插头的 RS-232 数据从 R1IN、R2IN 输入转换成 TTL/CMOS 数据后从 R1OUT、R2OUT 输出。

第三部分是供电。15 脚为 GND、16 脚 V_{CC}（+5V）。

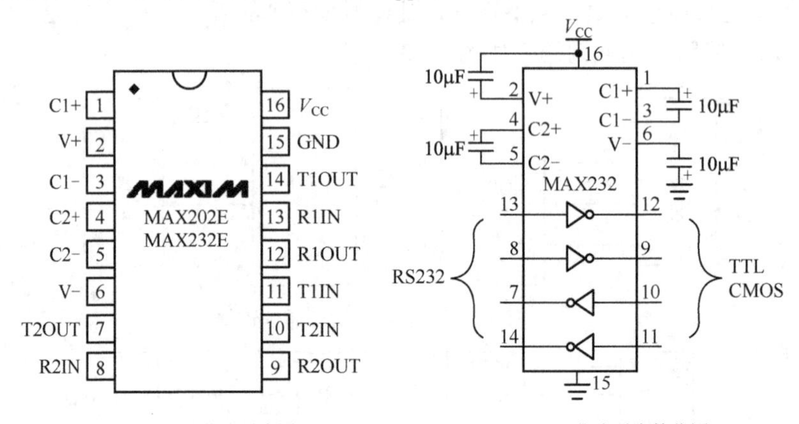

（a）MAX232芯片引脚图　　（b）MAX232芯片引脚简化图

图 9-11　MAX232 芯片引脚、使用图

3．MAX232 芯片的典型应用电路

MAX232 内部有电压倍增电路和电压转换电路，使用+5V 单一电源工作，只需外接 4 个容量为 0.1～10μF 的小电容即可完成两路 TTL 电平与 RS-232 电平的转换。MAX232 的典型应用电路如图 9-12 所示。

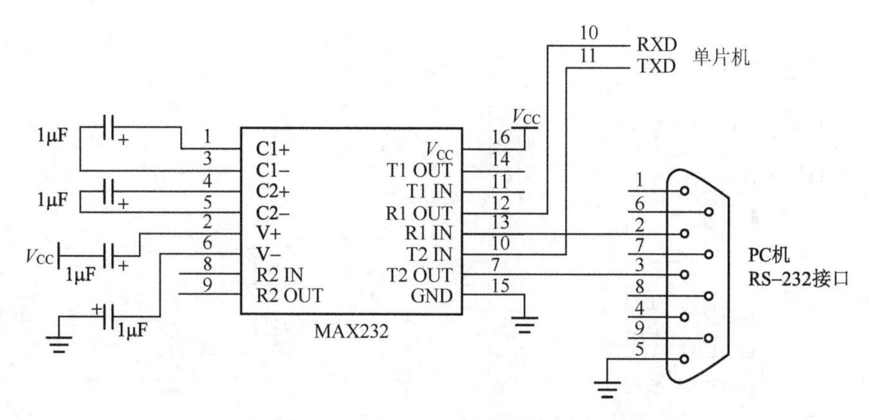

图 9-12　MAX232 的典型应用电路图

9.3　项目实现

9.3.1　设计思路

根据题意，利用单片机和 PC 的串行通信来设计由 PC 控制的流水灯，单片机通过 RS-232 串行口和计算机相连。单片机接有 LED 和开关，通过串行通信口 TXD 把开关的状态值发送给计算机。另外还可以从计算机输入数值，然后计算机把数值通过它的 RS-232 串行口发送给单片机的 RXD，单片机接收后驱动流水灯点亮。

9.3.2　硬件电路设计

根据题意，设计系统的硬件电路图如图 9-13 所示。单片机的 P1 口接有 8 个 LED，P2 口接有 8 个开关，单片机的串行通信口 RXD、TXD 通过 MAX232 芯片和 PC 的 RS-232 接口相连。另外为了方便使用，设置了一个“发送”按键。

9.3.3　程序设计

整个程序可分为三部分：串行通信初始化、发送程序、接收程序。

串行通信初始化主要包括通信方式的设置、波特率设置、中断设置等，本设计中串行通信波特率设为 9600bps，晶振选用 11.0592MHz，根据表 9-2，定时器 T1 采用工作方式 2 初值为 FDH 产生波特率，波特率不倍增。

发送程序通过“发送”按键来控制，所以要首先判断“发送”按键是否按下。当“发送”

按键按下后，单片机对 P2 口做读操作，把读到的值送到数据发送缓冲器 SBUF 发送，利用查询方式查询 TI 是否为 1 判断是否发送完，发送完后，把 TI 清 0。

接收程序较为简单，利用查询方式查询 RI 是否为 1 判断是否接收完，发送完后，把 RI 清 0。把数据接收缓冲器 SBUF 中的数据取出，经过一定的数据处理后，送到 P1 口的发光二极管显示。

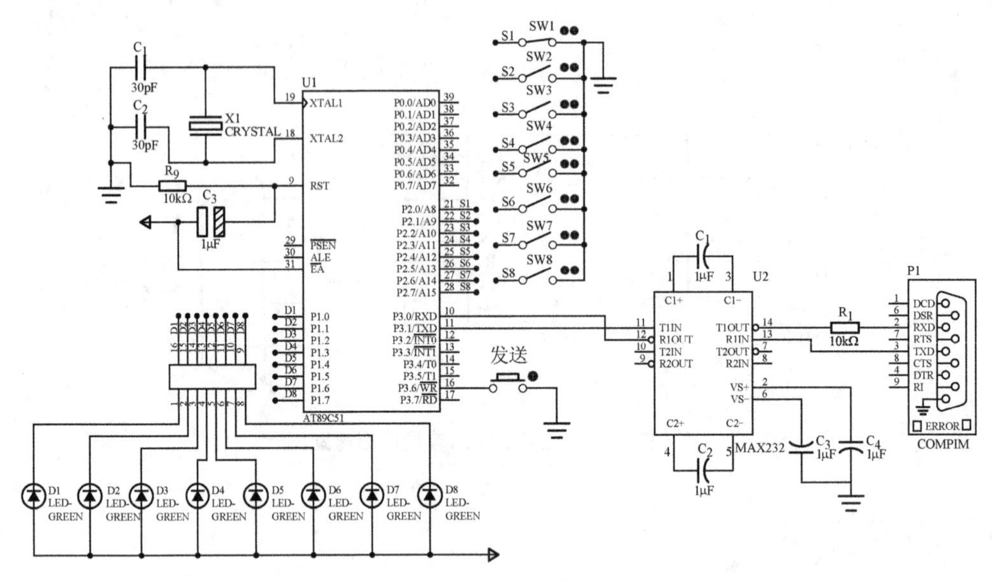

图 9-13　PC 控制的流水灯硬件电路图

程序清单如下：

```
/*******************************************************************************/
#include <REG51.h>
sbit k1=P3^6;
void delay(unsigned int a)                    //1ms 延时  //
{
 unsigned char i;
 while(a--)
   {
     for(i=0;i<120;i++);
   }
}
void main()
{
     unsigned char m,n;
     SCON=0x50;                //设定串口工作方式
     PCON=0x00;                //波特率不倍增
     TMOD=0x20;                //定时器 1 工作于 8 位自动重载模式，用于产生波特率
     EA=1;
     ES=1;                     //允许串口中断
```

```
    TL1=0xfd;
    TH1=0xfd;          //波特率 9600
    TR1=1;
    while(1)
    {
     while(RI==0);
     RI=0;
     n=SBUF;
     n=n&0x0f;
     P1=~n;
     if(k1==0)
      {
        delay(5);
        if(k1==0)
         {
           m=P2;
           SBUF=m;
           while(TI==0);
           TI=0;
           delay(200);
         }
      }
    }
}
/***************************************************************************/
```

程序说明：

- 串行数据在传输过程中，由于干扰可能引起信息出错，称为误码。我们把如何发现传输中的错误称为检错。把发现错误后，如何消除错误，称为纠错。最简单的纠错方法是奇偶校验，但对于要求较高的场合，要采用复杂的算法。
- 在串行通信中，发送和接收方要设置相同的波特率，否则传输过程中会发生错误。

9.3.4 仿真调试

在计算机上运行 Keil，首先新建一个项目，项目使用的单片机为 AT89C51，这个项目暂且命名为 pc；然后新建一个文件，并保存为“pc.c”文件，并添加到工程项目中。直接在 Keil 软件界面中编写。当程序设计完成后，通过 Keil 编译并创建 pc.HEX 目标文件。

在安装过 Proteus 软件的 PC 上运行 ISIS 文件，即可进入 Proteus 电路原理仿真界面，利用该软件仿真时操作比较简单。其过程是首先构造电路，然后双击单片机加载 HEX 文件，最后执行仿真。为了能够看到最终效果，在仿真时加入了虚拟终端（Virtual Terminal）。

以下为单片机发送过程的仿真。在仿真状态下，首先在单片机的发送端 TXD 连接一个虚拟终端（Virtual Terminal），取名 SCMT。在 RS-232 接口的接收端 RXD 也连接一个虚拟终端（Virtual Terminal），取名 PCR。假设 8 个按键中 SW1、SW2 闭合，其他按键断开，P2 口

的输入值为 FCH。此时若按下“发送”按键，虚拟终端 SCMT 显示 FC，虚拟终端 PCR 也显示 FC，如图 9-14 所示。

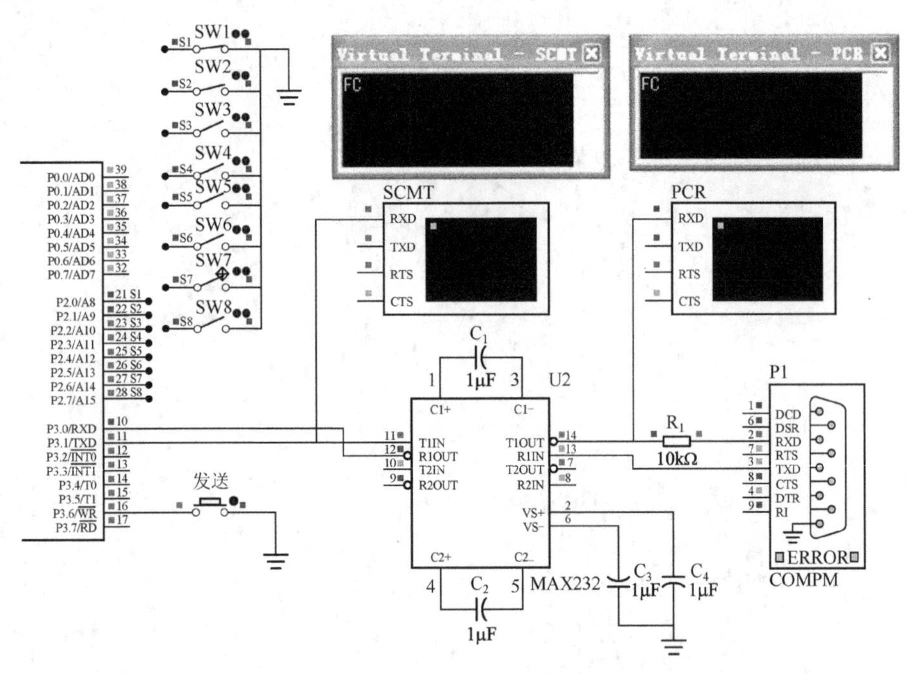

图 9-14　PC 控制的 LED 电路单片机发送的仿真图

以下为单片机接收过程的仿真。在仿真状态下，在单片机的接收端 RXD 连接一个虚拟终端（Virtual Terminal），取名 SCMR。在 RS-232 接口的发送端 TXD 也连接一个虚拟终端（Virtual Terminal），取名 PCT。假设想让 LED 显示数值 6，那么从虚拟终端 PCT 输入 6，虚拟终端 SMCR 也显示 6，而且 D2、D3 灯点亮，其他灯灭，显示了数值 6，如图 9-15 所示。

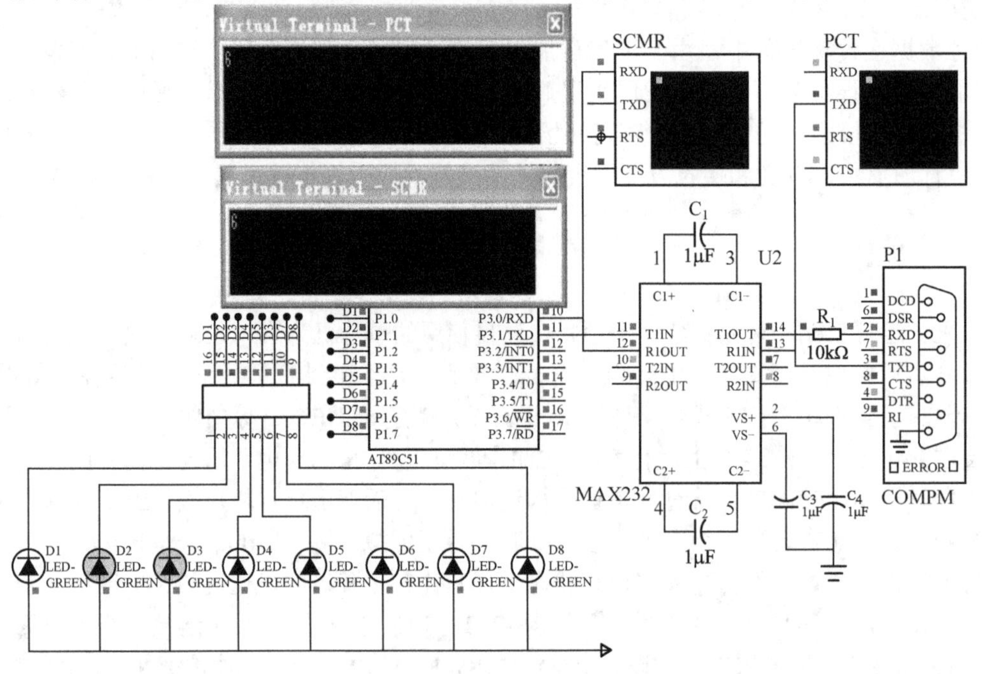

图 9-15　PC 控制的 LED 电路单片机接收的仿真图

以上是用 Proteus 仿真软件来调试的，也可以利用串行口调试工具作为 PC 的首发软件。PC 运行串行口调试工具，单片机收发电路运行收发程序，可方便观察单片机与 PC 的通信，串行口调试工具界面如图 9-16 所示。

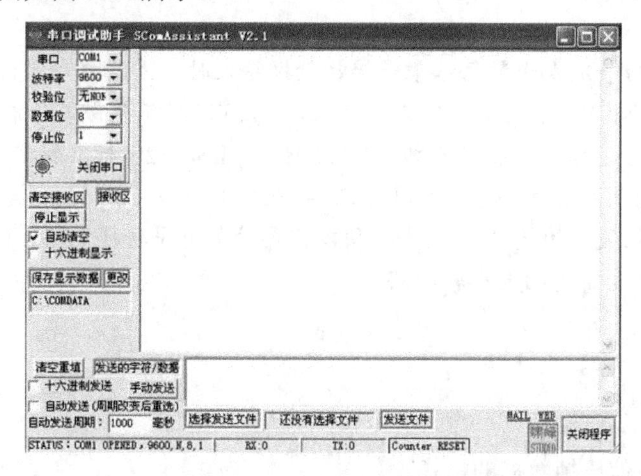

图 9-16　串行口调试工具界面

另外也可以利用 VB 设计通信界面，如图 9-17 所示，图 9-18 是单片机与计算机通过 VB 界面通信的示意图。单片机应用系统运行收发程序，PC 上运行 VB 程序。在发送文本框中输入“Q1g 发”几个字符，按发送按钮“Sendcmd”，则由单片机接收到后再回发显示在接收文本框中。

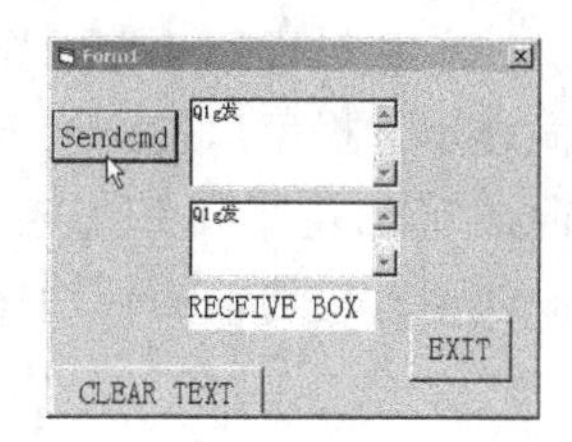

图 9-17　通过 VB 界面 PC 与单片机通信

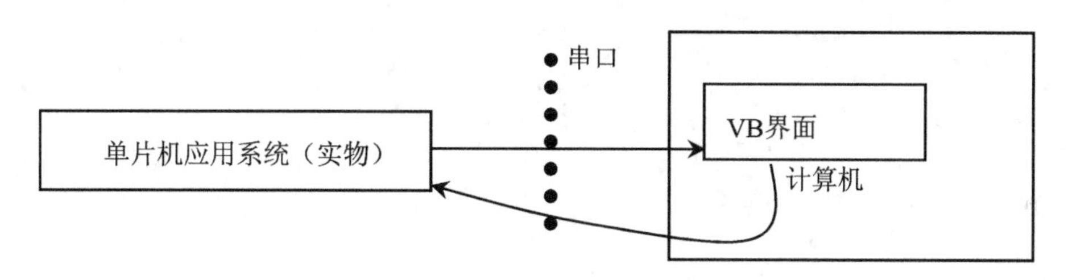

图 9-18　单片机与计算机通信示意图

【项目总结】

1. 51 单片机有一个可编程的全双工串行通信电路，通过接收信号引脚 RXD（P3.0）、发送信号引脚 TXD（P3.1）实现单片机和外部设备之间的串行通信。

2. 单片机内有一个串行口数据缓冲器 SBUF，地址 99H。它既可作为发送缓冲器，又可作为接收缓冲器，由读/写信号区分。当需要发送一个字节数据时，只需把数据写入 SBUF；接收数据时，直接从 SBUF 读出数据即可。

3. 单片机的串口有 4 种工作方式，方式 0 一般用于扩展 I/O 口，实现移位输入和输出；方式 1、2、3 用于串行通信的异步通信，只是三种方式的位数、波特率不同。

4. 在串行通信过程中，单片机有两种工作方式：查询方式、中断方式。

查询方式是指 CPU 不断查询检测 TI 或 RI 的值。若 TI 或 RI 为低电平，说明正在发送或接收；若 TI 或 RI 为高电平，则说明这次发送或接收结束。接下来 CPU 就可以做其他相关的操作。

中断方式是指当一次发送数据结束或接收数据结束时，系统自动置位 TI 或 RI。向 CPU 发出中断请求，告诉 CPU 这次发送或接收结束，让 CPU 接下来做其他相关的操作。

5. 单片机与 PC 通信时，经常采用 RS-232 接口。RS-232C 标准规定发送数据线 TXD 和接收数据线 RXD 均采用 EIA 电平，采用负逻辑，规定（–3～–25V）为逻辑“1”，（+3～+25V）为逻辑“0”。单片机使用的是 TTL 电平，所以需要外加电平转换电路，MC1489、MC1488、MAX232 和 ICL232 是常用的电平转换芯片。

思考与练习

1. 简述异步通信一帧数据的格式。
2. 简述 SCON 寄存器的作用。
3. 简述单片机串口 4 种工作方式的不同和适用场合。
4. 简述单片机串口的查询方式。
5. 简述 TTL 电平和 EIA 电平的特点。
6. 简述串行口通信的初始化步骤。

项目 10　设计电子钟

【项目引入】

在许多的单片机系统中，通常进行一些与时间有关的控制，这就需要使用实时时钟，如图 10-1 所示。例如在测量控制系统中，特别是长时间无人值守的测控系统中，经常需要记录某些具有特殊意义的数据及其出现的时间。在系统中采用实时时钟芯片能很好地解决这个问题。本项目要求设计一个 12864LCD 显示的电子钟。

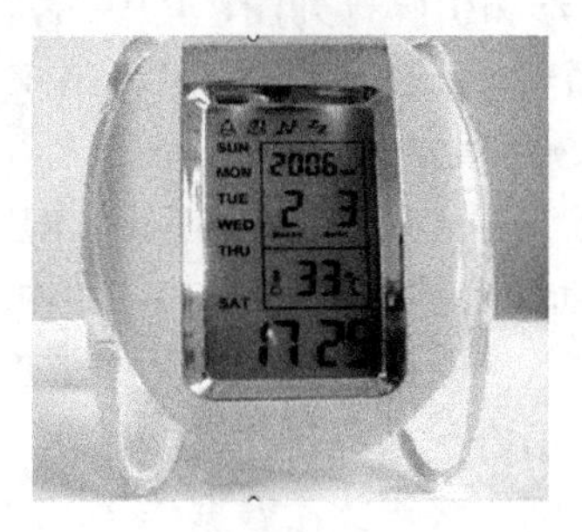

图 10-1　万年历

【知识目标】

- 掌握时钟芯片 DS1302 的原理、特性及选择；
- 掌握 12864 显示原理。

【技能目标】

- 掌握 51 单片机和时钟芯片 DS1302 的接口电路设计；
- 掌握钟芯片 DS1302 的 C51 程序设计；
- 掌握 12864 的程序设计方法。

10.1　任务描述

本项目要求设计一个可以显示实时时间的电子钟，考虑到实用性，要求用 LCD12864 来显示。

10.2　准备知识

10.2.1　DS1302 应用

实时时钟（RTC）是一个由晶体控制精度的，向主系统提供 BCD 码表示的时间和日期的器件。主系统与 RTC 间的通信可通过并行口也可通过串行口，并行器件速度快但需较大的底板空间，价格较昂贵，串行器件体积较小且价格也相对便宜。

1．DS1302 简介

DS1302 是美国 DALLAS 公司推出的一种高性能、低功耗、带 RAM 的实时时钟产品，它可以对年、月、日、周、时、分、秒进行计时，具有闰年补偿功能，工作电压为 2.5～5.5V。采用三线接口与单片机进行同步通信，并可采用突发方式一次传送多个字节的时钟信号或 RAM 数据。DS1302 内部有一个 31×8 的用于临时性存放数据的 RAM 寄存器。DS1302 是 DS1202 的升级产品，与 DS1202 兼容，但增加了主电源/后背电源双电源引脚，同时提供了对后背电源进行涓细电流充电的能力。

图 10-2 为 DS1302 的封装外形和引脚排列图，其中 V_{CC1} 为后备电源，一般接 3.6V 电池；V_{CC2} 为主电源，与单片机公用一个电源。DS1302 由 V_{CC1} 或 V_{CC2} 两者中的较大者供电。当 V_{CC2} 大于 V_{CC1}+0.2V 时，V_{CC2} 给 DS1302 供电。当 V_{CC2} 小于 V_{CC1} 时，DS1302 由 V_{CC1} 供电，这时耗电量极小。X1 和 X2 是振荡源，外接 32.768kHz 晶振。RET 为该芯片的复位/片选线，通过把 RET 输入驱动置高电平来启动所有的数据传送。RET 输入有两种功能：首先，RET 接通控制逻辑，允许地址/命令序列送入移位寄存器；其次，RET 提供终止单字节或多字节数据的传送手段。当 RET 为高电平时，所有的数据传送被初始化，允许对 DS1302 进行操作。如果在传送过程中 RET 置为低电平，则会终止此次数据传送，I/O 引脚变为高阻态。上电运行时，在 V_{CC}=2.5V 之前，RET 必须保持低电平。只有在 SCLK 为低电平时，才能将 RET 置为高电平。实际应用时，在初始化 DS1302 过程中，先让 RET = 0，SCLK = 0，然后再让 RET = 1，芯片工作开始。常态为 SCLK = 1，RET = 0。I/O 为串行数据输入输出端（双向），SCLK 始终是输入端。

DS1302

引脚	左侧	右侧	引脚
1	V_{CC1}	V_{CC2}	8
2	X1	SCLK	7
3	X2	I/O	6
4	GND	RET	5

图 10-2　DS1302 的封装外形和引脚排列图

2．DS1302 的寄存器和控制命令

单片机对 DS1302 的操作就是对其内部寄存器的操作。DS1302 内部共有 12 个寄存器，其中有 7 个寄存器与日历和时钟有关，存放的数据位为 BCD 码形式。此外，DS1302 还有年份寄存器、控制寄存器、充电寄存器、时钟突发寄存器及与 RAM 相关的寄存器等。时钟突发寄存器可一次性顺序读/写除充电寄存器以外的寄存器，日历、时钟寄存器及其控制字如表 10-1 所示，DS1302 内部主要寄存器功能如表 10-2 所示。

表 10-1　日历、时钟寄存器及其控制字对照表

寄存器名称	7	6	5	4	3	2	1	0
	1	RAM/CK	A4	A3	A2	A1	A0	RD/W
秒寄存器	1	0	0	0	0	0	0	1/0

续表

寄存器名称	7	6	5	4	3	2	1	0
	1	RAM/CK	A4	A3	A2	A1	A0	RD/W
分寄存器	1	0	0	0	0	0	1	1/0
时寄存器	1	0	0	0	0	1	0	1/0
日寄存器	1	0	0	0	0	1	1	1/0
月寄存器	1	0	0	0	1	0	0	1/0
周寄存器	1	0	0	0	1	0	1	1/0
年寄存器	1	0	0	0	1	1	0	1/0
写保护寄存器	1	0	0	0	1	1	1	1/0
慢充电寄存器	1	0	0	1	0	0	0	1/0
时钟突发秒寄存器	1	0	1	1	1	1	1	1/0

表 10-2　DS1302 内部主要寄存器功能表

名　称	控制字		取值范围	各位内容							
	写	读		7	6	5	4	3	2	1	0
秒寄存器	80H	81H	00～59	CH	10SEC			SEC			
分寄存器	82H	83H	00～59	0	10MIN			MIN			
时寄存器	84H	85H	1～12 或 0～23	12/24	0	A/P	HR	HR			
日寄存器	86H	87H	1～28,29,30,31	0	0	10DATE		DATE			
月寄存器	88H	89H	1～12	0	0	0	10M	MONTH			
周寄存器	8AH	8BH	1～7	0	0	0	0	0	DAY		
年寄存器	8CH	8DH	0～99	10YEAR				YEAR			
写保护寄存器	8EH			WP	0	0	0	0	0	0	0

其中，CH 为时钟停止位；为 0 时振荡器工作；为 1 时振荡器停止。AP=1 时为下午模式，AP=0 时为上午模式。WP = 0，允许对寄存器写数据，WP = 1，禁止对寄存器写数据。单片机连接不仅要向寄存器写入带有寄存器地址的指令，还需要读取相应寄存器的数据。要想与 DS1302 通信，首先要先了解 DS1302 的控制字。控制字的最高有效位（位 7）必须是逻辑 1，如果它为 0，则不能把数据写入到 DS1302 中。如果位 6 为 0，则表示存取日历时钟数据，为 1 表示存取 RAM 数据。位 5 至位 1（A4～A0）为控制字所控制的寄存器的地址；位 0（最低有效位），如为 0，表示要进行写操作，为 1 表示进行读操作。

3．DS1302 的读/写时序

（1）控制字的写入

控制字实际上是 DS1302 的寄存器控制指令，每一个指令的最后一位表示对寄存器的读或写操作。控制字总是从最低位开始向 DS1302 写入。从时序图（见图 10-3）可以看出，在片选 RET（CE）有效期间，每位的写入需要一个时钟的上升沿，并且必须先把数据先加载在 DS1302 的数据端口上。在指令输入后的下一个 SCLK 时钟的上升沿时，数据被写入 DS1302，数据的写入也是先从最低位（0 位）开始。同样，在紧跟 8 位的控制字指令后的下一个 SCLK 脉冲的下降沿，读出 DS1302 的数据。读出的数据也是从最低位到最高位。

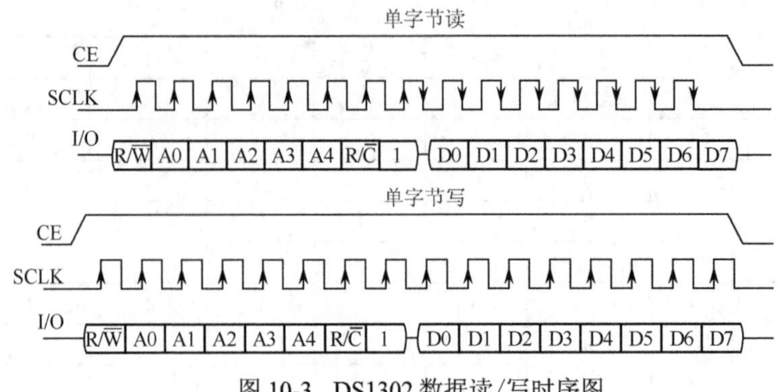

图 10-3　DS1302 数据读/写时序图

（2）程序设计原理

单片机对 DS1302 的控制，主要有初始化、写一字节、读一字节三种基本操作。应用操作有对含有指令的地址（控制字）写数据、对含有指令的地址读数据两种。由于读出和写入的数据必须是 8421BCD 码，所以程序中需要有十进制数据—8421BCD 码与 8421BCD 码—十进制数据转换函数。时间的读取需要读数据操作，调整时间需要写数据。

4．DS1302 应用

利用 DS1302 时钟芯片可以设计一个比较完整的电子日历，本项目可以利用 6 个数码管显示从 DS1302 读取的当前时间，时间显示的格式："时分秒"。

（1）电路原理

电路采用 6 位数码管显示，这里不再画出。DS1302 的 SCLK 接 P1.1，I/O 端口接 P1.2，复位端接 P1.3，DS1302 的 X1 和 X2 接 32768Hz 的标准时钟晶振。DS1302 和单片机连接示意图如图 10-4 所示。

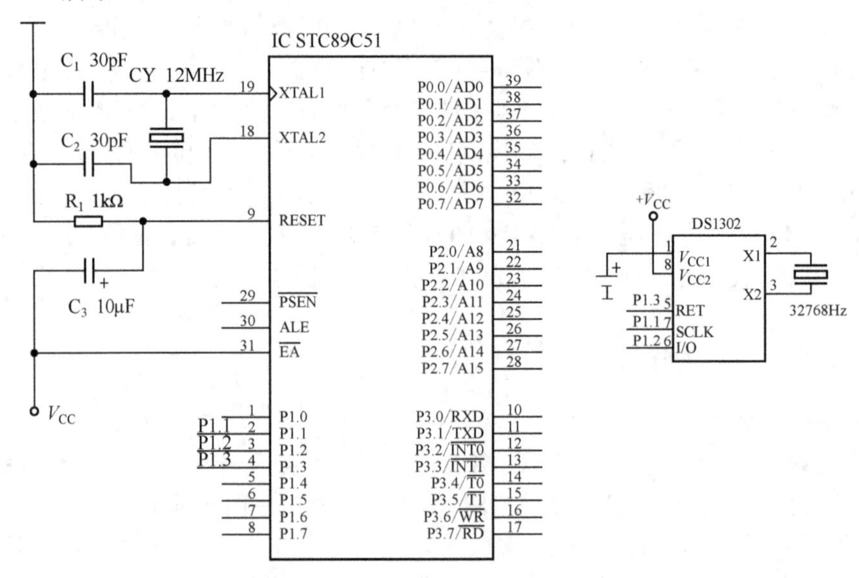

图 10-4　DS1302 和单片机连接示意图

（2）程序清单

程序清单如下：

```
/*******************************************************************/
#include<reg51.h>
#define uchar unsigned char
uchar dot,time1[6],flash;
unsigned int tt;
code seven_tab[10] = {0xc0,0xf9,0xa4,0xb0,0x99,0x92,0x82,0xf8,0x80,0x90};
code bit_select[6] = {0xfe,0xfd,0xfb,0xf7,0xef,0xdf};
//定义引脚连接
sbit rtc_clk=P1^1;
sbit rtc_data=P1^2;
sbit rtc_rst=P1^3;

sbit a0=ACC^0;
sbit a7=ACC^7;

void write_rtc(uchar date)                    //写一字节
{
    uchar i;
    ACC=date;
    for(i=8;i>0;i--)
        {
            rtc_data=a0;
            rtc_clk=1;
            rtc_clk=0;
            ACC=ACC>>1;
        }
}

uchar read_rtc()                              //读一字节
{
    uchar i;
    for(i=8;i>0;i--)
        {
            ACC=ACC>>1;
            a7=rtc_data;
            rtc_clk=1;
            rtc_clk=0;
        }
    return(ACC);
```

```
}
//写 1302 数据
void write1302(uchar address,uchar date)
{
    rtc_rst = 0;
    rtc_clk = 0;
    rtc_rst = 1;
    write_rtc(address);
    write_rtc(date);
    rtc_clk = 1;
    rtc_rst = 0;
}
uchar read1302(uchar address)           //读 1302 数据
{
    uchar temp;
    rtc_rst = 0;
    rtc_clk = 0;
    rtc_rst = 1;
    write_rtc(address);
    temp=read_rtc();
    rtc_clk = 1;
    rtc_rst = 0;
    return(temp);
}
void init1302()                         //1302 初始化
{
    write1302(0x8e,0x00);               //写操作
    write1302(0x80,0x56);               //写秒
    write1302(0x82,0x34);               //写分
    write1302(0x84,0x12);               //写时
    write1302(0x86,0x10);               //写月
    write1302(0x88,0x10);               //写日
    write1302(0x8a,0x06);               //写星期
    write1302(0x8c,0x10);               //写年
    write1302(0x8e,0x80);               //写保护
}
void get_time()                         //获取 1302 的时间数据（时、分、秒），存入 time1 数组中
{
    uchar d;
    d = read1302(0x81);
    time1[0] = d & 0x0f;
```

```
        time1[1] = (d >> 4) & 0x0f;
        d = read1302(0x83);
        time1[2] = d & 0x0f;
        time1[3] = (d >> 4) & 0x0f;
        d = read1302(0x85);
        time1[4] = d & 0x0f;
        time1[5] = (d >>4 ) & 0x0f;
}
void time0() interrupt 1                    //利用中断对数码管上显示的数据进行刷新
{
        uchar i;
        TR0=0;
        TH0 = (65536 - 2000) / 256;
        TL0 = (65536 - 2000) % 256;
        TR0 = 1;
        tt ++;
        if(tt == 500)
        {
                tt = 0;
                dot = !dot;
                flash = 0x7f | (dot << 7);
        }
        P0 = 0xff;
        P2 = bit_select[i];
        if(i == 2)
                P0 = seven_tab[time1[i]] & flash;
        else
                P0 = seven_tab[time1[i]];
        i ++;
        if(i == 6) i=0;
}
void init_timer0()                          //Timer0 初始化
{
        TMOD = 0x01;
        TH0 = (65536-2000) / 256;
        TL0 = (65536-2000) % 256;
        TR0 = 1;
        ET0 = 1;
        EA   = 1;
}
void main()
```

```
{
    init_timer0();
    init1302();
    while(1)
    {
        get_time();
    }
}
```

程序中用到了指针，这里重点介绍一下指针。

① 指针。指针（Pointer）实际上就是存储器的地址，因为可以把它想象成一个指向存储器的箭头，所以称为指针。而指针变量就是储存存储器地址的变量。内存单元的指针和内存单元的内容是两个不同的概念。使用指针变量时也必须预先声明。

对于一个内存单元来说，它的地址即为指针，其中存放的数据是该单元的内容。在 C 语言中，允许用一个变量来存放指针，这种变量称为指针变量。因此，一个指针变量的值就是某个内存单元的地址，或称为某内存单元的指针。

指针变量也是一个变量，它和普通变量一样占用一定的存储空间。但与普通变量不同之处在于，指针变量的存储空间存放的不是普通的数据，而是另一个变量的地址。因此，指针变量是一个地址变量。声明指针变量的格式为：

基类型　*指针变量名；

在指针定义中，“指针变量名”前的“*”仅是一个符号，并不是指针运算符；“基类型”表示该项指针变量所指向变量的数据类型，并非指针变量自身的数据类型，因为所有指针变量都是地址，所以所有指针变量的类型相同，只是所指向的变量的数据类型不同。例如：char *p；p 是一个指针变量，其值是个整型变量的地址，或者说 p 指向一个整型变量。至于 p 究竟指向哪一个整型变量，应由向 p 赋予的地址来决定。指针也可以指向用户自定义的数据类型变量，如：

```
typedef struct
{
    char year;
    char moth;
    char day;
}date;
date *dispaly_date;
```

② 指针与数组。数组的名字后面没有加上任何索引值时，就是指向数组开始位置的地址值，所以数组的名字也是指针。例如：

```
char filename[80];
char *p;
p=filename                              //指针 p 存放 filename 的开始地址
```

反之，指针也可以当成数组来使用。例如：

```
int x[5]={1,2,3,4,5};
```

```
int *p,sum,i;
p=x;                                    //指针 p 存放数组 x 的开始地址
for(i=0;i<5;i++)
    sum=sum+p[i];                       //p[i]相当于 x[i]
```

③ 指针的运算。

- 指针变量前面的*号就是取得指针所指向位置的内容。例如：

```
int x[5]={1,2,3,4,5};
int *p;
p=x;                                    //指针 p 存放数组 x 的开始地址
*p=10;                                  //相当于 x[0]等于 10
```

- 变量前面加上&符号，可以取得一个变量的位置。例如：

```
int x,y;
int *p;
p=&x;                                   //指针 p 存放 x 的地址，相当于 p 是指向 x 的指针
*p=1;                                   //相当于设置 x 等于 1
```

- &符号也可以加在数组元数的前面。例如：

```
int x[5];
int *p;
p=&x[2];                                //指针 p 存放 x[2]的地址，相当于 p 是指向 x[2]的指针
*p=50;                                  //相当于设置 x[2]等于 50
```

10.2.2 图形点阵 12864

1. 12864 点阵液晶显示模块的原理

在人们常用的人机交互显示界面中，除了数码管，LED，以及前面已经提到的 LCD1602 之外，还有一种液晶屏用得比较多，那就是 12864 液晶。人们常用的 12864 液晶模块中有带字库的，也有不带字库的，其控制芯片也有很多种，如 KS0108，T6963，ST7920 等。在这里以 T6963 为主控芯片的 12864 液晶屏来学习如何去驱动它，并在上面显示相应的信息。液晶屏采用深圳勤正达公司的 FM12864F-6，是一款图形点阵液晶显示器。它由控制器 T6963C、行驱动器/列驱动器及 128×64 全图形点阵液晶显示器组成，可完成常用字符及图形显示，也可以显示 8×4 个（16×16 点阵）汉字。一般 12864 液晶显示器实物如图 10-5 所示。

图 10-5 FM12864F-6 液晶实物图

其接口信号如表 10-3 所示。

表 10-3　FM12864F-6 液晶接口信号说明

引　脚	符　号	电　平	功能描述
1	FG	0V	铁框地
2	V_{SS}	0V	信号地
3	V_{DD}	5.0V	逻辑和 LCD 正驱动电源
4	V_o	$-10V<V_o<V_{DD}$	对比度调节输入（内部负压时空接）
5	$\overline{WR}$	L	写信号
6	$\overline{RD}$	L	读信号
7	$\overline{CE}$	L	片选信号
8	C/D	H/L	指令/数据选择（H：指令　L：数据）
9	$\overline{RST}$	L	复位（模块内已带上电复位电路，加电后可自动复位）
10～17	DB0～DB7	H/L	数据总线 0（三态数据总线）
18	FS	H/L	字体选择（H：6×8 点；L：8×8 点，图形方式时建议接低）
19	LED+	—	LED 背光电源输入（+5V）或 EL 背光电源输入（AC80V）
20	LED−	—	LED 背光电源输入负极

T6963C 是日本东芝公司专门为中等规模 LCD 模块设计的一款控制器，它通过外部 MCU 方便地实现对 LCD 驱动器和显示缓存的管理。其特点为 8 位 80 或 Z80 系列总线，内部有 128 个常用字符表，可管理外部扩展显示缓存 64KB（本模块为 32KB），并具有丰富的指令供 MCU 实现对 LCD 显示屏幕的操作与编辑。指令如表 10-4 所示。

表 10-4　T6963C 指令表

命　令	命令码	参数 D1	参数 D2	功　能
地址指针设置	00100001（21H）	X 横向地址	Y 垂直地址	光标地址设置
	00100010（22H）	偏置地址	00H	CGRAM 偏置地址设置
	00100100（24H）	低 8 位地址	高 8 位地址	读写显存地址设置
显示区域设置	01000000（40H）	低 8 位地址	高 8 位地址	文本显示区首地址
	01000001（41H）	每行字符数	00H	文本显示区宽度
	01000010（42H）	低 8 位地址	高 8 位地址	图形显示区首地址
	01000011（43H）	每行字节数	00H	图形显示区宽度
显示方式设置	10000000（80H）	—	—	文本与图形逻辑“或”合成显示
	10000001（81H）	—	—	文本与图形逻辑“异或”合成显示
	10000011（83H）	—	—	文本与图形逻辑“与”合成显示
	10000100（84H）	—	—	文本显示特征以双字节表示
显示状态设置	10010000（90H）	—	—	关所有显示
	10010010（92H）	—	—	光标显示但不闪
	10010011（93H）	—	—	光标闪动显示
	10010100（94H）	—	—	文本显示，图形关闭
	10011000（98H）	—	—	文本关闭，图形显示
	10011100（9CH）	—	—	文本和图形都显示

续表

命　令	命 令 码	参 数 D1	参 数 D2	功　能
光标大小设置	10100000（A0H）	—	—	1 行八点光标
	10100001（A1H）	—	—	2 行八点光标
	10100010（A2H）	—	—	3 行八点光标
	10100011（A3H）	—	—	4 行八点光标
	10100100（A4H）	—	—	5 行八点光标
	10100101（A5H）	—	—	6 行八点光标
	10100110（A6H）	—	—	7 行八点光标
	10100111（A7H）	—	—	8 行八点光标
进入/退出显示数据自动读/写方式设置	10110000（B0H）	—	—	进入显示数据自动写方式
	10110001（B1H）	—	—	进入显示数据自动读方式
	10110010（B2H）	—	—	退出自动读/写方式
	10110011	—	—	退出自动读/写方式
	10110011（B3H）			
进入显示数据一次读/写方式设置	11000000（C0H）	数据	—	写一字节数据，地址指针加一
	11000001（C1H）	—	—	读一字节数据，地址指针加一
	11000010（C2H）	数据	—	写一字节数据，地址指针减一
	11000011（C3H）	—	—	读一字节数据，地址指针减一
	11000100（C4H）	数据	—	写一字节数据，地址指针不变
	11000101（C5H）	—	—	读一字节数据，地址指针不变
屏读一字节	11100000（E0H）	—	—	从当前地址指针（在图形区内）读一字节屏幕显示数据
屏读拷贝（一行）	11101000（E8H）	—	—	从当前地址指针（在图形区内）读一行屏幕显示数据并写回
显示数据位操作设置	111110XXX	—	—	位清零
	11111XXX	—	—	位置位
	1111X000	—	—	设位地址 Bit 0（LSB）
	1111X001	—	—	设位地址 Bit 1
	1111X010	—	—	设位地址 Bit 2
	1111X011	—	—	设位地址 Bit 3
	1111X100	—	—	设位地址 Bit 4
	1111X101	—	—	设位地址 Bit 5
	1111X110	—	—	设位地址 Bit 6
	1111X111	—	—	设位地址 Bit 7(MSB)

其读写时序如图 10-6 所示。

无论是向 T6963C 读写数据还是写入命令，都必须判断忙状态。读忙状态满足以下条件：$\overline{RD}$：L；$\overline{WR}$：H；$\overline{CE}$：L；C/D：H；D0～D7 状态字

T6963C 状态字定义如下：

MSB							LSB
STA7	STA6	STA5	STA4	STA3	STA2	STA1	STA0
D7	D6	D5	D4	D3	D2	D1	D0

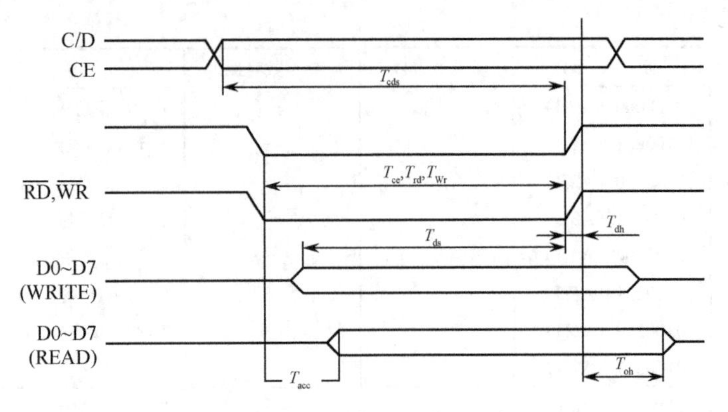

图 10-6　T6963C 读写时序图

其各位状态描述如表 10-5 所示。

表 10-5　各位状态描述

符　号	功 能 描 述	说　明
STA0	指令读写状态	0：忙 1：闲
STA1	数据读写状态	0：忙 1：闲
STA2	数据自动读状态	0：忙 1：闲
STA3	数据自动写状态	0：忙 1：闲
STA4	未用	
STA5	控制器运行检测可能性	0：不能 1：可能
STA6	屏读/屏复制出错状态	0：对 1：错
STA7	闪烁状态检测	0：关 1：开

说明：

- STA0 和 STA1 在大多数命令和数据传送前必须在同一时刻判断，否则可能会出错。
- 在数据自动读/写时判断 STA2 和 STA3。
- 在屏读/屏复制时判断 STA6。
- STA5 和 STA7 为厂家测试时用。

2．电路原理图

液晶 12864 和单片机的连接示意图如图 10-7 所示。$\overline{WR}$ 接 P2.4，$\overline{RD}$ 接 P2.3，$\overline{CE}$ 接 P2.2，C/D 接 P2.1，$\overline{RST}$ 接 P2.0。D0～D7 接单片机的 8 位数据口 P0，12864 的第 4 脚接电位器，调节背光显示。

3．12864 液晶程序

例 1：用 C 语言编程，在 12864 液晶上显示一行汉字和一行字符，汉字的内容为“汉字液晶显示”，字符的内容为“2011/2/26”，程序仿真时的运行效果如图 10-8 所示。

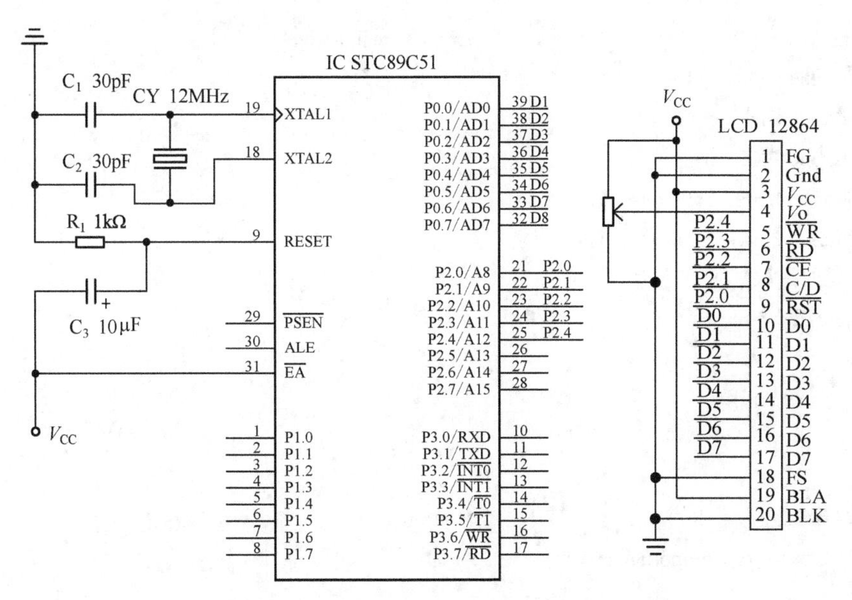

图 10-7　STC89C51 和 LCD12864 连接示意图

3．12864 液晶程序

图 10-8　运行画面

程序代码如下：

```
/*************************************************************
                12864 液晶显示器的汉字和英文显示程序
*************************************************************/
#include<reg51.h>
#include<ziku.c>
#include<intrins.h>
#define uchar unsigned char
#define uint unsigned int
/**************************************************************
*12864 液晶的定义（T6963 驱动）                                  *
**************************************************************/
sbit REST = P2^0;                    //Reset signal, active"L"
sbit C_D = P2^1;                     //L:data     H:code
sbit C_E = P2^2;                     //Chip enable signal, active"L"
sbit R_D = P2^3;                     //read signal, active"L"
```

```
sbit W_R = P2^4;                        //write signal, active"L"
#define width     15                    //显示区宽度
#define Graphic   1
#define TXT   0
#define LcmLengthDots   128
#define LcmWidthDots    64
//延时函数
void delay_nms(uint i)
{
     while(i)
     i--;
}
//对液晶写一个指令
void write_commond(uchar com)
{
     C_E = 0;
     C_D = 1;
     R_D = 1;
     P0 = com;
     W_R = 0;                           //write
     _nop_();
     W_R = 1;                           //disable write
     C_E = 1;
     C_D = 0;
}
//对液晶写一个数据
void write_date(uchar dat)
{
     C_E = 0;
     C_D = 0;
     R_D = 1;
     P0 = dat;
     W_R = 0;
     _nop_();
     W_R = 1;
     C_E = 1;
     C_D = 1;
}
//写一个指令和一个数据
 void write_dc(uchar com,uchar dat)
{
```

```
        write_date(dat);
        write_commond(com);
}
//写两个数据和一个指令
void write_ddc(uchar com,uchar dat1,uchar dat2)
{
        write_date(dat1);
        write_date(dat2);
        write_commond(com);
}
//LCD 初始化函数
void F12864_init(void)
{
        REST = 0;
        delay_nms(2000);
        REST = 1;
        write_ddc(0x40,0x00,0x00);                   //设置文本显示区首地址
        write_ddc(0x41,128/8,0x00);                  //设置文本显示区宽度
        write_ddc(0x42,0x00,0x08);                   //设置图形显示区首地址 0x0800
        write_ddc(0x43,128/8,0x00);                  //设置图形显示区宽度
        write_commond(0xA0);                         //设置光标形状 8×8 方块
        write_commond(0x80);                         //显示方式设置文本 and 图形(异或)
        write_commond(0x92);                         //设置光标
        write_commond(0x9F);                         //显示开关设置文本开，图形开，光标闪烁关
}
//清空显示存储器函数
void F12864_clear(void)
{
        unsigned int i;
        write_ddc(0X24,0x00,0x00);                   //置地址指针为从零开始
        write_commond(0xb0);                         //自动写
        for(i = 0;i < 128 * 64 ;i++)write_date(0x00);  //清一屏
        write_commond(0xb2);                         //自动写结束
        write_ddc(0x24,0x00,0x00);                   //重置地址指针
}
//设定显示的地址
void goto_xy(uchar x,uchar y,uchar mode)
{
        uint    temp;
        temp = 128 / 8 * y + x;
        if(mode)                                     //mode = 1 为 Graphic
```

```
        {                                       //如果图形模式要加上图形区首地址 0x0800
            temp = temp + 0x0100;
        }
        write_ddc(0x24,temp & 0xff,temp / 256);      //地址指针位置
}
//显示一个 ASCII 码函数
void Putchar(uchar x,uchar y,uchar Charbyte)
{
        goto_xy(x,y,TXT);
        write_dc(0xC4,Charbyte-32);                   //数据一次读写方式//查字符 rom
}
//显示英文字符串
void display_string(uchar x,uchar y,uchar *p)
{
        while(*p != 0)
        {
            if(x > 15 )                               //自动换行  128*64
            {
                x = 0;
                y++;
            }
            Putchar(x,y,*p);
            ++x;
            ++p;
        }
}
//显示汉字字符串,j = k + n 为(n 为要显示的字的个数),k 为选择从哪个字开始
void dprintf_hanzi_string_1(struct typFNT_GB16 code *GB_16,uint X_pos,uint Y_pos,uchar j,uchar k)
{
        unsigned int address;
        unsigned char m,n;
        while(k < j)
        {
            m = 0;
            address = LcmLengthDots / 8 * Y_pos + X_pos + 0x0800;
            for(n = 0;n < 16;n++)                                       //计数值 16
        {
                write_ddc(0x24,(uchar)(address),(uchar)(address>>8));     //设置显示存储器地址
                write_dc(0xc0,GB_16[k].Mask[m++]);                        //写入汉字字模左部
                write_dc(0xc0,GB_16[k].Mask[m++]);                  //写入汉字字模右部
                address = address + 128/8;          //修改显示存储器地址，显示下一列（共 16 列）
```

```
            }
            X_pos += 2;
            k++;
        }
}
//主函数
void main()
{
        F12864_init();
        F12864_clear();
        while(1)
        {
            dprintf_hanzi_string_1(GB_16,2,16,6,0);                //汉字液晶显示
            display_string(3,5,"2011/2/26");                       //显示 2011/2/26
        }
}
```

ziku.c 文件的内容

```
/****************************************************************/
//液晶汉字字库部分
//定义汉字字库的结构体
typedef struct typFNT_GB16
{
        char Index[2];
        char Mask[32];
};
// 定义汉字字库的具体内容
code struct typFNT_GB16    GB_16[]=
{
"汉",//0
{0x20,0x00,0x10,0x00,0x17,0xFC,0x02,0x08,0x82,0x08,0x49,0x10,0x49,0x10,0x11,0x10,
0x10,0xA0,0x20,0xA0,0xE0,0x40,0x20,0xA0,0x21,0x18,0x26,0x0E,0x28,0x04,0x00,0x00 },
"字", //1
{0x02,0x00,0x01,0x00,0x3F,0xFC,0x20,0x04,0x40,0x08,0x1F,0xE0,0x00,0x40,0x00,0x80,
0x01,0x00,0x7F,0xFE,0x01,0x00,0x01,0x00,0x01,0x00,0x01,0x00,0x05,0x00,0x02,0x00},
"液",//2
{0x40,0x40,0x20,0x20,0x27,0xFE,0x09,0x20,0x89,0x20,0x52,0x7C,0x52,0x44,0x16,0xA8,
0x2B,0x98,0x22,0x50,0xE2,0x20,0x22,0x30,0x22,0x50,0x22,0x88,0x23,0x0E,0x22,0x04},
"晶",//3
{0x00,0x00,0x0F,0xF0,0x08,0x10,0x0F,0xF0,0x08,0x10,0x0F,0xF0,0x08,0x10,0x00,0x00,
0x7E,0x7E,0x42,0x42,0x7E,0x7E,0x42,0x42,0x42,0x42,0x7E,0x7E,0x42,0x42,0x00,0x00},
"显", //4
```

```
{ 0x00,0x00,0x1F,0xF0,0x10,0x10,0x1F,0xF0,0x10,0x10,0x1F,0xF0,0x04,0x40,0x04,0x40,
0x44,0x48,0x24,0x48,0x14,0x50,0x14,0x60,0x04,0x40,0xFF,0xFE,0x00,0x00,0x00,0x00    },
"示", //5
{0x00,0x00,0x1F,0xF8,0x00,0x00,0x00,0x00,0x00,0x00,0x7F,0xFE,0x01,0x00,0x01,0x00,
0x11,0x20,0x11,0x10,0x21,0x08,0x41,0x0C,0x81,0x04,0x01,0x00,0x05,0x00,0x02,0x00    }
};
```

10.3 项目实现

10.3.1 设计思路

本项目利用 DS1302 实时产生当前时间，然后把当前时间送给 12864 实时显示。

10.3.2 硬件电路

根据题意设计的硬件电路图如图 10-9 所示，DS1302 的 RST、SCLK、I/O 分别和单片机的 P2.7、P2.6、P2.5 相连，晶振的频率选用 32768Hz。12864 的数据端和 P1 口相连，CS2、CS1、R/W、E、DI 分别和单片机的 P2.4、P2.3、P2.2、P2.1、P2.0 相连。

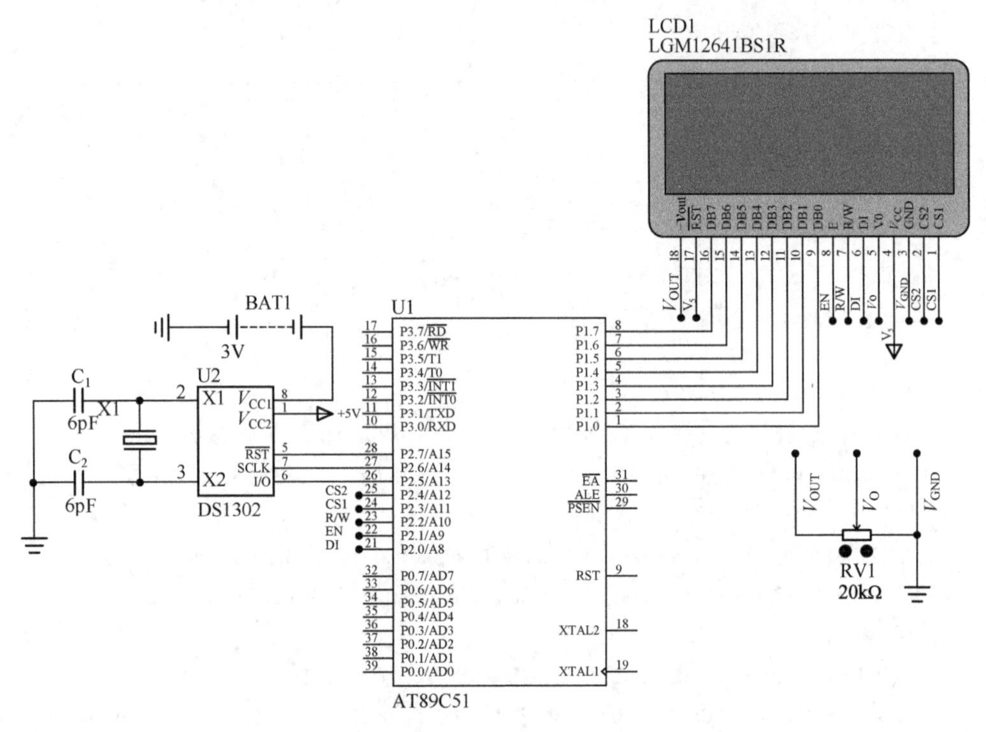

图 10-9 12864 显示的电子钟的硬件电路图

10.3.3 软件设计

本程序包括 main.c、lcd.c 和 1302.c 三个文件。

```
/**************************main.c*******************************/
#include <absacc.h>
#include <intrins.h>
#include <reg51.h>

#include "LCD.h"
#include "1302.h"

uchar date_buf[8];                          //存储 1032

void show_date(void)
{
      uchar i,j;
      j = 16;
      i = date_buf[6]>>4;                   //year
      i &= 0x0f;
      ShowNumber(2,16+j,i);
      i = date_buf[6] & 0x0f;
      ShowNumber(2,24+j,i);
      ShowChina(2,32+j,12);
      i = date_buf[4]>>4;                   //month
      i &= 0x01;
      ShowNumber(2,48+j,i);
      i = date_buf[4] & 0x0f;
      ShowNumber(2,56+j,i);
      ShowChina(2,64+j,13);
      i = date_buf[3]>>4;                   //day
      i &= 0x03;
      ShowNumber(2,80+j,i);
      i = date_buf[3] & 0x0f;
      ShowNumber(2,88+j,i);
      ShowChina(2,96+j,14);
}

void show_time(void)
{
      uchar i,j;
```

```
        j = 32;
        i = date_buf[2]>>4;                    //hour
        i &= 0x03;
        ShowNumber(6,0+j,i);
        i = date_buf[2] & 0x0f;
        ShowNumber(6,8+j,i);
        ShowChina(6,16+j,15);
        i = date_buf[1]>>4;                    //minute
        i &= 0x07;
        ShowNumber(6,32+j,i);
        i = date_buf[1] & 0x0f;
        ShowNumber(6,40+j,i);
        ShowChina(6,48+j,16);
        i = date_buf[0]>>4;                    //second
        i &= 0x07;
        ShowNumber(6,64+j,i);
        i = date_buf[0] & 0x0f;
        ShowNumber(6,72+j,i);
        ShowChina(6,80+j,17);
}

void show_date_time(void)
{
        uchar *j;
        j=date_buf;
        read_serial(j);
        show_date();
        show_time();
}

void main(void)
{
        InitLCD();
        while(1)
        {
        show_date_time();
        }
}

/*************************1302.c********************************/
#include <absacc.h>
```

```
#include <intrins.h>
#include <reg51.h>
#define uchar unsigned char

#define DS1302_SECOND  0x80
#define DS1302_MINUTE  0x82
#define DS1302_HOUR         0x84
#define DS1302_WEEK         0x8A
#define DS1302_DAY          0x86
#define DS1302_MONTH        0x88
#define DS1302_YEAR         0x8C

sbit   DS1302_CLK = P2^6;              //实时时钟时钟线引脚
sbit   DS1302_IO   = P2^5;             //实时时钟数据线引脚
sbit   DS1302_RST = P2^7;              //实时时钟复位线引脚

uchar read_1302(void)                  //从 1302 中读取一个字节
{
      uchar i,data_1302;
      for(i=0;i<8;i++)
      {
            data_1302>>=1;
            if(DS1302_IO)
            {
                  data_1302|=0x80;
            }
            DS1302_CLK=1;
            DS1302_CLK=0;
      }
      return (data_1302);
}

void write_1302(uchar data_1302)       //向 1302 中写入一个字节
{
      uchar i;
      for(i=0;i<8;i++)
      {
            DS1302_IO=(bit)(data_1302&0x01);
            DS1302_CLK=1;
            DS1302_CLK=0;
            data_1302>>=1;
```

```
        }
}
void write_all_1302(uchar addr,uchar data_1302)    //向 1302 的某一地址中写入一个字节的数据
{
        DS1302_RST = 0;
        DS1302_CLK = 0;
        DS1302_RST = 1;
        write_1302(addr);
        write_1302(data_1302);
        DS1302_CLK = 1;
        DS1302_RST = 0;
}
uchar read_all_1302(uchar addr)                    //从 1302 的某一地址中读取一个字节的数据
{
        uchar data_1302;
        DS1302_RST = 0;
        DS1302_CLK = 0;
        DS1302_RST = 1;
        write_1302(addr|0x01);
        data_1302 = read_1302();
        DS1302_CLK = 1;
        DS1302_RST = 0;
        return (data_1302);
}

void DS1302_SetProtect(bit flag)                   //是否写保护
{
        if(flag)
                write_all_1302(0x8E,0x10);
        else
                write_all_1302(0x8E,0x00);
}

void stop_1302(void)                               //停止 1302 时钟
{
        uchar i;
        i = read_all_1302(DS1302_SECOND);
        i |= 0x80;
        write_all_1302(DS1302_SECOND,i);
}
void start_1302(void)                              //启动 1302 时钟
```

```
{
    uchar i;
    i = read_all_1302(DS1302_SECOND);
    i &= 0x7f;
    write_all_1302(DS1302_SECOND,i);
}

void read_serial(uchar *j)                    //读出 1302 的时间序列
{
    uchar i;
    DS1302_RST = 0;
    DS1302_CLK = 0;
    DS1302_RST = 1;
    write_1302(0xbf);                         //0xbf 为连续读出的命令代码
    for(i=0;i<8;i++)
    {
        *(j+i) = read_1302();
        nop();
    }
    DS1302_CLK = 1;
    DS1302_RST = 0;
}
void write_date_time(uchar *j)                //写入 1302 的时间序列
{

    uchar i;
    DS1302_RST = 0;
    DS1302_CLK = 0;
    DS1302_RST = 1;
    write_1302(0xbe);                         //0xbe 为连续写入的命令代码
    for(i=0;i<8;i++)
    {
        write_1302(*(j+i));
    }
    DS1302_CLK = 1;
    DS1302_RST = 0;
}
/*************************lcd.c******************************/
#include <reg51.h>
#include <absacc.h>
#include <intrins.h>
```

```
#define LCD12864DataPort    P1
#define uchar unsigned char
#define uint unsigned char

sbit di = P2^0;                          //数据\指令选择
sbit rw = P2^2;                          //读\写选择
sbit en = P2^1;                          //读\写使能
sbit cs1= P2^3;                          //片选 1，低有效（前 64 列）
sbit cs2= P2^4;                          //片选 2，低有效（后 64 列）

 char code HZcode[18][32]={{0x00,0x00,0xFC,0x44,0x54,0x54,0x54,0x55,0xFE,0x54,0x54,
0xF4,0x44,0x44,0x00,0x00,0x40,0x30,0x0F,0x00,0x7D,0x25,0x25,0x25,0x27,0x25,0x25,0x7D,0x00,0
x00,0x00,0x00},...};
char code Numcode[11][16]={{0x00,0xE0,0x10,0x08,0x08,0x10,0xE0,0x00,0x00,0x0F,0x10,
0x20,0x20,0x10,0x0F,0x00}, ...   };

void nop(void)
{
    _nop_(); _nop_(); _nop_(); _nop_(); _nop_(); _nop_(); _nop_(); _nop_(); _nop_(); _nop_(); _nop_();
}

void CheckState(void)                          //状态检查
{
    uchar dat;
    dat = 0x00;
    di=0;
    rw=1;
}

void WriteByte(uchar dat)                      //写显示数据,dat:显示数据
{
    CheckState();
    di=1;
    rw=0;
    LCD12864DataPort=dat;
    en=1;
    en=0;
}

SendCommandToLCD(uchar command)                //向 LCD 发送命令,command :命令
{
```

```
        CheckState();
        rw=0;
        di=0;
        LCD12864DataPort=command;
        en=1;
        en=0;
}
void SetLine(uchar line)                        //设定行地址(页)--X 0-7
{
        line &= 0x07;                           //0<=line<=7
        line |= 0xb8;                           //1011 1xxx
        SendCommandToLCD(line);
}
void SetColumn(uchar column)                    //设定列地址--Y 0-63
{
        column &= 0x3f;                         //0=<column<=63
        column |= 0x40;                         //01xx xxxx
        SendCommandToLCD(column);
}
void SetStartLine(uchar startline)              //设定显示开始行--XX0--63
{
        startline |= 0xc0;                      //1100 0000
        SendCommandToLCD(startline);
}
void SetOnOff(uchar onoff)                      //开关显示
{
        onoff|=0x3e;                            //0011 111x
        SendCommandToLCD(onoff);
}
void SelectScreen(uchar screen)                 //选择屏幕 screen: 0-全屏,1-左屏,2-右屏
{
        switch(screen)
        {
                case 0:
                        cs1=0;                  //全屏
                        nop();
                        cs2=0;
                        nop();
                        break;
                case 1:
                        cs1=1;                  //左屏
```

```
                nop();
                cs2=0;
                nop();
                break;
            case 2:
                cs1=0;                                  //右屏
                nop();
                cs2=1;
                nop();
                break;
            default:
                break;
        }
}
void ClearScreen(uchar screen)                          //清屏 screen：0-全屏，1-左屏，2-右
{
        uchar i,j;
        SelectScreen(screen);
        for(i=0;i<8;i++)
        {
            SetLine(i);
            for(j=0;j<64;j++)
            {
                WriteByte(0x00);
            }
        }
}

void Show8x8(uchar lin,uchar column,uchar *address)     //显示 8*8 点阵 lin:行（0-7），column：列
                                                          （0-127）address：字模区首地址
{
        uchar i;
        if(column<64)
        {
            SelectScreen(1);                            //如果列数<64 则从第一屏上开始写
            SetLine(lin);
            SetColumn(column);
            for(i=0;i<8;i++)
            {
                if(column+i<64)
                {
```

```
                    WriteByte(*(address+i));
                }
                else
                {
                    SelectScreen(2);
                    SetLine(lin);
                    SetColumn(column-64+i);
                    WriteByte(*(address+i));
                }
            }
        }
        else
        {
            SelectScreen(2);                              //否则从第二屏上开始写
            column-=64;                                   //防止越界
            SetLine(lin);
            SetColumn(column);
            for(i=0;i<8;i++)
            {
                if(column+i<64)
                {
                    WriteByte(*(address+i));
                }
                else
                {
                    SelectScreen(1);
                    SetLine(lin);
                    SetColumn(column-64+i);
                    WriteByte(*(address+i));
                }
            }
        }
}

void ShowNumber(uchar lin,uchar column,uchar num)         //显示数字 8*16
{
    uchar *address;
    address=&Numcode[num][0];
    Show8x8(lin,column,address);
    Show8x8(lin+1,column,address+8);
}
```

```
void ShowChina(uchar lin,uchar column,uchar num)            //显示汉字 16*16
{
    uchar *address;
    address = &HZcode[num][0];
    Show8x8(lin,column,address);
    Show8x8(lin,column+8,address+8);
    Show8x8(lin+1,column,address+16);
    Show8x8(lin+1,column+8,address+24);
}

void InitLCD(void)                                          //初始化 LCD
{
    uchar i=2000;                                           //延时
    while(i--);
    SetOnOff(1);                                            //开显示
    ClearScreen(1);                                         //清屏
    ClearScreen(2);
    SetStartLine(0);                                        //开始行:0
}

void r_show8x8(uchar lin,uchar column,uchar *address)
{
    uchar i,r_data;
    if(column<64)
    {
        SelectScreen(1);                                    //如果列数<64 则从第一屏上开始写
        SetLine(lin);
        SetColumn(column);
        for(i=0;i<8;i++)
        {
            if(column+i<64)
            {
                r_data = ~(*(address+i));
                WriteByte(r_data);
            }
            else
            {
                SelectScreen(2);
                SetLine(lin);
                SetColumn(column-64+i);
                r_data = ~(*(address+i));
```

```
                WriteByte(r_data);
            }
        }
    }
    else
    {
        SelectScreen(2);                    //否则从第二屏上开始写
        column-=64;                         //防止越界
        SetLine(lin);
        SetColumn(column);
        for(i=0;i<8;i++)
        {
            if(column+i<64)
            {
                r_data = ~(*(address+i));
                WriteByte(r_data);
            }
            else
            {
                SelectScreen(1);
                SetLine(lin);
                SetColumn(column-64+i);
                r_data = ~(*(address+i));
                WriteByte(r_data);
            }
        }
    }
}

void r_ShowNumber(uchar lin,uchar column,uchar num)
{
    uchar *address;
    address=&Numcode[num][0];
    r_show8x8(lin,column,address);
    r_show8x8(lin+1,column,address+8);
}
```

10.3.4　仿真调试

在计算机上运行 Keil，首先新建一个项目，项目使用的单片机为 AT89C51，这个项目暂且命名为 dzzh；然后新建一个文件，并保存为“dzzh.c”文件，并添加到工程项目中。直接在 Keil 软件界面中编写。当程序设计完成后，通过 Keil 编译并创建 dzzh.HEX 目标文件。

在安装过 Proteus 软件的 PC 上运行 ISIS 文件，即可进入 Proteus 电路原理仿真界面，利用该软件仿真时操作比较简单。其过程是首先构造电路，然后双击单片机加载 HEX 文件，最后执行仿真。仿真图如图 10-10 所示，LCD 上两行显示当前时间、日期。

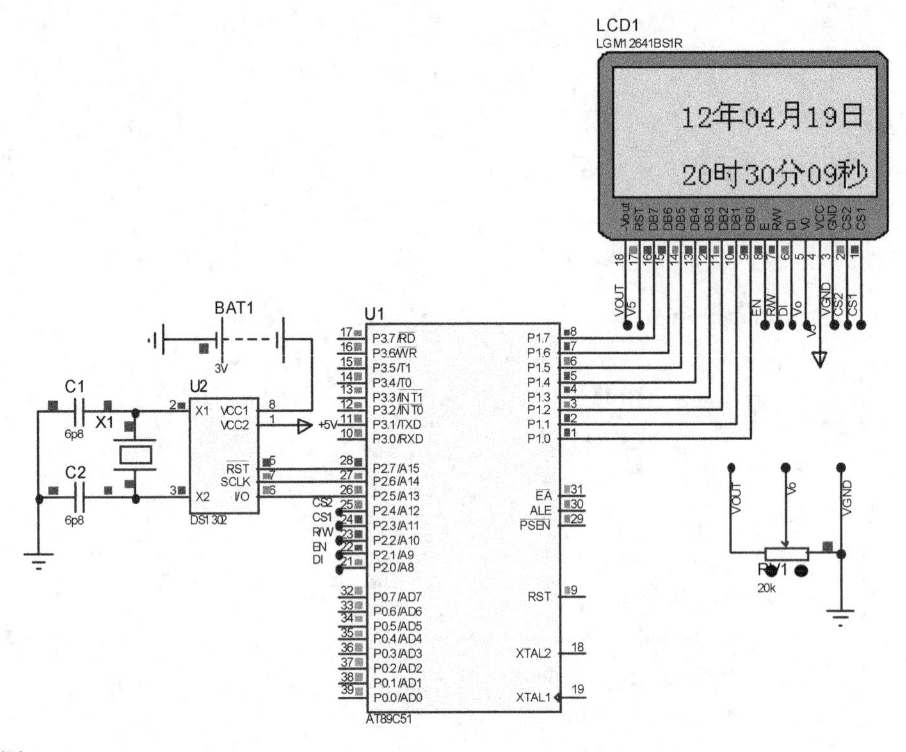

图 10-10

图 10-10 电子钟的仿真图

【项目总结】

1. 12864 是一种图形点阵型液晶显示器件，可显示 128 列 64 行点阵，也可显示 32 个（16×16 点阵）的汉字，与 CPU 接口采用 8 位数据总线并口输入/输出方式。

2. 12864 有 7 条控制指令格式：显示开关控制、设置显示其实行、设置页地址、设置 Y 地址、读状态、写显示数据、向 LCD 发送命令。

3. DS1302 是一种高性能、低功耗、带 RAM 的实时时钟器件，它可以对年、月、日、周、时、分、秒进行计时，具有闰年补偿功能，工作电压为 2.5～5.5V。采用三线接口与单片机进行同步通信。

4. DS1302 内部共有 12 个寄存器，其中有 7 个寄存器与日历和时钟有关，存放的数据位为 BCD 码形式。

5. 单片机对 DS1302 的控制，主要有初始化、写一字节、读一字节三种基本操作，应用操作有对含有指令的地址（控制字）写数据、对含有指令的地址读数据两种，由于读出和写入的数据必须是 8421BCD 码，所以程序中需要有十进制—8421BCD 码与 8421BCD 码—十进制转换函数。时间的读取需要读数据操作，调整时间需要写数据。

思考与练习

1．液晶读/写之前，为什么要进行检测液晶是否处于忙状态？
2．如何使一些字符显示在 12864 板面的特定位置？
3．DS1302 存放时间的寄存器有哪几个？地址分别为多少？
4．如何进行十进制—8421BCD 码的转换？

附录A 单片机C语言

表A-1 ANSIC标准关键字

关 键 字	用 途	说 明
auto	存储种类说明	用以说明局部变量，缺省值为此
break	程序语句	退出最内层循环
case	程序语句	Switch 语句中的选择项
char	数据类型说明	单字节整型数或字符型数据
const	存储类型说明	在程序执行过程中不可更改的常量值
continue	程序语句	转向下一次循环
default	程序语句	Switch 语句中的失败选择项
do	程序语句	构成 do...while 循环结构
double	数据类型说明	双精度浮点数
else	程序语句	构成 if...else 选择结构
enum	数据类型说明	枚举
extern	存储种类说明	在其他程序模块中说明了的全局变量
flost	数据类型说明	单精度浮点数
for	程序语句	构成 for 循环结构
goto	程序语句	构成 goto 转移结构
if	程序语句	构成 if...else 选择结构
int	数据类型说明	基本整型数
long	数据类型说明	长整型数
register	存储种类说明	使用 CPU 内部寄存的变量
return	程序语句	函数返回
short	数据类型说明	短整型数
signed	数据类型说明	有符号数，二进制数据的最高位为符号位
sizeof	运算符	计算表达式或数据类型的字节数
static	存储种类说明	静态变量
struct	数据类型说明	结构类型数据
swicth	程序语句	构成 switch 选择结构
typedef	数据类型说明	重新进行数据类型定义
union	数据类型说明	联合类型数据
unsigned	数据类型说明	无符号数数据
void	数据类型说明	无类型数据
volatile	数据类型说明	该变量在程序执行中可被隐含地改变
while	程序语句	构成 while 和 do...while 循环结构

表A-2　C51编译器的扩展关键字

关 键 字	用　途	说　明
bit	位标量声明	声明一个位标量或位类型的函数
sbit	位标量声明	声明一个可位寻址变量
Sfr	特殊功能寄存器声明	声明一个特殊功能寄存器
Sfr16	特殊功能寄存器声明	声明一个16位的特殊功能寄存器
data	存储器类型说明	直接寻址的内部数据存储器
bdata	存储器类型说明	可位寻址的内部数据存储器
idata	存储器类型说明	间接寻址的内部数据存储器
pdata	存储器类型说明	分页寻址的外部数据存储器
xdata	存储器类型说明	外部数据存储器
code	存储器类型说明	程序存储器
interrupt	中断函数说明	定义一个中断函数
reentrant	再入函数说明	定义一个再入函数
using	寄存器组定义	定义芯片的工作寄存器

表A-3　运算符优先级和结合性

级　别	类　别	名　称	运 算 符	结 合 性
1	强制转换、数组、结构、联合	强制类型转换	()	右结合
		下标	[]	
		存取结构或联合成员	->或.	
2	逻　辑	逻辑非	!	左结合
	字　位	按位取反	~	
	增　量	加1	++	
	减　量	减1	—	
	指　针	取地址	&	
		取内容	*	
	算　术	单目减	-	
	长度计算	长度计算	sizeof	
3	算　术	乘	*	右结合
		除	/	
		取模	%	
4	算术和指针运算	加	+	
		减	-	
5	字　位	左移	<<	
		右移	>>	
6	关系	大于等于	>=	
		大于	>	
		小于等于	<=	
		小于	<	

续表

级　别	类　别	名　称	运 算 符	结 合 性
7	关　系	恒等于	==	
		不等于	!=	
8	字　位	按位与	&	
9		按位异或	^	
10		按位或	|	
11	逻　辑	逻辑与	&&	左结合
12		逻辑或	||	
13	条　件	条件运算	?:	
14	赋　值	赋值	=	
		复合赋值	Op=	
15	逗　号	逗号运算	,	右结合

附录 B　单片机 C 语言编程模板

【程序开始处的程序说明】

【单片机 SFR 定义的头文件】

```
#include <REG51.h>              //通用 89C51 头文件
#include <REG52.h>              //通用 89C52 头文件
#include <STC11Fxx.H>           //STC11Fxx 或 STC11Lxx 系列单片机头文件
#include <STC12C2052AD.H>       //STC12Cx052 或 STC12Cx052AD 系列单片机头文件
#include <STC12C5A60S2.H>       //STC12C5A60S2 系列单片机头文件
```

【更多库函数头定义】

```
#include <assert.h>             //设定插入点
#include <ctype.h>              //字符处理
#include <errno.h>              //定义错误码
#include <float.h>              //浮点数处理
#include <fstream.h>            //文件输入/输出
#include <iomanip.h>            //参数化输入/输出
#include <iostream.h>           //数据流输入/输出
#include <limits.h>             //定义各种数据类型最值常量
#include <locale.h>             //定义本地化函数
#include <math.h>               //定义数学函数
#include <stdio.h>              //定义输入/输出函数
#include <stdlib.h>             //定义杂项函数及内存分配函数
#include <string.h>             //字符串处理
#include <strstrea.h>           //基于数组的输入/输出
#include <time.h>               //定义关于时间的函数
#include <wchar.h>              //宽字符处理及输入 / 输出
#include <wctype.h>             //宽字符分类
#include <intrins.h>            //51 基本运算（包括_nop_空函数）
```

【常用定义声明】

```
sfr   [自定义名] = [SFR 地址] ;    //按字节定义 SFR 中的存储器名。例：sfr P1 = 0x90;
sbit  [自定义名] = [系统位名] ;    //按位定义 SFR 中的存储器名。例：sbit Add_Key = P3 ^ 1;
bit   [自定义名] ;                 //定义一个位（位的值只能是 0 或 1）例：bit LED;
#define [代替名]  [原名]           //用代替名代替原名。例：#define LED P1 / #define TA 0x25
unsigned char [自定义名] ;         //定义一个 0～255 的整数变量。例：unsigned char a;
unsigned int  [自定义名] ;         //定义一个 0～65535 的整数变量。例：unsigned int a;
```

【定义常量和变量的存放位置的关键字】

```
data    字节寻址片内 RAM，片内 RAM 的 128 字节    （例：data unsigned char a;）
bdata   可位寻址片内 RAM，16 字节，从 0x20 到 0x2F（例：bdata unsigned char a;）
idata   所有片内 RAM，256 字节，从 0x00 到 0xFF   （例：idata unsigned char a;）
pdata   片外 RAM，256 字节，从 0x00 到 0xFF       （例：pdata unsigned char a;）
xdata   片外 RAM，64K 字节，从 0x00 到 0xFFFF     （例：xdata unsigned char a;）
code    ROM 存储器，64K 字节，从 0x00 到 0xFFFF   （例：code unsigned char a;）
```

【选择、循环语句】

```
if(1){//为真时语句}else{//否则时语句}
-------------------------
while(1){//为真时内容}
-------------------------
do{//先执行内容}while(1);
-------------------------
switch (a){
    case 0x01://为真时语句    break;
    case 0x02://为真时语句    break;
    default:  //冗余语句      break;}
-------------------------
for(;;){//循环语句}
-------------------------
```

【主函数模板】

```
void main (void){//初始程序 while(1){//无限循环程序}}
/**********************************************************************************/
```

【中断处理函数模板】

```
/*********************************************************************************
void name (void) interrupt 1 using 1{//处理内容}
/**********************************************************************************/
```

【中断入口说明】

```
interrupt 0 外部中断 0            （ROM 入口地址：0x03）
interrupt 1 定时/计数器中断 0（ROM 入口地址：0x0B）
interrupt 2 外部中断 1            （ROM 入口地址：0x13）
interrupt 3 定时/计数器中断 1（ROM 入口地址：0x1B）
interrupt 4 UART 串口中断         （ROM 入口地址：0x23）
（更多的中断依单片机型号而定，ROM 中断入口均相差 8 个字节）
using 0 使用寄存器组 0
```

```
using 1  使用寄存器组 1
using 2  使用寄存器组 2
using 3  使用寄存器组 3
```

【普通函数框架】

```
void name (void){//函数内容}
/***************************************************************************************
带返回值
unsigned int name (unsigned char a,unsigned int b){//函数内容 return a; //返回值}
**************************************************************************************/
```

附录 C　Proteus 元件英文符号

分立元件库元件名称及中英对照

AND　与门
ANTENNA　天线
BATTERY　直流电源
BELL　铃，钟
BVC　同轴电缆接插件
BRIDEG 1　整流桥（二极管）
BRIDEG 2　整流桥（集成块）
BUFFER　缓冲器
BUZZER　蜂鸣器 SOUNDER
CAP　电容
CAPACITOR　电容
CAPACITOR POL　有极性电容
CAPVAR　可调电容
CIRCUIT BREAKER　熔断丝
COAX　同轴电缆
CON　插口
CRYSTAL　晶体整荡器
DB　并行插口
DIODE　二极管
DIODE SCHOTTKY　稳压二极管
DIODE VARACTOR　变容二极管
DPY_3-SEG　3段LED
DPY_7-SEG　7段LED
DPY_7-SEG_DP　7段LED（带小数点）
ELECTRO　电解电容
FUSE　熔断器
INDUCTOR　电感
INDUCTOR IRON　带铁芯电感
INDUCTOR3　可调电感
JFET N　N沟道场效应管
JFET P　P沟道场效应管
LAMP　灯泡
LAMP NEDN　起辉器
LED　发光二极管
METER　仪表
MICROPHONE　麦克风
MOSFET MOS　管
MOTOR AC　交流电机
MOTOR SERVO　伺服电机
NAND　与非门
NOR　或非门
NOT　非门
NPN　NPN三极管
NPN-PHOTO　感光三极管
OPAMP　运放
OR　或门
PHOTO　感光二极管
PNP　三极管
NPN DAR　NPN三极管
PNP DAR　PNP三极管
POT　滑线变阻器
PELAY-DPDT　双刀双掷继电器
RES1.2　电阻
RES3.4　可变电阻
RESISTOR BRIDGE　桥式电阻
RESPACK　电阻
SCR　晶闸管
PLUG　插头
PLUG AC FEMALE　三相交流插头
SOCKET　插座
SOURCE CURRENT　电流源
SOURCE VOLTAGE　电压源
SPEAKER　扬声器
SW　开关
SW-DPDY　双刀双掷开关
SW-SPST　单刀单掷开关
SW-PB　按钮
THERMISTOR　电热调节器
TRANS1　变压器

TRANS2 可调变压器

TRIAC 三端双向可控硅

TRIODE 三极真空管

VARISTOR 变阻器

ZENER 齐纳二极管

7SEG 数码管

SW-PB 开关

附录 D　I^2C 器件 AT24C04 的原理与应用

I^2C（Inter－Integrated Circuit）总线是一种由 PHILIPS 公司开发的两线式串行总线，用于连接微控制器及其外围设备。I^2C 总线产生于 20 世纪 80 年代，最初为音频和视频设备开发，如今主要在服务器管理中使用，其中包括单个组件状态的通信。

I^2C 总线最主要的优点是其简单性和有效性。由于接口直接在组件之上，因此 I^2C 总线占用的空间非常小，减少了电路板的空间和芯片管脚的数量，降低了互连成本。总线的长度可高达 25 英尺，并且能够以 10Kbps 的最大传输速率支持 40 个组件。I^2C 总线的另一个优点是，它支持多主控（Multimastering），其中任何能够进行发送和接收的设备都可以成为主总线。一个主控能够控制信号的传输和时钟频率。当然，在任何时间点上只能有一个主控。

1. I^2C 总线的构成和信号类型

（1）I^2C 总线的构成

I^2C 总线是由数据线 SDA 和时钟 SCL 构成的串行总线，可发送和接收数据。在 CPU 与被控 IC 之间、IC 与 IC 之间进行双向传送，最高传送速率 100Kbps，采用 7 位寻址，但是由于数据传输速率和应用功能的迅速增加，I^2C 总线也增强为快速模式（400Kbps）和 10 位寻址以满足更高速度和更大寻址空间的需求。各种被控制电路均并联在这条总线上，但就像电话机一样只有拨通各自的号码才能工作，所以每个电路和模块都有唯一的地址。

在信息的传输过程中，I^2C 总线上并接的每一模块电路既是主控器（或被控器），又是发送器（或接收器），这取决于它所要完成的功能。CPU 发出的控制信号分为地址码和控制量两部分，地址码用来选址，即接通需要控制的电路，确定控制的种类；控制量决定该调整的类别（如对比度、亮度等）及需要调整的量。这样，各控制电路虽然挂在同一条总线上，却彼此独立，互不相关。

（2）I^2C 总线的信号类型

I^2C 总线在传送数据过程中共有三种类型信号，它们分别是：起始信号、终止信号和应答信号。

起始信号：SCL 为高电平时，SDA 由高电平向低电平跳变，开始传送数据。

终止信号：SCL 为高电平时，SDA 由低电平向高电平跳变，结束传送数据，如图 D-1 所示。

应答信号是接收数据的 IC 在接收到 8bit 数据后，向发送数据的 IC 发出特定的低电平脉冲，表示已收到数据。CPU 向受控单元发出一个信号后，等待受控单元发出一个应答信号，CPU 接收到应答信号后，根据实际情况作出是否继续传递信号的判断。若未收到应答信号，由判断为受控单元出现故障，如图 D-2 所示。

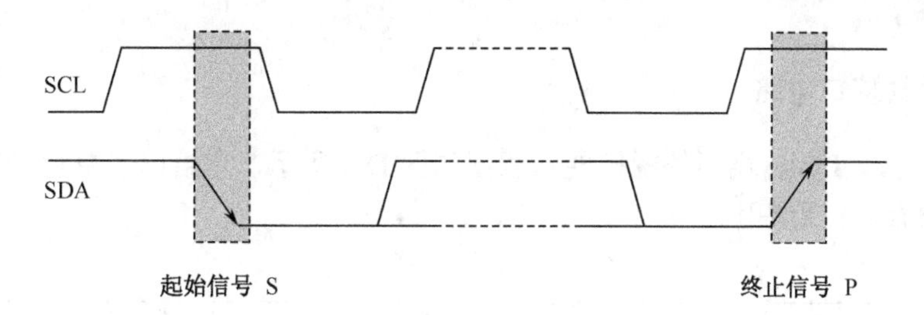

图 D-1　I²C 总线开始和结束信号定义

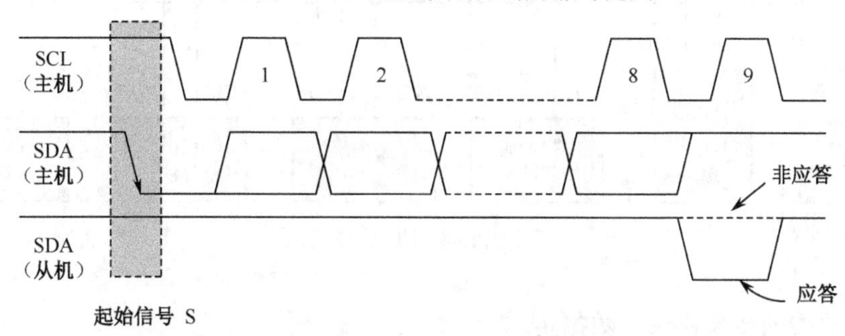

图 D-2　I²C 总线应答信号定义

（3）数据位的有效性规定

I²C 总线进行数据传送时，时钟信号为高电平期间，数据线上的数据必须保持稳定，只有在时钟线上的信号为低电平期间，数据线上的高电平或低电平状态才允许变化，如图 D-3 所示。

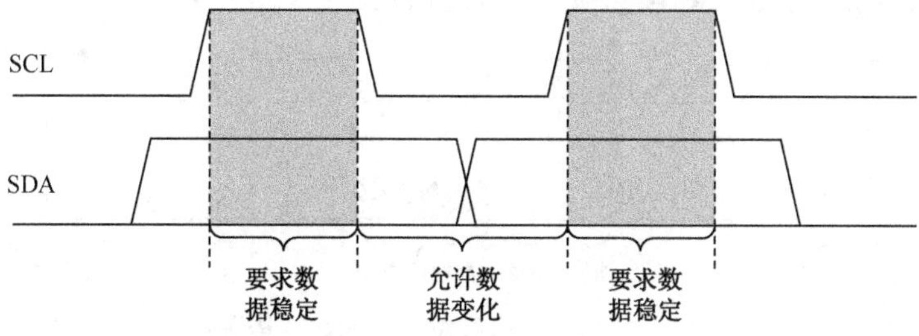

图 D-3　数据的传送过程

（4）I²C 总线上一次典型的工作流程

① 开始。发送开始信号，表明传输开始。

② 发送地址。主设备发送地址信息，包含 7 位的从设备地址和 1 位的指示位（表明读或者写，即数据流的方向）。

③ 发送数据。根据指示位，数据在主设备和从设备之间传输。数据一般以 8 位传输，最重要的位放在前面；具体能传输多少量的数据并没有限制。接收器上用一位的 ACK（应答信号）表明每一个字节都收到了。传输可以被终止和重新开始。

④ 停止。发送停止信号，结束传输。

目前有很多半导体集成电路上都集成了 I²C 接口。带有 I²C 接口的单片机有 CYGNAL 的 C8051F0XX 系列，PHILIPSP87LPC7XX 系列，MICROCHIP 的 PIC16C6XX 系列等。很多外围器件如存储器、监控芯片等也提供 I²C 接口。

2．I²C 总线接口电路

通过线"与"，I²C 总线的外围扩展示意图如图 D-4 所示，它给出了单片机应用系统中最常使用的 I²C 总线外围通用器件。

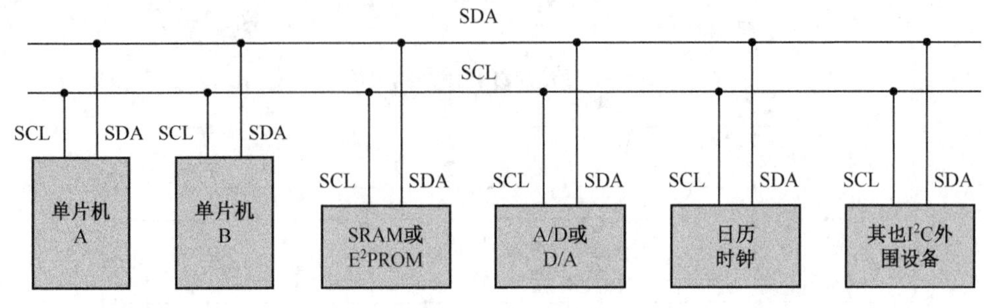

图 D-4　I²C 总线接口

3．I²C 总线的传输协议与数据传送

I²C 规程运用主/从双向通信。器件发送数据到总线上，则定义为发送器，器件接收数据则定义为接收器。主器件和从器件都可以工作于接收和发送状态。总线必须由主器件（通常为微控制器）控制，主器件产生串行时钟（SCL）控制总线的传输方向，并产生起始和停止条件。SDA 线上的数据状态仅在 SCL 为低电平的期间才能改变，SCL 为高电平的期间，SDA 状态的改变被用来表示起始和停止条件，如图 D-5 所示。

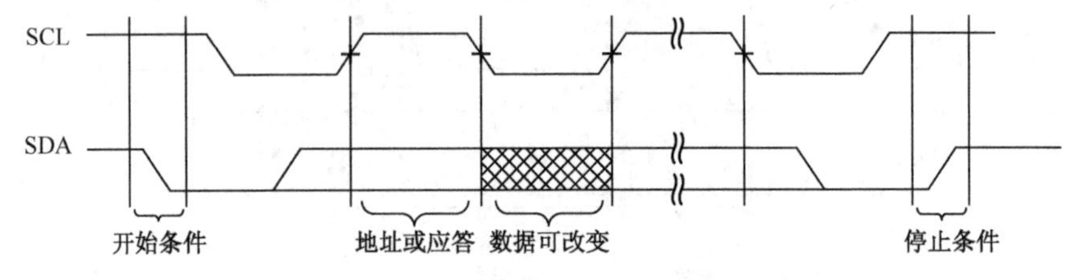

图 D-5　串行总线上的数据传送顺序

（1）控制字节

在起始条件之后，必须是从器件的控制字节，其中高 4 位为器件类型识别符（不同的芯片类型有不同的定义，E²PROM 一般应为 1010），接着 3 位为片选，最后一位为读写位，当为 1 时为读操作，为 0 时为写操作。从器件的控制字节如图 D-6 所示。

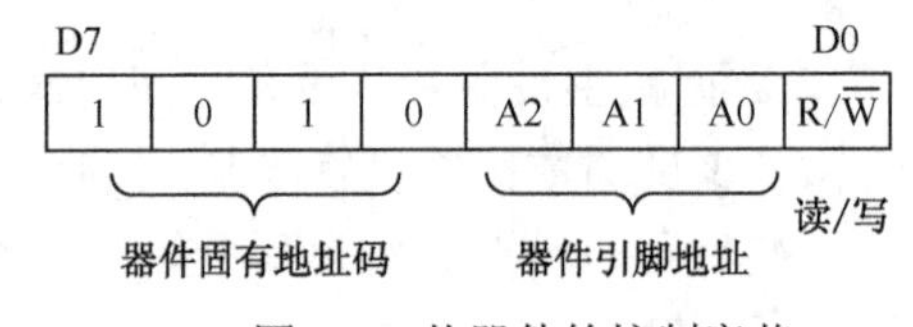

图 D-6　从器件的控制字节

（2）写操作

写操作分为字节写和页面写两种，在页面写方式下要根据芯片的一次装载的字节不同而有所不同。关于页面写的地址、应答和数据传送的时序如下所示。灰色部分由主器件（单片机）发送，白色部分由从器件（24CXX 芯片）发送。

S	SLAw	A	SADR	A	data1	A	data2	A	…	dataN	A	P

（3）读操作

读操作有 3 种基本操作：当前地址读、随机读和顺序读。图 D-7 给出的是顺序读的时序图。应当注意的是，最后一个读操作的第 9 个时钟周期不是“不关心”。为了结束读操作，主机必须在第 9 个周期间发出停止条件或者在第 9 个时钟周期内保持 SDA 为高电平、然后发出停止条件。

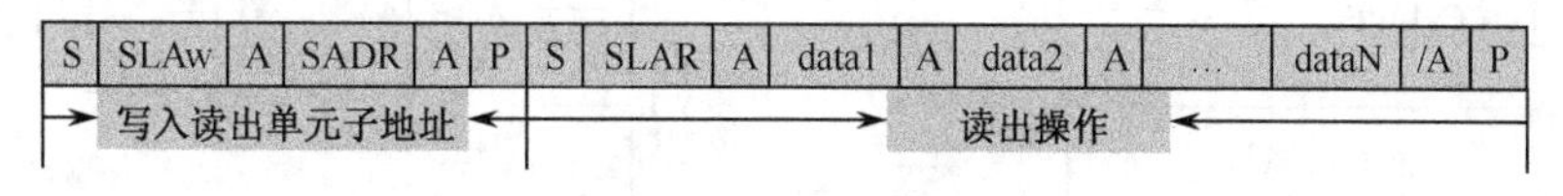

图 D-7　顺序读时序图

主机可以采用不带 I²C 总线接口的单片机，如 AT89C51、AT89C2051 等单片机，利用软件实现 I²C 总线的数据传送，即软件与硬件结合的信号模拟。

4．典型信号模拟时序图

为了保证数据传送的可靠性，标准的 I²C 总线的数据传送有严格的时序要求。I²C 总线的起始信号、终止信号、发送“0”及发送“1”的模拟时序如图 D-8 所示。

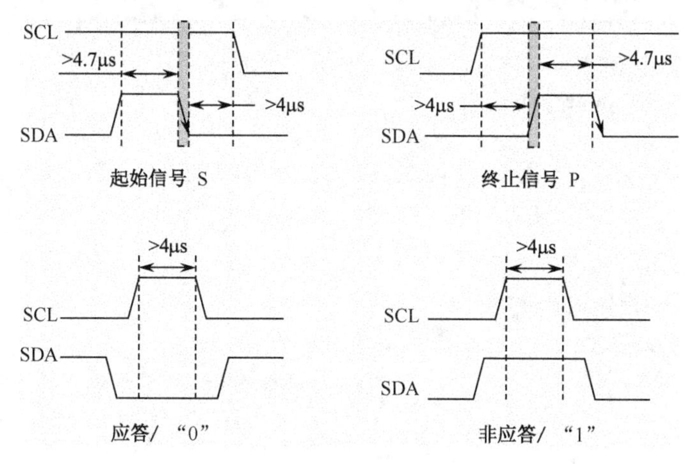

图 D-8　典型信号模拟时序图

5．应用实例

本案例实现 AT89C51 对 AT24C04 进行单字节的读/写操作。AT24C04 是 ATMEL 公司的 CMOS 结构 4096 位（512Byte×8 位）串行 E²PROM，16 字节页面写。与 STC89C51 单片机的接口如图 D-9 所示。图中 AT24C04 的地址为 0，SDA 是漏极开路输出，接 STC89C51 的 P17 脚，上拉电阻的选择可参考 AT24C04 的数据手册，SCL 是时钟端口，接 STC89C51 的 P11 脚。下面是通过 I²C 接口对 AT24C04 进行单字节读写操作的例程。

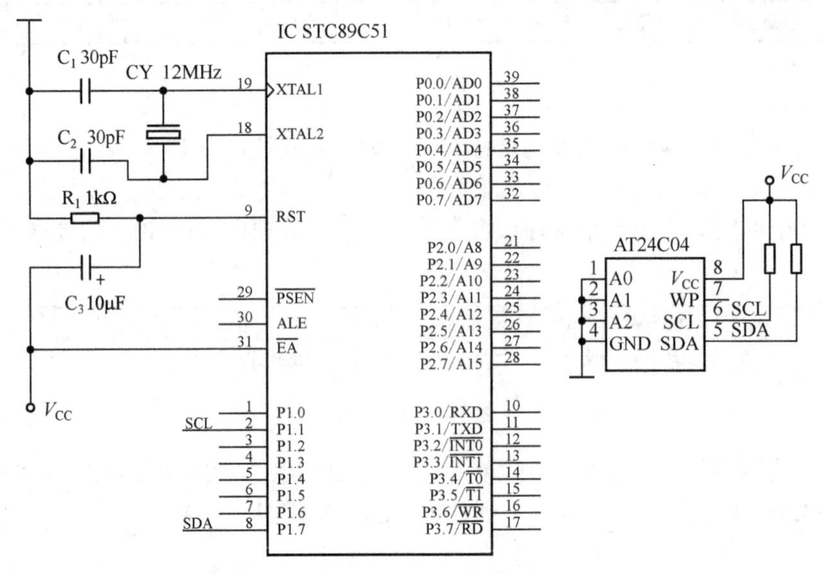

图 D-9 AT24C04 和 51 单片机接口示意图

以下为 C 语言编写的软件模拟 I^2C 总线的数据传送读/写程序，I^2C 芯片为 AT24C04。单片机对 AT24C04 进行单字节的读/写操作。

```
/*********************************************************************/
// 程序说明：用软件模拟I²C 芯片 AT24C04 单字节的读写程序，地址为 0。
// 功能是把数据 0xc0 存储到地址 5 中，
// 然后读出并通过 P0 口驱动 LED 显示
/*********************************************************************/
#include<reg51.h>
#include<intrins.h>
#define uchar unsigned char
#define nop _nop_()
sbit sda=P1^7;                               //SDA 和单片机的 P1.7 脚相连
sbit scl=P1^1;                               //SCL 和单片机的 P1.1 脚相连
//定义 ACC 的位，利用 ACC 操作速度最快
sbit a0=ACC^0;
sbit a1=ACC^1;
sbit a2=ACC^2;
sbit a3=ACC^3;
sbit a4=ACC^4;
sbit a5=ACC^5;
sbit a6=ACC^6;
sbit a7=ACC^7;
//开始函数
void start()
{
```

```
    sda=1;
    nop;
    scl=1;
    nop;
    sda=0;
    nop;
    scl=0;
    nop;
}
//停止函数
void stop()
{
    sda=0;
    nop;
    scl=1;
    nop;
    sda=1;
    nop;
}
//响应函数
void ack()
{
    uchar i;
    scl=1;
    nop;
    while((sda==1) && (i<250))i++;
    scl=0;
    nop;
}
//写一个字节函数
void write_byte(uchar dd)
{
    ACC=dd;
    sda=a7;scl=1;scl=0;
    sda=a6;scl=1;scl=0;
    sda=a5;scl=1;scl=0;
    sda=a4;scl=1;scl=0;
    sda=a3;scl=1;scl=0;
    sda=a2;scl=1;scl=0;
    sda=a1;scl=1;scl=0;
    sda=a0;scl=1;scl=0;
```

```
        sda=1;
}
//读一个字节函数
uchar read_byte()
{
        sda=1;
        scl=1;a7=sda;scl=0;
        scl=1;a6=sda;scl=0;
        scl=1;a5=sda;scl=0;
        scl=1;a4=sda;scl=0;
        scl=1;a3=sda;scl=0;
        scl=1;a2=sda;scl=0;
        scl=1;a1=sda;scl=0;
        scl=1;a0=sda;scl=0;
        sda=1;
        return(ACC);
}
//写地址和数据函数
void write_add(uchar address,uchar date)
{
        start();
        write_byte(0xa0);                          //写 2404 地址命令
        ack();
        write_byte(address);                       //写地址
        ack();
        write_byte(date);                          //写数据
        ack();
        stop();
}
//读地址、数据函数
uchar read_add(uchar address)
{
        uchar temp;
        start();
        write_byte(0xa0);
        ack();
        write_byte(address);
        ack();
        start();
        write_byte(0xa1);
        ack();
```

```
        temp=read_byte();
        stop();
        return(temp);
}
void delay(uchar i)
{
        uchar a,b;
        for(a=0;a<i;i++)
                for(b=0;b<100;b++);
}
void init()
{
        sda=1;
        nop;
        scl=1;
        nop;
}
void main()
{
        init();                          //初始化函数
        write_add(5,0xc0);               //往地址 5 中写入 0xc0
        delay(100);
        P0=read_add(5);                  //读地址 5 中的数据，并送 P0 口驱动发光二极管显示
        while(1);                        //无限循环
}
```

参考文献

[1] 张鑫，华臻，陈书谦. 单片机原理及应用[M]. 北京：电子工业出版社，2005.
[2] 梅丽凤，王艳秋，张军. 单片机原理及接口技术[M]. 北京：清华大学出版社，2004.
[3] 李广第，朱月秀，王秀山. 单片机基础[M]. 北京：北京航空航天大学出版社，2001.
[4] 王鸿钰. 步进电机控制技术入门[M]. 上海：同济大学出版社出版，1992.
[5] 彭伟. 单片机 C 语言程序设计实训 100 例[M]. 北京：电子工业出版社，2009.
[6] 文哲雄，罗中良. 单总线多点分布式温度监控系统的设计[J]. 微计算机信息，2005，(6):63～65
[7] 唐继贤. 51 单片机工程应用实例[M]. 北京：北京航空航天大学出版社，2009.
[8] 张靖武，周灵斌. 单片机原理、应用与 PROTEUS 仿真[M]. 北京：电子工业出版社，2008.
[9] 赵文博，刘文涛. 单片机语言 C51 程序设计[M]. 北京：人民邮电出版社，2005.
[10] 曾一江. 单片机原理与接口技术[M]. 北京：科技出版社，2009.
[11] 陈杰，黄鸿. 传感与检测技术[M]. 北京：高等教育出版社，2010.
[12] 石生，韩肖宁. 电路基本分析[M]. 北京：高等教育出版社，2008.
[13] 杨志忠，卫桦林. 数字电子技术[M]. 北京：高等教育出版社，2008.
[14] 胡宴如，耿素艳. 模拟电子技术[M]. 北京：高等教育出版社，2008.
[15] 张子红，马鸣霄，刘鑫等. Altium Designer 6.6 电路原理图与电路板设计教程[M]. 北京：海军出版社，2009.
[16] 余永权. 单片机实践与应用[M]. 北京：北京航空航天大学出版社，2002.